高等职业教育人工智能技术应用专业系列教材

数据库系统管理与应用（达梦）

主　编　张　勇　孙华林　孙永芳

副主编　胡征昉　刘文玲　李维勇
　　　　廖忠智

西安电子科技大学出版社

内 容 简 介

本书采用情境对话的方式介绍了达梦数据库，包括初识达梦数据库、使用达梦数据库、SQL 语言基础认知、表中数据的操作、达梦数据库的对象管理、达梦数据库的安全管理、达梦数据库的备份与还原、达梦数据库的作业管理、达梦数据库的应用九个项目。每个项目包括"项目引入"、"知识图谱"、具体任务、"项目总结"、"项目习题"等环节，书中将知识点和技能点融入项目任务，改变了理论与实践相剥离的传统教材的组织方式，目的是让学生一边学习理论知识，一边操作实训，加强感性认识，在完成工作任务的过程中掌握相关知识。书中还融入了科技强国、奋发图强、遵纪守法、勇于面对问题等思政元素，以增强学生的民族认同感和爱国意识。

本书可作为应用型本科院校计算机相关专业和高等职业院校计算机相关专业学生的教材，也可作为工程技术人员的参考资料。

图书在版编目 (CIP) 数据

数据库系统管理与应用：达梦 / 张勇，孙华林，孙永芳主编 . -- 西安：西安电子科技大学出版社，2024. 11. -- ISBN 978-7-5606-7427-8

Ⅰ. TP311.13

中国国家版本馆 CIP 数据核字第 2024Q0F085 号

策　　划　许青青
责任编辑　许青青
出版发行　西安电子科技大学出版社 (西安市太白南路 2 号)
电　　话　(029) 88202421　88201467　　　　邮　　编　710071
网　　址　www.xduph.com　　　　　　电子邮箱　xdupfxb001@163.com
经　　销　新华书店
印刷单位　咸阳华盛印务有限责任公司
版　　次　2024 年 11 月第 1 版　2024 年 11 月第 1 次印刷
开　　本　787 毫米 × 1092 毫米　1/16　印 张　20.5
字　　数　481 千字
定　　价　65.00 元
ISBN 978-7-5606-7427-8
XDUP 7728001-1
*** 如有印装问题可调换 ***

前　言

一、背景

2020 年，在我国 19 个宏观大类行业中，信息传输、软件和信息技术服务业的行业平均年工资以 17.75 万元位居第一，其增速以 10% 名列前茅。

2021 年，全国软件和信息技术服务业主营业务年收入在 500 万元以上的企业超过 4 万家，累计完成软件业务收入 94 994 亿元，同比增长 17.7%，产业规模进一步扩大。据艾瑞统计，2025 年中国数据库市场总规模将达到 509亿元。

本书以教务管理系统为背景介绍数据库的基础应用，以方便教师更好地开展教学工作，让学生感受真实的数据库运维体验，帮助学生毕业后更好地融入职场环境，更快地完成角色转变。

二、本书结构

本书结合教务管理系统案例，通过复现典型工作场景的方式介绍数据库的基本应用，共分为初识达梦数据库、使用达梦数据库、SQL 语言基础认知、表中数据的操作、达梦数据库的对象管理、达梦数据库的安全管理、达梦数据库的备份与还原、达梦数据库的作业管理、达梦数据库的应用九个部分，结构如图 1 所示。

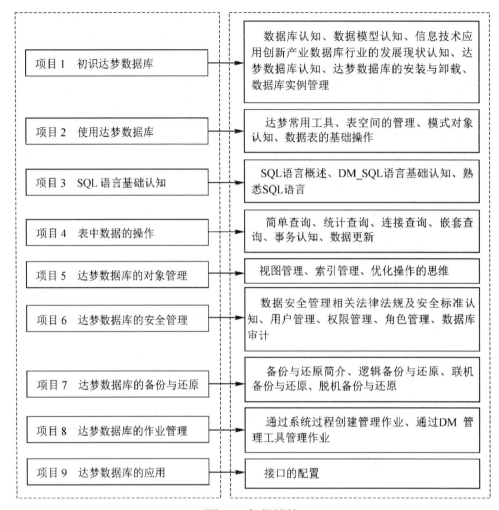

项目1 初识达梦数据库	数据库认知、数据模型认知、信息技术应用创新产业数据库行业的发展现状认知、达梦数据库认知、达梦数据库的安装与卸载、数据库实例管理
项目2 使用达梦数据库	达梦常用工具、表空间的管理、模式对象认知、数据表的基础操作
项目3 SQL语言基础认知	SQL语言概述、DM_SQL语言基础认知、熟悉SQL语言
项目4 表中数据的操作	简单查询、统计查询、连接查询、嵌套查询、事务认知、数据更新
项目5 达梦数据库的对象管理	视图管理、索引管理、优化操作的思维
项目6 达梦数据库的安全管理	数据安全管理相关法律法规及安全标准认知、用户管理、权限管理、角色管理、数据库审计
项目7 达梦数据库的备份与还原	备份与还原简介、逻辑备份与还原、联机备份与还原、脱机备份与还原
项目8 达梦数据库的作业管理	通过系统过程创建管理作业、通过DM 管理工具管理作业
项目9 达梦数据库的应用	接口的配置

图1 本书结构

本书将知识点和技能点融入项目任务中，以满足项目引导的教学需求。全书以学习行为为主线，主要包括"项目引入"、"知识图谱"、具体任务、"项目总结"、"项目习题"。

"项目引入"采用情景化的方式引入项目学习，模拟了一个完整的项目团队。项目开篇采用情景剧并融入职业元素，使教材内容更接近行业/企业的生产实际。本书的主要人物有花中成、花小新。其中，花小新是一名刚刚入职的实习工程师；花中成是一名经验丰富的运维工程师，同时也是花小新的师傅。项目围绕教务管理系统的实际应用场景，实现案例引入。

"知识图谱"和"项目总结"强调知识输入，对任务进行分解和训练以及技能输出，采用"两点""两图"的方式梳理知识和技能，在项目中清晰地描绘出该项目所覆盖的知识点，在项目最后总结出任务训练所能获得的技能。

每个任务分为"任务描述""知识学习""任务实施"以及"任务回顾"四个环节，以任务为驱动，以完成任务为目标，通过任务实践，使学生在完成工作任务的过程中学习相关知识。"任务描述"对本任务要解决的问题进行概括分析；"知识学习"给出解决本任务需要掌握的知识；"任务实施"具体展示项目的实施过程；"任务回顾"对本任务所学知识点进行全面、系统的总结，并通过思考与练习的方式加强和巩固学习效果。

三、内容特点

1. 任务驱动，贴合行业

本书遵循"任务驱动、项目导向"的原则，以教务管理系统的运维过程为主线，将工作任务课程化，设置一系列学习任务，便于教师采用项目教学法引导学生学习。本书改变了理论与实践相剥离的传统教材的组织方式，目的是使学生一边学习理论知识，一边完成操作实训，加强感性认识，在完成工作任务的过程中学习相关知识，掌握真本领。

2. 资源丰富，形式新颖

本书配备了丰富的微课、课件、习题答案等资源，以方便教师教学和学生学习。微课资源在书中相应位置以二维码形式给出，学生可以直接扫码观看。课件资源和习题答案可从出版社网站下载。

3. 业务场景，贯穿全程

本书的任务学习设置在一个教务管理系统中，通过项目实施，增加了数据库学习的趣味性，提高了学生的学习兴趣。在项目实施过程中，本书拟定了一个人物——一个刚刚进入公司的新人，他需要全程跟踪项目实施的过程，而项目的整个实施过程就是本书的主要内容。

四、教学建议

本书可作为应用型本科院校计算机类相关专业和高等职业院校计算机相关专业学生的教材，也可作为工程技术人员的参考资料。

教师可以通过本书和配套的课程资源完善自己的教学过程，学生也可以通过本书和配套资源进行自主学习和测验。一般情况下，建议本书的教学学时数不少于64学时，其中理论授课32学时，实践32学时，具体学时分配建议见表1。

表 1 学 时 分 配

内 容	分配学时建议	
	理论	实践
项目 1　初识达梦数据库	2	2
项目 2　使用达梦数据库	2	4
项目 3　SQL 语言基础认知	4	4
项目 4　表中数据的操作	4	4
项目 5　达梦数据库的对象管理	4	4
项目 6　达梦数据库的安全管理	4	4
项目 7　达梦数据库的备份与还原	4	4
项目 8　达梦数据库的作业管理	6	4
项目 9　达梦数据库的应用	2	2
合计	32	32

五、致谢

北京华晟经世信息技术股份有限公司张勇、常州机电职业技术学院孙华林、日照职业技术学院孙永芳担任本书主编，武汉警官职业学院胡征昉、泰山学院刘文玲、南京信息职业技术学院李维勇、南通职业大学廖忠智担任副主编。在本书的编写过程中，北京华晟经世信息技术股份有限公司的工程师给予了大力支持，在此郑重致谢。

由于技术发展日新月异，加之编者水平有限，对于书中的不妥之处，恳请广大读者批评指正。

编　者

2024 年 7 月

目　录

教材系列项目设计

花小新："大家好，我是花小新，最近刚刚入职了一家公司。下面我给大家介绍一下我的同事们吧。周希阳是项目经理；安晨是 UI 设计师；李元是开发工程师；方然是测试工程师；花中成是运维工程师，同时负责我的工作安排。"

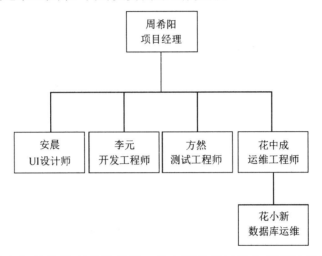

花中成安排我参与教务管理系统项目，我主要负责运维和管理达梦数据库。下面和我一起开启我的实习之旅吧。

项目 1　初识达梦数据库

◯　项目引入

花中成："小新，你对数据库的了解有多少？"

花小新："数据库类似存储、管理数据的仓库，可以用来新增、修改、删除数据。我知道的有 SQL 数据库、Oracle 数据库。"

花中成："不要仅仅局限于这些概念，我希望你对数据库的原理、体系结构和数据结构有更深的理解，同时也要熟悉教务管理系统的业务。我这里有一些资料可以供你参考学习。"

◯　知识图谱

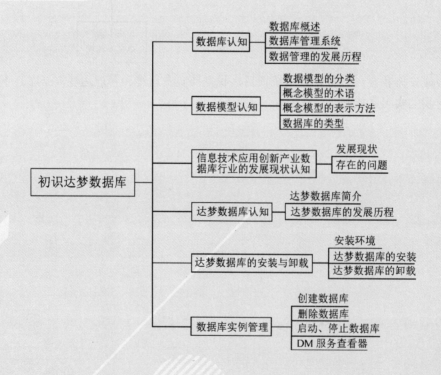

任务 1　数据库认知

【任务描述】

花中成:"小新，你先熟悉一下数据库、数据库管理系统、数据库的发展历程，然后调研一下国产主流的数据库，今天下班前发给我。"

花小新:"收到。"

【知识学习】

数据库是数据管理的最新技术，它作为信息系统的核心和基础，在越来越多的领域中得到了广泛的应用。

数据库认知

一、数据库概述

1. 数据

数据 (data) 是数据库中存储的基本对象，是描述事物的符号记录。符号可以是数字、文字、图形、图像、声音等。数据具有与其语义不可分的特点。

2. 数据库

数据库是按照数据结构来组织、存储和管理数据的仓库，是一个长期存储在计算机内的、有组织的、可共享的、统一管理的大量数据的集合。数据库中的数据按一定的数据模型组织、描述和存储，具有较小的冗余度、较高的数据独立性和易扩展性，并可为不同用户共享。因此，数据库具有以下特征:

(1) 数据结构化。数据库系统实现了整体数据的结构化，这是数据库的主要特征之一，是指在数据库中的数据不只是针对某个应用的，也是面向全组织、面向整体的。

(2) 实现数据共享。数据可以被多个用户、多个应用程序共享使用，可以大幅度地减少数据冗余，节约存储空间，避免数据之间的不相容性与不一致性。

(3) 数据的独立性高。数据的独立性包含逻辑独立性和物理独立性。其中，逻辑独立性是指数据库中数据的逻辑结构和应用程序相互独立，物理独立性是指数据的物理结构的变化不影响数据的逻辑结构。

(4) 数据统一管理与控制。数据的统一控制包含安全控制、完整控制和并发控制。简单来说就是防止数据丢失，确保数据正确有效，并且在同一时间内允许用户对数据进行多路存取，防止用户之间的异常交互。

二、数据库管理系统

数据库管理系统 (DataBase Management System，DBMS) 是一个系统软件，位于用户与操作系统之间。它负责科学地组织和存储数据，并能够高效地获取和维护数据。数据库管理系统的主要功能包括：

(1) 数据定义功能，提供数据定义语言 (Data Definition Language，DDL)，方便用户定义数据库中的数据对象。

(2) 数据操纵功能，提供数据操纵语言 (Data Manipulation Language，DML)，通过它实现对数据库的基本操作，如查、录、改、删等。

(3) 数据库的运行管理和事务管理，数据库在建立、运用和维护时由数据库管理系统统一管理、统一控制，以保证数据的安全性、完整性、多用户对数据的并发使用及发生故障后的系统恢复。

(4) 数据库的建立和维护功能，包括初始数据的录入、转换功能，数据库的转储、恢复功能，数据库的重组织功能和性能监视、分析功能等。这一功能通常是由一些实用程序完成的。

(5) 数据的组织、存储和管理，要分类组织、存储和管理各种数据，包括数据字典、用户数据、数据的存取路径等。

(6) 其他功能，如通信功能、异构互访等。

三、数据管理的发展历程

数据处理是对各种数据进行收集、存储、加工和传播等一系列活动的总和。数据管理是指对数据进行分类、组织、编码、存储、检索和维护，它是数据处理的中心。数据管理技术经历了人工管理、文件系统和数据库系统三个阶段。

1. 人工管理阶段

20 世纪 50 年代中期以前，计算机主要用于科学计算。此时数据量相对较小，且数据的组织方式和处理逻辑较为简单直接，缺乏复杂的数据结构和关联性。计算机外存为顺序存取设备，如磁带、卡片、纸带，没有磁盘等直接存取设备。人工管理阶段没有操作系统与数据管理软件，数据库逻辑结构和物理结构都是由程序员设计的且数据是面向特定应用程序的。用户用机器指令编码，通过纸带机输入程序和数据。程序运行完毕，用户取走纸带和运算结果，接着下一位用户上机操作，如图 1-1-1 所示。

人工管理阶段的特点如下：

(1) 用户完全负责数据管理工作，包括数据的组织、存储、存取、输入 / 输出等。

(2) 数据完全面向特定的应用程序，每个用户使用自己的数据，数据不保存，用完就撤走。

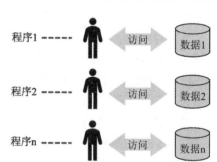

图 1-1-1　人工管理阶段的数据访问方式

(3) 数据与程序没有独立性，程序中存取数据的子程序随着存储结构的改变而改变。

2. 文件系统阶段

20 世纪 50 年代后期到 60 年代中期，计算机不但用于科学计算，还用于数据管理。数据外存有了磁盘、磁鼓等直接存取设备。数据管理有了专门管理数据的软件，一般称之为文件系统，其数据访问方式如图 1-1-2 所示。

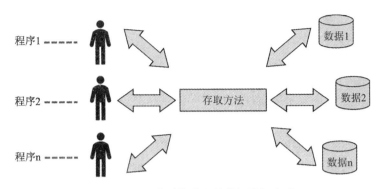

图 1-1-2　文件系统阶段的数据访问方式

文件系统阶段的特点如下：

(1) 文件系统提供一定的数据管理功能。数据存取采用索引文件、链接文件、直接存取文件、倒排文件等。文件系统支持对文件的基本操作 (增、删、改、查等)，用户程序不必考虑物理细节，数据的存取基本上以记录为单位。

(2) 数据仍是面向应用的。一个数据文件对应一个或几个用户程序。

(3) 数据与程序有一定的独立性。数据与程序具有一定的独立性。系统负责将文件的逻辑结构与物理存储结构进行转换，因此数据在物理存储层次的变更，例如存储格式或分块方式，并不一定会影响程序的逻辑操作。

3. 数据库系统阶段

20 世纪 60 年代后期开始，20 世纪 60 年代后期开始，随着计算机管理的数据量逐步增大，数据之间的关联日益复杂，对数据共享性的要求也不断提高。为了支持多种应用和不同编程语言之间的数据共享，大容量的外部存储设备如磁盘和光盘逐渐被广泛应用。

为了实现数据的统一管理，解决多用户、多任务共享数据的要求，数据库技术应运而生，出现了统一管理数据的专门软件——数据库管理系统。数据库系统阶段的数据访问方式如图 1-1-3 所示。此后，数据不再是依赖于处理过程的附属品，而是现实世界中独立存在的对象。

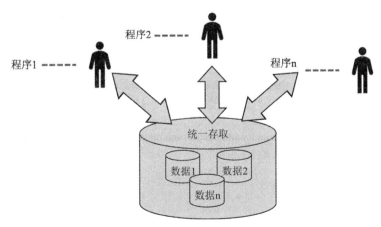

图 1-1-3　数据库系统阶段的数据访问方式

与文件系统相比较，数据库系统具有以下特点：

(1) 数据结构化。数据结构化是数据库系统与文件系统的根本区别。文件系统中，相互独立的文件的记录内部是有结构的，但记录之间没有联系。数据库系统实现了整体数据的结构化，这是数据库的主要特征之一。

(2) 数据的共享性强，冗余度低，易扩充。数据库系统从整体角度看待和描述数据，数据可以被多个用户、多个应用系统所共享。数据共享可以减少冗余，节约存储空间，避免数据之间的不相容性与不一致性。

(3) 数据的独立性高。数据与程序独立，简化了应用程序的编制，大大减少了应用程序的维护和修改。数据的独立性包括数据的物理独立性和数据的逻辑独立性。数据的独立性是由数据库管理系统的二级映像功能来保证的。

【任务实施】

网上调研：国产主流数据库。

调研要求：

选题：在国家政策的引导下，国产数据库正在稳步发展。当今国产主流数据库有哪些，它们各有什么优势？

调研报告应包含以下内容：

(1) 各主流数据库的功能对比。

(2) 各主流数据库系统架构。

(3) 各主流数据库的存储机制等。

展示形式：PPT 或报告。

考核方式：课内汇报，时间为 5~8 分钟。

评估标准：如表 1-1-1 所示。

表 1-1-1 任 务 评 估 表

任务名称：				参与团队：	
序号	评估任务	评估内容	分值	评估分析 （实际评估状况说明）	实际 评分
1	任务的契合度	任务是否符合基本要求	20 分		
2	数据库的功能	能否准确罗列各个功能	20 分		
3	数据库系统架构	数据库系统架构描述是否准确	20 分		
4	数据库的存储机制	是否掌握存储机制原理	20 分		
5	汇报情况	汇报是否条理清晰	20 分		
综 合 得 分					
评估结论：					
				年 月 日	

【任务回顾】

■ 知识点总结

1. 数据库的概念：数据库是按照数据结构来组织、存储和管理数据的仓库，是一个长期存储在计算机内的、有组织的、可共享的、统一管理的大量数据的集合。

2. 数据库的特点：数据结构化，实现数据共享，数据的独立性高，数据统一管理与控制。

3. 数据管理的发展历程：人工管理阶段、文件系统阶段、数据库系统阶段。

■ 思考与练习

1. 数据库中存储的是 (　　)。

A. 数据　　　　　　　　　　B. 模型
C. 数据以及数据之间的联系　　D. 信息

2. 数据的独立性包括什么？

3. 什么是数据库？

4. 数据管理的发展经历了哪些阶段？

任务 2　数据模型认知

【任务描述】

花中成："小新，今天你可以先了解一下数据模型的分类、概念模型的术语。稍后我会把教务管理系统中对数据的基本要求发给你，你来画一下实体 - 联系图 (Entity Relationship Diagram，E-R 图)。"

花小新："好的，没问题。"

【知识学习】

数据库系统的出现，使信息系统从以加工数据的程序为中心，转向以围绕共享的数据库为中心的新阶段。信息系统以共享的数据库为中心，既便于数据的集中管理，又有利于应用程序的研制和维护，提高了数据的利用率和相容性，并提高了决策的可靠性。

数据模型认知

一、数据模型的分类

数据库技术是计算机领域发展最快的技术之一。数据库技术的发展是沿着数据模型的主线展开的。模型是现实世界特征的模拟和抽象。数据模型 (Data Model) 也是一种模型，是现实世界数据特征的抽象。数据模型就是现实世界的模拟，用来抽象、表示和处理现实世界中的数据和信息。现有的数据库系统均是基于某种数据模型的。

数据模型应满足三方面要求：一是能比较真实地模拟现实世界；二是容易被人所理解，三是便于在计算机上实现。数据建模过程如图1-2-1所示。不同的数据模型实际上是模型化数据和信息的不同工具。根据模型应用的不同目的，可以将模型分为两类，属于两个不同的层次。

图1-2-1 数据建模过程

第一类是概念模型（信息模型），这类模型按用户的观点来对数据和信息建模，主要用于数据库设计。第二类是逻辑模型和物理模型，主要包括网状模型、层次模型、关系模型等，这类模型按计算机系统的观点对数据建模，用于数据库管理系统（Database Management System，DBMS）的实现。

概念模型是现实世界到机器世界的一个中间层次。概念模型用于信息世界的建模，是现实世界到信息世界的第一层抽象，是数据库设计人员进行数据库设计的有力工具，也是数据库设计人员和用户之间进行交流的语言。因此概念模型一方面应该具有较强的语义表达能力，能够方便、直接地表达应用中的各种语义知识，另一方面它还应该简单、清晰，易于用户理解。

二、概念模型的术语

1. 实体

客观存在并可相互区别的事物称为实体（Entity）。实体可以是具体的人、事、物，也可以是抽象的概念或联系。

2. 属性

实体所具有的某一特性称为属性（Attribute），一个实体可以由若干属性来刻画。例如，员工实体由员工编号、员工姓名等属性组成。

3. 码

唯一标识实体的属性集称为码（Key）。例如，员工编号是员工实体的码。

4. 域

属性的取值范围称为属性的域（Domain）。例如，员工编号的域为4位整数。

5. 实体型

具有相同属性的实体必然具有共同的特征和性质。用实体名及其属性名集合来抽象和刻画实体，称为实体型（Entity Type）。例如，员工（员工编号，员工姓名，岗位名称，经理编号，入职日期) 就是一个实体型。

6. 实体集

同型实体的集合称为实体集 (Entity Set)。例如，全体员工是一个实体集。

7. 联系

现实世界中事物内部以及事物之间是有联系的，这些联系 (Relationship) 在信息世界中反映为实体 (型) 内部的联系和实体 (型) 之间的联系。实体内部的联系是指组成实体的各属性之间的联系。实体之间的联系是指不同实体集之间的联系。

两个实体集之间的联系可分为三类。

1) 一对一联系 (1∶1)

如果对于实体集 A 中的每个实体，实体集 B 中至多有一个 (可以没有) 实体与之联系，反之亦然，则称实体集 A 与实体集 B 具有一对一联系，如部长与部门、公民与身份证号，如图 1-2-2 所示。

2) 一对多联系 (1∶n)

如果对于实体集 A 中的每一个实体，实体集 B 中有 n 个实体 (n≥0) 与之联系，反之，对于实体集 B 中的每一个实体，实体集 A 中至多只有一个实体与之联系，则称实体集 A 与实体集 B 有一对多联系，记为 1∶n，如部门与员工，如图 1-2-3 所示。

3) 多对多联系 (m∶n)

如果对于实体集 A 中的每一个实体，实体集 B 中有 n 个实体 (n≥0) 与之联系，反之，对于实体集 B 中的每一个实体，实体集 A 中也有 m 个实体 (m≥0) 与之联系，则称实体集 A 与实体集 B 具有多对多联系，记为 m∶n，如图 1-2-4 所示。

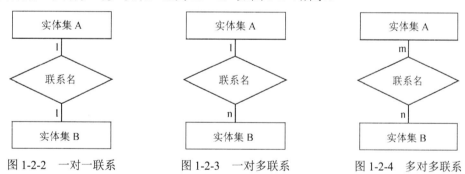

图 1-2-2　一对一联系　　　　图 1-2-3　一对多联系　　　　图 1-2-4　多对多联系

三、概念模型的表示方法

概念模型是对信息世界建模，所以概念模型应该能够方便、准确地表示出上述信息世界中的常用概念。最著名、最常用的是 P. P. S. Chen 于 1976 年提出的实体 - 联系方法 (Entity-Relationship Approach)。该方法用 E-R 图来描述现实世界的概念模型。E-R 方法也称为 E-R 模型。E-R 图提供了表示实体型、属性和联系的方法。

在 E-R 图中，实体型用矩形表示，矩形框内写明实体名；属性用椭圆形表示，并用无向边将其与相应的实体连接起来；联系用菱形表示，菱形框内写明联系名，并用无向边分别与有关实体连接起来，同时在无向边旁标上联系的类型 (1∶1、1∶n 或 m∶n)。

实体 - 联系方法是抽象和描述现实世界的有力工具。用 E-R 图表示的概念模型独立于具体的 DBMS 所支持的数据模型，它是各种数据模型的共同基础，因而比数据模型更一般，更抽象，更接近现实世界。

例如部门系统中的 E-R 图，一个部门拥有多个员工，一个员工只属于一个部门，如图 1-2-5 所示。

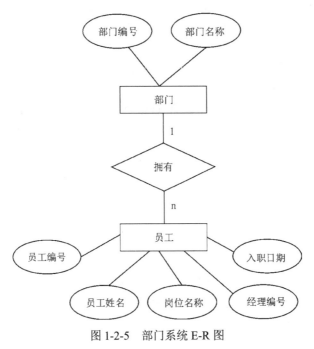

图 1-2-5　部门系统 E-R 图

四、数据库的类型

数据库领域最常用的数据模型包括层次模型、网状模型、关系模型、面向对象模型四种。其中，层次模型和网状模型统称为非关系模型。非关系模型的数据库系统在 20 世纪 70—80 年代非常流行，占主导地位，现已逐渐被关系模型的数据库系统取代。但目前仍有些层次、网状数据库在继续使用。

1. 层次模型

层次模型用树结构表示实体之间的联系。树由节点和边组成，节点代表实体型，边表示两实体型间的一对多联系。每棵树有且仅有一个节点（称为树的根），无父节点，树中的其他节点都有且仅有一个父节点。某公司按层次模型组织数据的示例如图 1-2-6 所示。

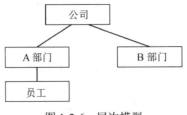

图 1-2-6　层次模型

2. 网状模型

网状模型采用网状结构组织数据，是一个有向图。网状结构可以有一个以上节点无父节点，至少有一个节点有多于一个父节点。节点代表实体型，有向边 (从箭尾到箭头) 表示两个实体型间的一对多联系。

3. 关系模型

关系模型是目前最重要的一种数据模型。关系数据库系统采用关系模型作为数据的组织方式。关系模型建立在严格的数学概念的基础上。在用户观点下，关系模型中数据的逻辑结构是一张二维表，它由行和列组成，如图 1-2-7 所示。

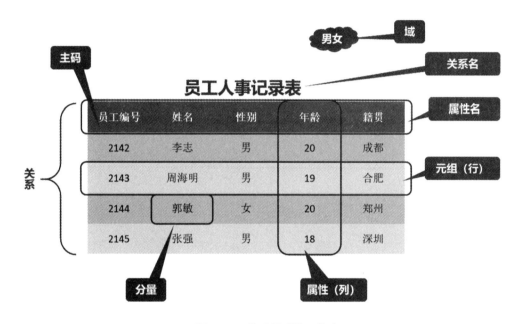

图 1-2-7 关系模型的二维表

关系 (Relation)：一个关系对应着一张二维表，二维表名就是关系名。

元组 (Tuple)：表中的一行即为一个元组。

属性 (Attribute)：表中的一列即为一个属性 (属性名)。

主码 (Key)：表中的某个属性组，它可以唯一确定一个元组。

域 (Domain)：属性的取值范围。

分量：元组中的一个属性值。

关系模式：对关系的描述，如关系名 (属性 1，属性 2，…，属性 n)。

4. 面向对象模型

对象模型是在关系模型的基础上发展而来的。所谓面向对象模型，是指将属性和方法封装在抽象类的结构中的模型，它将数据组织成对象的形式，每个对象包含多个属性和方法，对象之间可以建立继承、关联等关系。

【任务实施 】

教务管理系统 E-R 实现，教务管理系统中对数据的基本要求如下：

(1) 涉及学生、教师、课程和班级四类数据实体。

(2) 上述数据实体的数据结构是：学生 (学号，姓名，性别，出生年月，成绩，班级)，教师 (教工号，教师姓名，性别，学历，专业，班级)，课程 (课程号，课程名称，学时数，学分，课程类型)，班级 (班级号，班级名称，专业，人数)。

(3) 上述数据实体之间的关系是：一名学生属于某一个班级，一个班级可以包含多名学生；一名教师可以教授多门课程，一门课程由多名教师教授；一名教师给多个班级上课，每个班级由多名老师上课。

根据以上描述试画出该系统的 E-R 图 (实体关系图)，如图 1-2-8 所示。

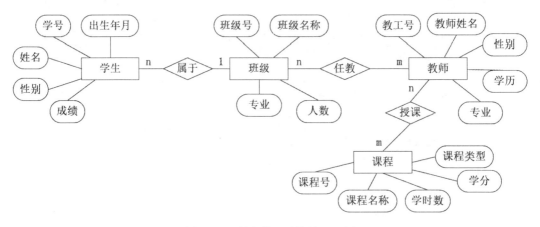

图 1-2-8　教务管理系统的 E-R 图

【任务回顾 】

■ 知识点总结

1. 数据模型 (Data Model) 是现实世界数据特征的抽象。根据模型应用的不同目的，按不同的层次可将数据模型分为两类：第一类是概念模型，第二类是逻辑模型、物理模型。

2. 数据模型是数据库系统的核心和基础。概念模型 (Conceptual Model) 又称信息模型，它按用户的观点对数据和信息进行建模，是描述现实世界的概念化结构。它独立于数据库逻辑结构和具体的 DBMS。概念模型较常用的表示方法是实体 - 联系模型 (Entity-Relationship Model，E-R 模型)。

■ 思考与练习

1. 数据模型分为哪几类？分别是什么？

2. 请简述概念模型中的 3 个基本联系。

任务 3　信息技术应用创新产业数据库行业的发展现状认知

【任务描述】

花中成："小新，今天你来调研一下信息技术应用创新产业数据库行业的发展趋势。"

花小新："花工，我这边以前没有关注过信息技术应用创新产业数据库行业，您这边有没有一些相关资料可以作为参考？"

花中成："我这边有一些关于信息技术应用创新产业数据库行业的发展现状以及存在的问题，可以发给你作为参考。"

花小新："谢谢花工。"

【知识学习】

信息技术应用创新产业以信息技术产品生态体系为基础框架。当前传统的信息技术产业主要由 4 部分组成：基础设施、基础软件、应用软件和信息 / 网络安全。数据库作为基础软件的重要组成部分，其发展对中国信息技术的发展起重要作用。

一、发展现状

在数字经济时代，全球数据量激增，各行各业对数据库的需求持续增长。作为三大基础软件之一，数据库是计算机行业的基础核心软件，所有应用软件的运行和数据处理都要与其进行数据交互。我国数据库市场长期为海外巨头垄断，甲骨文、微软、SAP、IBM 四家海外厂商的市场份额占比近 7 成。自 2013 年棱镜门事件之后，我国政府已经意识到政府数据安全的重要性，也加强了政府数据安全方面的工作。随着国内信息技术应用创新改革的推进，国内数据库行业迎来多方利好，从 2020 年第二季度开始国产数据库中标量持续攀升，2021 年中标量同比增长 140%，中标金额同比增长 166%。

近年来，随着人工智能、AIOT、云计算等技术的发展，全球数据量大幅增长。据统计，2020 年全球数据量约 50.5 ZB，三年复合增速 (CAGR) 约为 25%。IDC 预计，全球近 90% 的数据将在这几年内产生，2025 年全球数据量将比 2016 年的 16.1 ZB 增加 9 倍，达到 163 ZB。其中，中国的数据产生量约占全球数据产生量的 23%，美国占比约为 21%，EMEA (欧洲、中东、非洲)、APJxC(日本和亚太) 和全球其他地区占比分别约为 30%、18%、8%。数据量的激增持续拉动各行业的数据库需求。我国数据库的核心关键技术水平与国外基本相当，部分数据库产品的性能和安全指标达到甚至超过国外同类产品。国产数据库已经逐步从"可用"阶段步入"好用"阶段，并在标准建设、生态建设和行业应用等多领域取得显著成果，全产业价值链正在形成。但国产数据库企业在基础技术研究、业务流程优化、自治与智能等方面的能力还有待提升。

二、存在的问题

数据库技术从 20 世纪 60 年代兴起至今，已历经了六十多年的发展，其间产生了各种数据库，开始是层次数据库、网状数据库，后来出现了数据库管理系统，在数据库技术与多学科技术有机结合后产生了分布式数据库、并行数据库、演绎数据库、时空数据库、多媒体数据库等，这些数据库又共同构成了数据库大家族。随着社会生产力和科学技术的快速发展，数据库应用得到不断深入和推广，政府机关、事业单位及各类企业等社会主体都将数据库技术主动引入单位系统，辅助进行内部信息管理，但是仍存在很多问题：

1. 用户隐私泄露

在网络时代，人们在日常生活和工作中会接触到大量的网络设备和网络信息，数据库技术在提高数据信息交互性的同时，也带来了一系列弊端，其中用户隐私的泄露问题就是最常见的隐患之一。个人或企业信息一旦被不法分子窃取，将会造成不可估量的经济损失，对个人用户而言甚至有可能造成人身危害。

2. 网络攻击问题

在网络时代，用户可以通过计算机、手机等网络端口进行有价值的信息搜索，不法分子同样可以利用数据库技术和信息统计管理技术盗取用户的个人信息并攻击用户的信息端口。比如，黑客可以同时对成百上千台计算机设备发起程序攻击，造成难以估量的损失。

3. 缺乏突破性研究

国内数据库厂商需要在更高层面思考问题，提升数据库领域真正突破性的理论研究，将原创核心技术的实践落地。

4. 缺乏应用场景

缺乏应用场景是目前国产数据库面临的困难之一。数据库产品需要有丰富的应用场景才能更好地发展，数据库厂商要在应用场景中解决客户的痛点问题，进一步营造健康的商业和技术发展环境。

【任务实施】

网上调研：信息技术应用创新产业数据库行业的发展趋势。
调研报告包含以下内容：
- 信息技术应用创新产业的理解。
- 信息技术应用创新产业数据库行业的发展现状。
- 信息技术应用创新产业数据库的行业趋势。
- 信息技术应用创新产业数据库行业的未来发展方向等。

展示形式：PPT 或报告。
考核方式：课内汇报，时间 5～8 分钟。

评估标准：如表 1-3-1 所示。

表 1-3-1   任 务 评 估 表

项目名称：				参与团队：	
序号	评估任务	评估内容	分值	评估分析 （实际评估状况说明）	实际 评分
1	任务的契合度	任务是否契合基本要求	20 分		
2	信息技术应用创新产业	能否准确理解信息技术应用创新产业	20 分		
3	信息技术应用创新产业数据库行业的发展现状	能否准确表述数据库的发展现状	20 分		
4	信息技术应用创新产业数据库行业的发展趋势	能否准确表述数据库的发展趋势	20 分		
5	信息技术应用创新产业数据库行业的发展方向	能否准确表述数据库的发展方向	20 分		
综 合 得 分					
评估结论： 　　　　　　　　　　　　　　　　　　　　　　　　年　　　月　　　日					

扩展阅读

发 展 趋 势

　　国产数据库系统按照数据库存储数据方式的不同分为关系型和非关系型两种，按照不同的系统架构分为集中式和分布式两类，按照数据库应用类型的不同可以分为在线事务处理系统 (Online Transaction Processing System，OLTP)、在线分析处理系统 (Online Analytical Processing System，OLAP)、混合型数据库 (Hybrid Transaction and Analysis Processing，HTAP) 等。由于传统的关系型数据库在高并发、分析等方面存在一定劣势，因此分布式数据库应运而生。分布式数据库能够较好地满足大数据分析的需求，或贡献数据库市场新的增量。未来数据库的发展路线为混合型数据库 (HTAP)。HTAP 是同时处理混合 OLTP 和 OLAP 业务的系统，2014 年 Garnter 公司给出了严格的定义：HTAP 是一种新兴的应用体系结构，它打破了事务处理和分析之间的"墙"，它支持更多的信息和"实时业务"的决策。HTAP 目前还在研发当中，市场化不够成熟，对企业来说，还无法直接应用。其特点如下：

　　(1) 数据不需要从操作型数据库导入决策类系统。

　　(2) 能够实时处理大规模的数据，使用户能即时获得最新的消息。

　　(3) 降低了对副本的要求。

⚙ 【任务回顾】

■ 知识点总结

1. 当前，各行各业对数据库的需求逐渐提升，国内数据库行业迎来多方利好。

2. 目前数据库技术存在的主要问题包括用户隐私泄露、网络攻击问题、缺乏突破性研究、缺乏应用场景。

■ 思考与练习

1. 请简述数据库行业的发展情况。

2. 请简述数据库技术存在的主要问题。

任务 4　达梦数据库认知

⚙ 【任务描述】

花中成："小新，通过前面几天的学习和调研，相信你对数据库已经有了更为深刻的认识，今天由你来负责编写一份达梦数据库发展研究报告，格式稍微晚一点发给你。这里是达梦数据库的简介和发展历程，对你编写报告有一定的帮助，你可以看看。"

花小新："收到，花工。"

⚙ 【知识学习】

众所周知，自主掌控关系到一个国家和民族的未来。经过中美贸易战的洗礼，中国政府对 IT 信息技术自主掌控的重视程度前所未有，为此专门成立了相关组织进行信息技术应用创新的推进。从技术替换的角度，涉及信息技术应用创新的有操作系统、中间件、CPU、数据库。而

达梦数据库认知

系统级软件以及在国民经济中运用最广的数据库软件，亟须进行国产替代。武汉达梦数据库股份有限公司开发的达梦数据库管理系统就是国产系统的优秀代表。

一、达梦数据库简介

达梦数据库管理系统是达梦公司推出的具有完全自主知识产权的高性能数据库管理系统，简称 DM。达梦数据库管理系统的最新版本是 8.0 版本，简称 DM8。DM8 采用全新的体系架构，在保证大型通用的前提下，针对可靠性、高性能、海量数据处理和安全性做了大量的研发和改进工作，极大提升了达梦数据库产品的性能、可靠性、可扩展性，能同时兼顾 OLTP 和 OLAP 请求，从根本上提升了 DM8 产品的品质。

达梦数据库对标替代美国甲骨文公司的 Oracle 数据库，目前在能源、电力、通信、政府乃至金融行业均得到了大规模的使用。目前达梦数据库在国内信息技术应用创新市场的占有率第一，在整个数据库市场的占有率也名列前茅。达梦数据库几乎实现了成熟的数据

库软件应该具有的所有功能，提供完备的图形化安装、配置和管理工具，提供数据库集群部署架构，实现数据库同城或者异地容灾，提供简单的管理接口，在开发方面支持 Go、Python、Java 等当下流行的开发语言，同时支持 JDBC、ODBC 等通用的数据库连接配置。

相对 Oracle 等国外数据库，达梦数据库在中文支持、用户体验方面均进行了很多改进，使得国内工程师更容易上手，而且提供了强大的数据迁移工具，用户可以很方便地将现有的生产系统迁移到达梦上。

达梦的优势在于拥有中国领先水平的数据库管理系统 (DBMS)。赛迪顾问的数据显示，达梦在 2020 年中国数据库管理系统国产数据库市场排名第一，并且当前产品体系较全，自研能力强。2020 年，达梦同时发布了达梦数据共享集群 (DMDSC)、达梦启云数据库 (DMCDB)、达梦图数据库 (GDM)、达梦新一代分布式数据库四款产品。

二、达梦数据库的发展历程

(1) 我国第一个自主版权的数据库管理系统。

达梦于 1988 年研制了我国第一个自主版权的数据库管理系统 CRDS。之后，以此为基础，在国家有关部门的支持下，达梦又将数据库与人工智能、分布式、图形、图像、地理信息、多媒体、面向对象、并行处理等多个学科领域的技术相结合，研制了各种数据库管理系统的原型，这些原型系统从体系上分有单用户、多用户、集中式、分布式、C/S 结构；从功能上分有知识数据库、图形数据库、地图数据库、多媒体数据库、面向对象数据库、并行数据库、安全数据库等。这些研究一方面得到了社会的承认，获得了国家和省部级科技进步奖，另一方面也得到了国家有关部门的强力支持。

(2) 我国第一个具有自主版权的、商品化的分布式数据库管理系统。

1996 年，达梦公司研制了我国第一个具有自主版权的、商品化的分布式数据库管理系统 DM2。DM2 是在 12 个 DBMS 原型系统的基础上，汇集了其中最先进的设计思想，覆盖了这些原型系统功能又重新设计的综合 DBMS。

DM2 的研制完全按软件工厂的模式管理，按软件工程的规范控制研制开发过程，文档资料共有 2000 多万字。在开发的关键阶段，如需求分析，概要设计，详细设计阶段都请专家评审，此外还严格把握测试关。国家对此也十分重视，在立项开发 DM2 的同时，又将测试 DM2 作专门的科研课题立项下达给国内三家著名的计算机研究所，历经三年，设计测试用例 2000 多个，编写测试文档 200 多万字。其中，SQL 符合率测试是用国际软件测试中心的 SQL 测试集进行的，DM2_SQL89 符合率达 100%；DM2_SQL92 中级版符合率达 93%。

随着信息技术不断发展，达梦数据库也在不断演进，从最初的数据库管理系统原型 CRDS 发展到 2019 年的 DM8。1988 年，原华中理工大学 (华中科技大学前身) 研制成功了我国第一个国产数据库管理系统原型 CRDS，这可以看作是 DM 的起源。1991 年，该团队先后完成了军用地图数据库 MDB、知识数据库 KDB、图形数据库 GDB 以及语言数据库 ADB，为达梦数据库的诞生奠定了基础。1992 年，原华中理工大学达梦数据库研究所成立；1993 年，该研究所研制的多用户数据库管理系统通过了鉴定，标志着达梦数据库 1.0 版本的诞生。1996 年，DM2 的研制成功，打破了国外数据库垄断；1997 年，中国电力财务公司华中分公司财务应用系统首次使用国产数据库 DM2，随后，在全国 76 家分 / 子公司上线使用。

2000 年，我国第一个数据库公司 - 达梦数据库公司成立，同年 DM3 诞生，经专家评定达到了国际先进水平。DM3 采用独特的三权分立的安全管理体制和改进的多级安全模型，使其安全级别达到了 B1 级，并具有 B2 级功能，高于当时同类进口产品。2004 年，推出的 DM4 性能远超基于开源技术的数据库，并在国家测试中保持第一。2005 年，DM5 在安全、可靠及产品化方面得到了完善，荣获了第十届软博会金奖。2009 年，DM6 与国际主流数据库产品兼容性得到了大幅提升，在政府、军工等对安全性要求更高的重要行业领域得到广泛应用。2012 年，新一代达梦数据库管理系统 DM7 发布，该版本支持大规模并行计算、海量数据处理技术，是理想的企业级数据管理服务平台，也是最早获得自主原创证书的国产数据库。2019 年，达梦数据库管理系统 DM8 发布。

2016 年以来达梦大数据平台在公安、政务、信用、司法、审计、住建、国土、应急等 30 多个领域得到了广泛应用。

▌思政融入

科 技 强 国

1996 年，达梦人研制了我国第一个具有自主版权的、商品化的分布式数据库管理系统 DM2，打破了国外数据库垄断。只有掌握关键领域的核心技术才能不受制于人，因此我们每一个人努力学习，突破自己，为建设科技强国贡献自己的一份力量。

【任务实施】

编写达梦数据库发展研究报告，报告格式要求如下：

一、达梦数据库发展研究报告。

二、摘要。

注：要求准确、精练、简朴地概括全文内容。

三、引言。

3.1　提出研究的问题；

3.2　介绍研究的背景；

3.3　指出研究的目的；

3.4　阐明研究的假设；

3.5　说明研究的意义。

四、研究方法和过程。

4.1　介绍研究设计和研究思路；

研究的基本方法主要有：① 观察法；② 调查法；③ 测验法；④ 行动研究法；⑤ 文献法；⑥ 经验总结法；⑦ 个案研究法；⑧ 案例研究法；⑨ 实验法；等等。

4.2 研究的对象;

4.3 资料收集;

4.4 研究结果的统计方法。

五、研究结果及其分析。

5.1 用不同形式表述研究结果(如图、表);

5.2 描述统计的显著性水平差异;

5.3 分析结果。

六、讨论(或小结)。

6.1 本课题研究方法的科学性;

6.2 本课题研究结果的可靠性;

6.3 本研究成果的价值;

6.4 本课题目前研究的局限性;

6.5 进一步研究的建议。

七、结论。

7.1 研究解决了什么问题,还有哪些问题没有解决;

7.2 研究结果说明了什么问题,是否实现了原来的假设;

7.3 指出要进一步研究的问题。

八、参考文献。

九、附录。

⚙ 【任务回顾】

■ 知识点总结

1. 达梦数据库管理系统是达梦公司推出的具有完全自主知识产权的高性能数据库管理系统,简称 DM。达梦数据库管理系统的最新版本是 8.0 版本,简称 DM8。

2. 达梦于 1988 年研制了我国第一个自主版权的数据库管理系统 CRDS。

■ 思考与练习

请简述达梦数据库发展概况。

任务 5 达梦数据库的安装与卸载

⚙ 【任务描述】

花中成:"小新,我一会儿把达梦数据库下载链接发给你,你先学会如何安装、卸载 DM 数据库。"

花小新:"收到,花工。"

【知识学习】

一、安装环境

1. 软件环境

DM8 实现了平台无关性，支持 Windows 系列、Linux(2.4 及 2.4 以上内核)、UNIX、Kylin、AIX、Solaris 等主流操作系统。DM8 的服务器、接口程序和管理工具均可在 32 位或者 64 位版本操作系统上使用。

2. 硬件环境

DM8 兼容多种硬件体系，可运行于 X86、SPARC、Power 等硬件体系之上。DM8 在各种平台上的数据存储结构和消息通信结构完全一致，使得 DM8 各种组件在不同的硬件平台上具有一致的使用特性。

二、达梦数据库的安装

达梦数据库支持多个平台，不同平台下的安装过程不尽相同。由于大多数用户使用的是 Windows 系统，本节讲解如何在 Windows 平台安装达梦数据库。

1. 获取达梦数据库安装包

打开达梦数据库下载链接 https://eco.dameng.com/download/，显示达梦数据库管理系统 (DM8) 安装包下载页面，如图 1-5-1 所示。

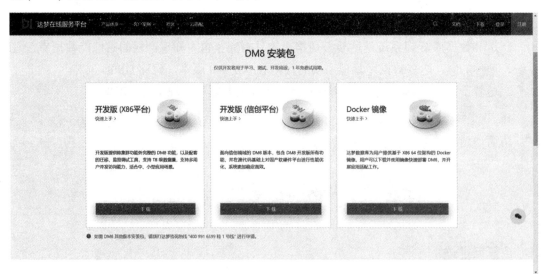

图 1-5-1　安装包下载页面

在下载页面，达梦数据库提供了 DM8 开发版 (X86)、开发版 (信息技术应用创新平台) 和 Docker 镜像。开发版 (X86 平台) 提供除集群功能外完整的 DM8 功能，以及配套的迁移、监控调试工具，支持 TB 级数据量，支持多用户并发访问能力，适合中、小型应用场景。面向信息技术应用创新领域的 DM8 版本，包含 DM8 开发版所有功能，并在源代码的基础上对国产软硬件平台进行性能优化，系统更加稳定高效。Docker 镜像，用户可以下载并使用镜像快速部署 DM8，并开展应用适配工作。用户根据自己需求进行下载安装。

2. 下载安装

在开发版 (X86 平台) 板块，提供了 win64、win32、centos7 等操作系统选择，用户可根据自己电脑系统选择相应的操作系统，并点击"立即下载"按钮，如图 1-5-2 所示。

图 1-5-2　DM8 安装包版本

下载完成后进行解压，选择光盘映像文件，双击运行【setup.exe】安装程序即可完成后续安装。

三、达梦数据库的卸载

(1) 卸载确认：在控制面板或其他应用管理软件中找到达梦数据库，点击【卸载】按钮，如果确定卸载，点击【确定】按钮，如图 1-5-3 所示。

数据库卸载

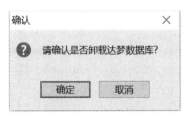

图 1-5-3　卸载确认

在弹出的卸载程序中，点击【卸载】按钮，如图 1-5-4 所示。

(2) 卸载提示：若有数据库正在运行，会显示相关提示，如图 1-5-5 所示。

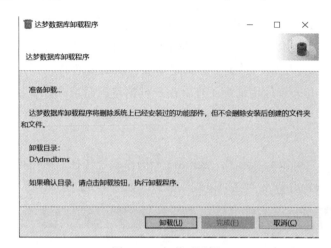

图 1-5-4　卸载对话框

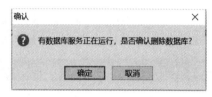

图 1-5-5　卸载提示

(3) 卸载：数据库卸载需要一定的时间，如图 1-5-6 所示。

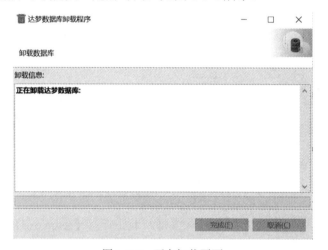

图 1-5-6　正在卸载页面

(4) 卸载完成：最后显示卸载完成即可，如图 1-5-7 所示。

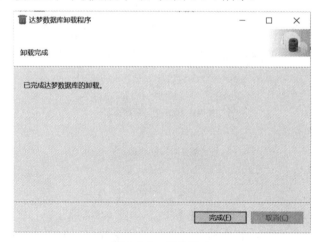

图 1-5-7　卸载完成

【任务实施】

达梦数据库的安装实施如下：

(1) 选择语言与时区：双击运行【setup.exe】安装程序，请根据系统配置选择相应语言与时区，点击【确定】按钮继续安装，如图 1-5-8 所示。

安装实施

图 1-5-8　选择语言与时区

(2) 安装向导：点击【下一步】按钮继续安装，如图 1-5-9 所示。

图 1-5-9　安装向导对话框

(3) 许可证协议：在安装和使用 DM 数据库之前，需要用户阅读并接受许可证协议，如图 1-5-10 所示。

(4) 查看版本信息：用户可以查看 DM 服务器、客户端等各组件相应的版本信息。

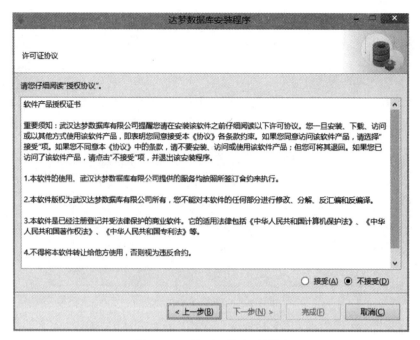

图 1-5-10　许可证协议对话框

(5) 验证 Key 文件：验证 Key 文件环节可跳过，如果没有 Key 文件，点击【下一步】即可。如果有 Key 文件，则点击【浏览】按钮，选取 Key 文件，安装程序将自动验证 Key 文件的合法性，点击【下一步】继续安装，如图 1-5-11 所示。

图 1-5-11　Key 文件验证

(6) 选择安装组件：DM 安装程序提供四种安装方式："典型安装""服务器安装""客户端安装"和"自定义安装"，此处建议选择【典型安装】，也可根据需要选择服务器安装、客户端安装和自定义安装，如图 1-5-12 所示。

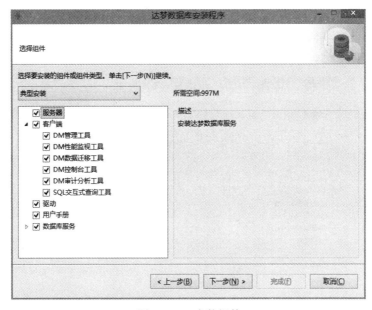

图 1-5-12　安装组件

- 典型安装包括：服务器、客户端、驱动、用户手册、数据库服务。
- 服务器安装包括：服务器、驱动、用户手册、数据库服务。
- 客户端安装包括：客户端、驱动、用户手册。
- 自定义安装包括：用户根据需求勾选组件，可以是服务器、客户端、驱动、用户手册、数据库服务中的任意组合。

(7) 选择安装目录：DM 默认安装在 C:\dmdbms 目录下，不建议使用默认目录安装，改为其他任意盘符即可，以 E:\dmdbs 目录安装为例，如图 1-5-13 所示。

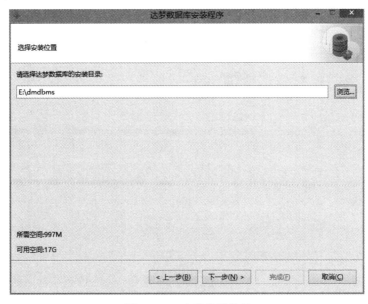

图 1-5-13　安装位置选择

注意：安装路径里的目录名由英文字母、数字和下划线等组成，不建议使用包含空格和中文字符等的路径。

(8) 选择【开始菜单】文件夹：选择快捷方式在开始菜单中的文件夹名称，默认为【达梦数据库】，如图 1-5-14 所示。

图 1-5-14　快捷方式名称

(9) 安装前小结：显示用户即将进行的数据库安装信息，例如产品名称、版本信息、安装类型、安装目录、可用空间、可用内存等信息，用户检查无误后点击【安装】按钮进行 DM 数据库的安装，如图 1-5-15 所示。

图 1-5-15　安装前小结对话框

(10) 数据库安装：安装过程需耐心等待 1～2 分钟，如图 1-5-16 所示。

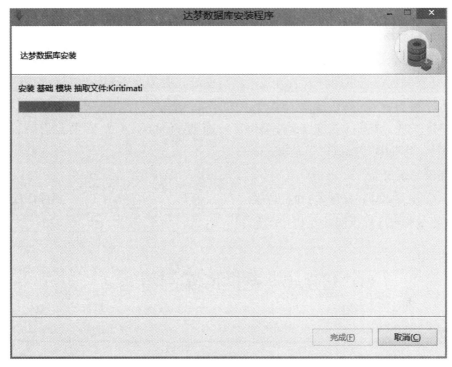

图 1-5-16　达梦数据库安装过程

(11) 数据库安装完成：数据库安装完成后，请选择【初始化】数据库，具体操作步骤详见配置实例，如图 1-5-17 所示。

图 1-5-17　达梦数据库安装完成

【任务回顾】

■ 知识点总结

1. 获取达梦数据库安装包 (https://eco.dameng.com/download/)，然后根据需求下载安装。

2. DM 安装程序提供四种安装方式：典型安装、服务器安装、客户端安装和自定义安装。

3. DM8 实现了平台无关性，支持 Windows 系列、Linux(2.4 及 2.4 以上内核)、UNIX、Kylin、AIX、Solaris 等主流操作系统。

■ 思考与练习

1. DM8 兼容多种硬件体系，可运行于 _____、_____、_____ 等硬件体系之上。

2. DM 安装程序提供四种安装方式为 _____、_____、_____ 和 _____。

任务 6　数据库实例管理

【任务描述】

花中成："数据库安装完成后，接下来需要创建数据库实例，同时你需要掌握启动、停止数据库、删除数据库实例等操作，这些都是你在工作中必备的技能。"

花小新："好的。"

【知识学习】

一、创建数据库

实例由一组正在运行的后台进程及其所衍生出的一系列线程和分配内存组成。在某些场景下，关于数据库这个概念可能有多种。譬如，在提到达梦数据库时，它可能是数据库产品，也可能是正在运行中的数据库实例。通过一段时间的学习，了解到实例其实就是一系列的后台进程和线程。

数据库实例的创建方式有两种：图形化创建和命令行创建。

1. 图形化创建方式

用户安装完成 DM 时，如果已经选择安装服务器组件，并且确定安装初始化数据库，那么安装程序将调用数据库配置工具 (database configuration assistant，DBCA) 来实现数据库初始化。

2. 命令行创建方式

dminit 是 DM 数据库初始化工具。在安装 DM 数据库的过程中，可以选择是否创建初始数据库。如果当时没有创建，那么在安装完成后，可以利用创建数据库工具 dminit 来创建。该工具位于安装目录的 /bin 目录下。dmdba 用户 cd /dm8/bin 执行 "./dminit help" 命令，可以根据帮助信息来创建数据库实例。

二、删除数据库

(1) 选择删除数据库选项，如图 1-6-1 所示。

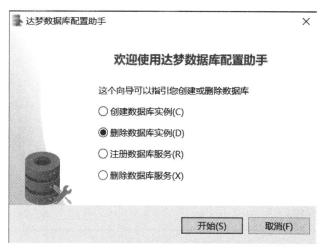

图 1-6-1　数据库配置 - 删除数据库实例

(2) 选择要删除的数据库，如图 1-6-2 所示。

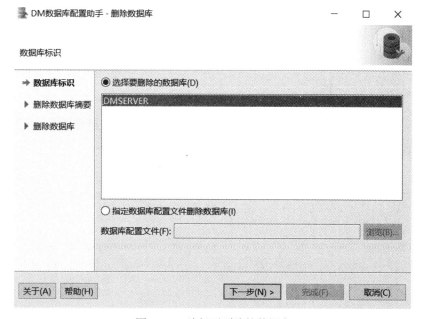

图 1-6-2　选择要删除的数据库

(3) 显示要删除的数据库摘要信息，点击【完成】按钮，删除数据库成功，如图 1-6-3 所示。

图 1-6-3   删除数据库信息

三、启动、停止数据库

1. 执行 dmservice.exe 文件

在数据库安装路径下 tool 目录中，双击运行 dmservice.exe 程序可以查看到对应服务，选择【启动】或【停止】服务，如图 1-6-4 所示。

图 1-6-4   启动或停止服务

2. 命令行服务启动

```
cd E:\dmdbms\bin
dmserver.exe E:\dmdbms\data\DAMENG\dm.ini
```

四、DM 服务查看器

DM 服务查看器，顾名思义是对数据库服务进行查看管理的工具。通过服务查看器进行服务的管理，可关闭、开启、重启，查看数据库各个服务的状态，方便快捷地对数据库实例服务进行管理。

　　数据库实例服务运行安装在操作系统上，通常系统运行时数据库服务的状态要保持运行状态。数据库出现异常时可以通过服务查看器来查看数据的状态，手动进行服务的重启和关闭等。更换硬件、系统升级等操作，需要提前停止数据库服务，防止出现故障。

1. Windows 环境启动 DM 服务查看器

　　管理服务：点击【开始界面】，选择【DM 数据库菜单】，点击【DM 服务查看器】，即可启动服务查看器，如图 1-6-5 所示。

图 1-6-5　DM 服务查看器

选中服务，鼠标右键即可对服务进行启动、停止、修改、注册等操作，如图 1-6-6 所示。

图 1-6-6　对服务相关操作

2. Linux 环境启动 DM 服务查看器 - 命令行

查看服务目录：进入数据库安装路径下 script/root 目录，查看 DM 数据库服务脚本如图 1-6-7 所示。

注册 DMAP 服务：root_installer.sh。

注册数据库服务、守护服务、监控服务等：dm_service_installer.sh。

删除其他服务：dm_service_uninstaller.sh。

```
[root@centos7_6_33 root]# pwd
/home/dmdba/dmdbms/script/root
[root@centos7_6_33 root]# ls -ltr
总用量 44
-rwxr-xr-x 1 dmdba dinstall 27037 9月  9 18:50 dm_service_installer.sh
-rwxr-xr-x 1 dmdba dinstall  8750 9月  9 18:50 dm_service_uninstaller.sh
-rwxr-xr-x 1 dmdba dinstall   691 9月  9 18:50 root_installer.sh
```

图 1-6-7　Linux 环境启动 DM 服务查看器

【任务实施】

数据库实例配置实施，由于数据库安装使用的 Windows 系统为例进行，因此，数据库实例配置以图形化创建方式为例。

数据库实例
配置实施

(1) 选择操作方式：此处建议选择【创建数据库实例】，点击【开始】进入下一步骤，如图 1-6-8 所示。

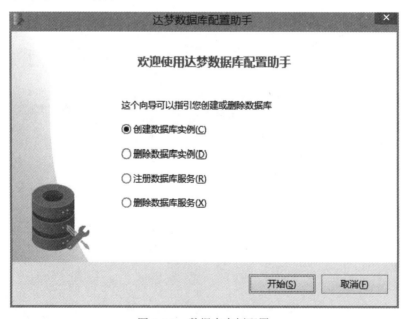

图 1-6-8　数据库实例配置

(2) 创建数据库模板：此处建议选择【一般用途】即可，如图 1-6-9 所示。

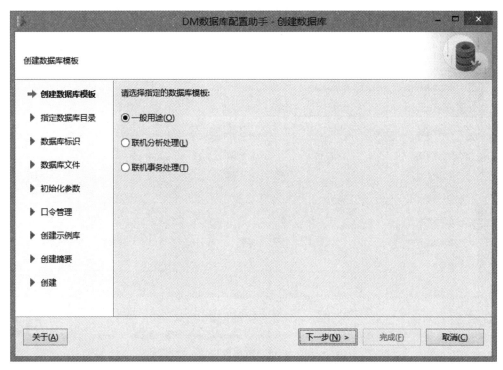

图 1-6-9　数据库模板选择

(3) 选择数据库目录：本例中数据库安装路径为 E:\dmdbms，如图 1-6-10 所示。

图 1-6-10　数据库目录选择

(4) 输入数据库标识：输入数据库名称、实例名、端口号等参数，如图 1-6-11 所示。

图 1-6-11　数据库标识

(5) 数据库文件所在位置：此处选择默认配置即可，如图 1-6-12 所示。

图 1-6-12　数据库文件所在位置设置

用户可通过选择或输入确定数据库控制、数据库日志等文件的所在位置，并可通过右侧功能按钮，对文件进行添加或删除。

(6) 数据库初始化参数：此处选择默认配置即可，如图 1-6-13 所示。

数据库初始化参数

✓ 创建数据库模板	簇大小(E):	32	页
✓ 指定数据库目录	页大小(P):	32	K
✓ 数据库标识	日志文件大小(L):	256	(M:64~2048)
✓ 数据库文件	时区设置(T):	+08:00	(-12:59~+14:00)
➡ 初始化参数	页校验(K):	不启用	
▶ 口令管理	页校验HASH算法(H):		
▶ 创建示例库	字符集(U):	UTF-8	
▶ 创建摘要	USBKEY-PIN(J):		(长度: 1~48)
▶ 创建	页加密分片大小(Z):	4096	

☑ 字符串比较大小写敏感(S)　　　　　　□ 空格填充模式(O)
□ VARCHAR类型以字符为单位(X)　　　□ 启用日志文件加密(R)
☑ 改进的字符串HASH算法(G)
□ 启用全库加密(D)
加密算法(G):　AES256_ECB_NOPAD
□ 库默认加密设置(F)

图 1-6-13　数据库初始化参数

用户可输入数据库相关参数，如簇大小、页大小、日志文件大小、选择字符集、是否大小写敏感等。

常规参数说明：

- EXTENT_SIZE 数据文件使用的簇大小 (16)，可选值为 16、32、64，单位为页。
- PAGE_SIZE 数据页大小 (8)，可选值为 4、8、16、32，单位为 KB。
- LOG_SIZE 日志文件大小 (256)，单位为 MB，范围为 64～2048 MB。
- CASE_SENSITIVE 大小敏感 (Y)，可选值为 Y/N、1/0。
- CHARSET/UNICODE_FLAG 字符集 (0)，可选值为 0[GB18030]、1[UTF-8]、2[EUC-KR]。

(7) 口令管理：此处选择默认配置即可，默认口令与登录名一致，如图 1-6-14 所示。

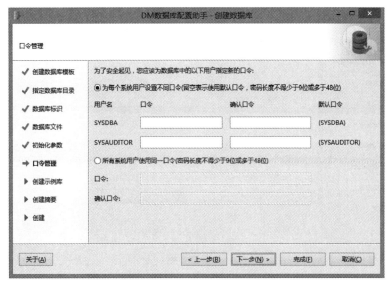

图 1-6-14　数据库口令管理

用户可输入 SYSDBA、SYSAUDITOR 的密码，对默认口令进行更改，如果安装版本为安全版，将会增加 SYSSSO 用户的密码修改。

(8) 选择创建示例库：此处建议勾选创建示例库 BOOKSHOP 或 DMHR 作为测试环境，如图 1-6-15 所示。

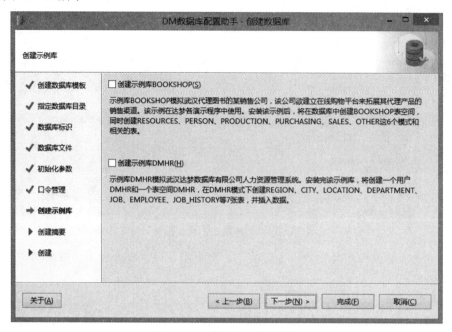

图 1-6-15　数据库示例库选择

(9) 创建数据库摘要：在安装数据库之前，将显示用户通过数据库配置工具设置的相关参数。点击【完成】进行数据库实例的初始化工作，如图 1-6-16 所示。

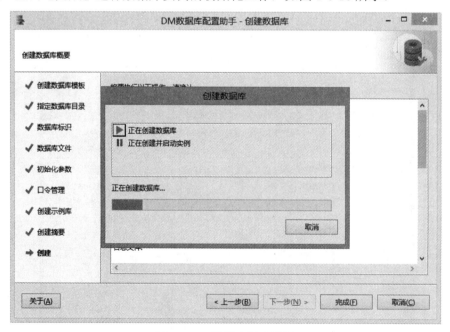

图 1-6-16　数据库创建过程

(10) 安装完成：安装完成后将弹出数据库相关参数及文件位置。点击【完成】即可，如图 1-6-17 所示。

图 1-6-17　数据库创建完成

【任务回顾】

■ 知识点总结

1. 数据库实例的创建方式有两种：图形化创建和命令行创建。

2. 安装程序将调用数据库配置工具 (Database Configuration Assistant，DBCA) 来实现数据库初始化。

3. DM 服务查看器是对数据库服务进行查看管理的工具。通过服务查看器进行服务的管理，可关闭，开启，重启，查看数据库各个服务的状态，方便快捷地对数据库实例服务进行管理。

■ 思考与练习

1. 数据库实例的创建方式有两种：＿＿＿＿＿＿ 和 ＿＿＿＿＿＿。

2. ＿＿＿＿＿＿ 是 DM 数据库初始化工具。

项 目 总 结

本项目的目的是对数据库及数据库系统有基础的掌握，并了解数据库行业及达梦数据库的发展情况，重点需要掌握数据库安装及实例操作等数据库系统操作知识。

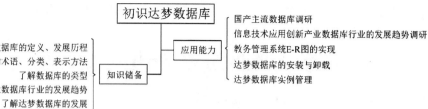

项 目 习 题

1.（判断题）数据只包括数字和文字。   （ ）

2.（判断题）关系模型的数据结构是二维表。   （ ）

3. DBMS 是位于 _____ 和 _____ 之间的一层管理软件。

4. 数据库和文件系统的根本区别是 _____。

5. 什么是数据库、数据库系统？

6. 简述文件系统和数据库系统的区别与联系。

项目 2　使用达梦数据库

项目引入

花中成: "想学会使用达梦数据库，首先必须从基础的管理工具入手，掌握管理工具的使用后，我们就可以利用它来完成诸如表空间、模式及数据表的创建、修改以及删除等操作。"

知识图谱

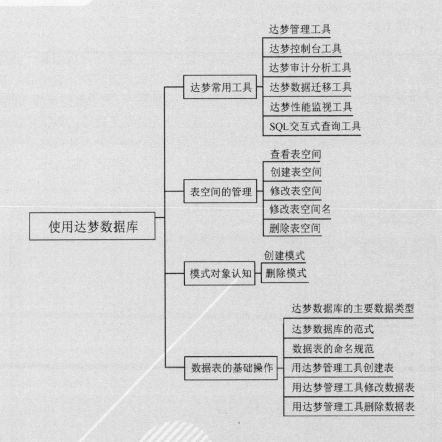

任务 1   达梦常用工具

【任务描述】

花中成："要想掌握达梦数据库，首先要了解达梦数据库的常用工具。这些工具将帮助我们更好地使用达梦数据库，达到事半功倍的效果。"

【知识学习】

DM8 作为一个比较成熟的商用数据库产品，不仅仅体现在其功能、性能和稳定性上，还在于它为数据库管理员提供了功能丰富的系列工具，能够帮助用户更好地管理和使用产品。这些工具主要包括达梦管理工具、达梦控制台工具、达梦审计分析工具、达梦数据迁移工具、达梦性能监视工具和达梦 SQL 交互式查询工具等。

一、达梦管理工具

达梦管理工具是达梦数据库系统自带的图形化工具，它是一个联机工具，也是管理员和用户使用最多的工具。它的功能主要包括用户管理、角色权限管理、表空间管理、模式管理、模式下对象 (表、索引、约束、函数、过程、视图等) 管理、数据库物理联机备份、作业管理等功能。达梦管理工具使用简单方便，在网络允许的条件下，数据库管理员可通过单个管理工具，对多个数据实例进行管理，方便简化对数据库的日常运维操作要求。即使是对达梦数据库不熟悉的新手也可以使用达梦管理工具，完成表空间、用户和数据表的创建、删除及修改等操作。达梦管理工具的界面如图 2-1-1 所示。

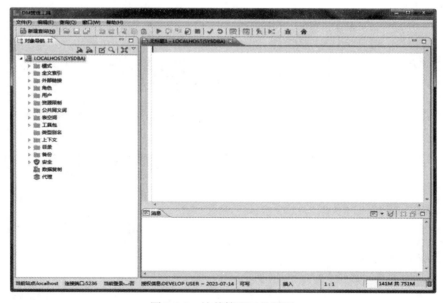

图 2-1-1   达梦管理工具界面

二、达梦控制台工具

达梦控制台工具是管理和维护数据库的基本工具。因为控制台是通过 dm.ini 参数来连接实例的，所以该工具必须在达梦实例服务端运行，无法像达梦管理工具那样进行远程连接。控制台工具可以提供如下功能：服务器参数配置、脱机备份与还原、查看系统信息和许可证信息等。达梦控制台工具的界面如图 2-1-2 所示。

图 2-1-2　达梦控制台工具界面

三、达梦审计分析工具

审计机制是达梦数据库管理系统安全管理的重要组成部分之一。达梦提供了图形界面的审计分析工具，如图 2-1-3 所示。通过使用该工具，达梦数据库审计用户可以实现对审计记录的分析，可以创建和删除审计规则，可以指定对某些审计文件应用某些规则，可以将审计结果以表格的方式展现出来，并依此判断系统中是否存在对系统安全构成危险的活动。

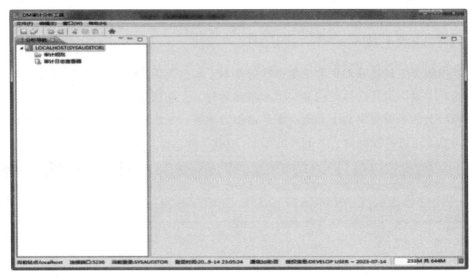

图 2-1-3　达梦审计分析工具界面

四、达梦数据迁移工具

达梦提供了高效可容错的数据迁移工具，用于用户和开发人员从不同的数据库、文件数据源向达梦数据库进行数据迁移，包括主流大型数据库（Oracle、SQLServer、MySQL 等）迁移到达梦数据库、达梦数据库之间的迁移、文件迁移到达梦数据库以及达梦数据库迁移到文件等。

达梦数据迁移工具采用向导方式引导用户通过简单的步骤完成需要的操作，对于迁移过程中出现的异常情况，达梦迁移工具能够记录并保存异常信息，并按策略要求继续执行无相关性的后续迁移任务，提高迁移工作的流畅性，如图 2-1-4 所示。

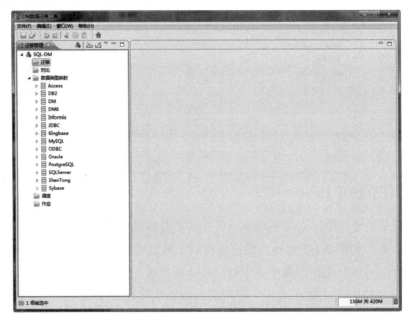

图 2-1-4　达梦数据迁移工具界面

五、达梦性能监视工具

达梦性能监视工具 (Monitor) 是达梦数据库管理员用来监视服务器的活动和数据库性能情况并对实例中参数进行调整的客户端工具。它允许系统管理员在本机或远程监视服务器的运行状况。其功能主要包括统计分析、性能监视、调优向导和预警配置等,如图 2-1-5 所示。

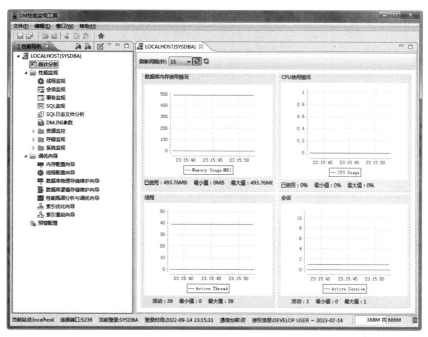

图 2-1-5　达梦性能监视工具界面

六、SQL 交互式查询工具

达梦 SQL 交互式查询工具 (disql) 是一款命令行客户端工具,如图 2-1-6 所示,用于进行 SQL 交互式查询。disql 工具一般用于没有图形界面时的操作,或者使用的连接工具为命令行形式,如 Xshell、SCRT 等工具。

图 2-1-6　SQL 交互式查询工具界面

【任务实施】

达梦管理工具是数据库自带的图形化工具，可以方便快捷地对数据进行管理。

一、启动达梦管理工具

以 Windows 环境为例操作步骤如下：点击【开始】按钮，选择【达梦数据库】菜单，点击【DM 管理工具】，即可进入管理工具对数据库进行管理。

二、连接数据库实例

1. 新建连接

在达梦管理工具的对象导航一栏中单击新建连接按钮，会弹出【登录】对话框。在对话框中输入正确的用户名和密码即可登录对应的数据库 (本例中用户名和密码均为 SYSDBA)，如图 2-1-7 所示。

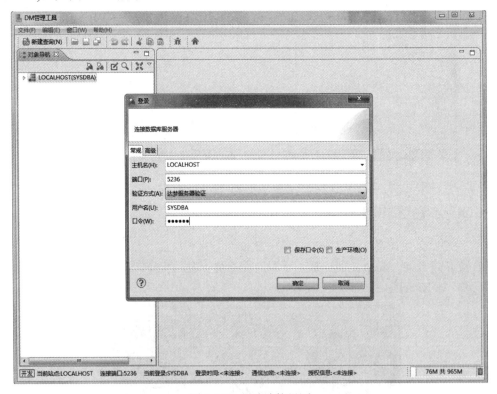

图 2-1-7　新建连接界面

2. 注册连接

在达梦管理工具的对象导航一栏中单击注册连接按钮，会弹出【新建服务器连接】对话框。输入主机名 (本案例为 192.168.1.2)、端口 (默认 5236)、用户名 (默认 SYSDBA)、密码 (默认 SYSDBA)，点击【测试】可以测试是否连通，点击【确定】连接数据库，如图 2-1-8 所示。

图 2-1-8　注册连接界面

注意：新建连接是创建连接数据库的对象导航，不进行保存，下次开启后需重新连接。而注册连接是创建连接数据库的对象导航，进行保存，下次开启后对象导航存在，可直接进行连接。

三、查看数据库实例信息

通过达梦管理工具可查看数据库实例的信息，包含系统概览、表使用空间、系统管理、日志文件和归档配置等几个方面。具体操作步骤如下：

选择对应实例，选择【管理服务器】，即可进行查看实例相关信息，如图 2-1-9、图 2-1-10 所示。

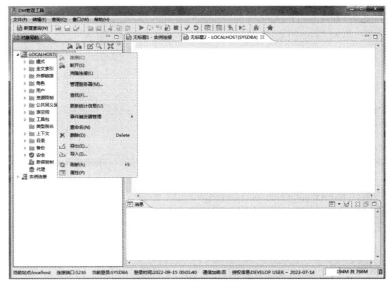

图 2-1-9　打开管理服务器界面

图 2-1-10　管理服务器界面

【任务回顾】

■ 知识点总结

1. 达梦数据库提供了功能丰富的系列工具，能够方便数据库管理员进行数据库的维护与管理，这些工具主要包括控制台工具、管理工具、性能监视工具、数据迁移工具、达梦数据库配置助手、审计分析工具等。

2. 数据库实例连接有新建连接和注册连接两种方法，其中新建连接是创建连接数据库的对象导航，不进行保存，下次开启后需重新连接；注册连接是创建连接数据库的对象导航，会进行保存，下次开启后对象导航存在，可直接进行连接。

■ 思考与练习

1. 达梦数据库常用的工具有哪些？

2. 新建连接和注册连接有什么不同之处？

任务 2　表空间的管理

【任务描述】

花中成：“小新，你学会了达梦管理工具的基本使用，就可以正式踏入达梦数据库的殿堂了。那么从哪里开始呢？让我们先从表空间入手吧。”

花小新：“好的。”

【知识学习】

表空间是达梦数据库的逻辑存储结构，它统一管理空间中的数据文件，创建表空间主要是为了提高数据库的管理性能。一个达梦数据库可以由一个或多个表空间组成，但一个表空间只能属于一个数据库，每一个表空间可以有一个或多个数据文件，但一个数据文件只能属于一个表空间。达梦数据库中的所有对象在逻辑上都存放在表空间中，而物理上都存储在所属表空间的数据文件中。在创建达梦数据库时，系统会自动创建 5 个表空间：SYSTEM 表空间、ROLL 表空间、MAIN 表空间、TEMP 表空间和 HMAIN 表空间。

一般情况下，建议用户自己创建一个表空间来存放业务数据，或者将数据存放在默认的用户表空间 MAIN 中。

【任务实施】

本任务主要描述管理表空间的几个方面，包括创建表空间、修改表空间和删除表空间。

一、查看表空间

用户可以利用达梦管理工具查看表空间和数据文件信息，具体操作步骤如下：

(1) 打开达梦管理工具。

(2) 在达梦管理工具中登录对应的数据库 (本例中用户名和密码均为 SYSDBA)。

(3) 在对象导航栏找到表空间，选择需要查看的表空间名字右击鼠标，在弹出的快捷菜单中单击【属性】命令 (本例选择 MAIN 表空间)，如图 2-2-1 所示。

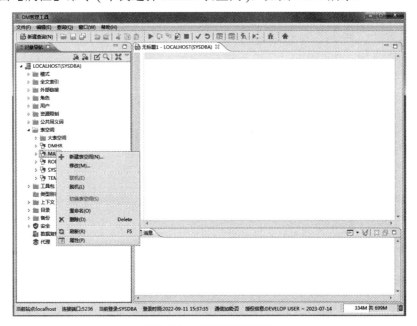

图 2-2-1　打开表空间属性

(4) 在【表空间属性】对话框的常规栏中，可以看到该表空间的整体使用率情况，如图 2-2-2 所示。

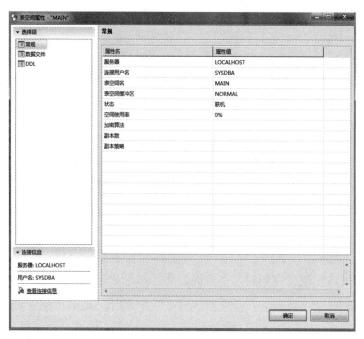

图 2-2-2　查看表空间常规选项

(5) 在左侧选择项中单击【数据文件】，可以看到该表空间所属的数据文件的初始大小、使用率等情况，如图 2-2-3 所示。

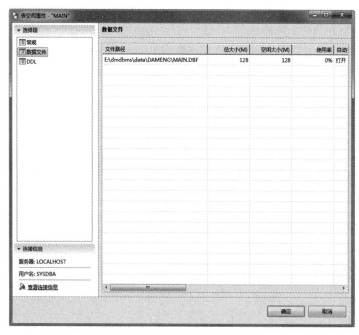

图 2-2-3　查看表空间数据文件

二、创建表空间

本任务利用达梦管理工具创建一个名为"DMTBS"的表空间，包含

创建表空间

一个初始大小为 256 MB 的数据文件 DMTBS_01.DBF(注意：表空间数据文件的初始大小受页大小的限制)，具体操作步骤如下：

(1) 打开达梦管理工具，登录对应的数据库 (本例中用户名和密码均为 SYSDBA)。

(2) 选择【表空间】节点，单击鼠标右键，在弹出的快捷菜单中选择【新建表空间】命令，如图 2-2-4 所示。

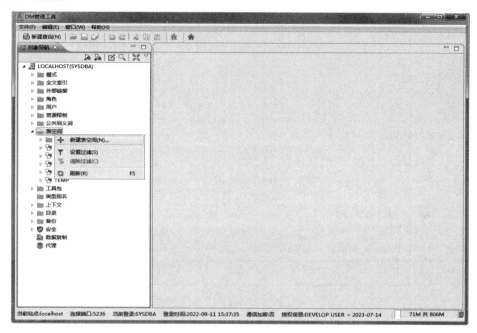

图 2-2-4　新建表空间

(3) 在【新建表空间】对话框中的【表空间名】一栏输入"DMTBS"，如图 2-2-5 所示。

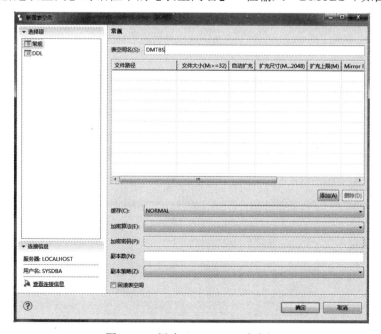

图 2-2-5　新建"DMTBS"表空间

(4) 单击【添加】按钮，在表格中自动添加一行记录，在"文件路径"单元格中输入
"E:\dmdbms\data\DAMENG\DMTBS_01.DBF"文件（注意：该路径和达梦数据库的初始安
装路径有关，不同电脑系统会有所区别），将"文件大小"由 32 MB 修改为 256 MB，其
他参数不变，如图 2-2-6 所示。

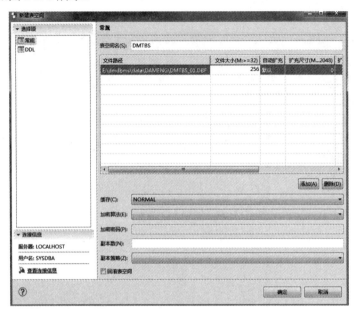

图 2-2-6　录入"DMTBS"表空间参数

(5) 参数设置完成后，单击"新建表空间"对话框左侧的 DDL 选择项，可以观察新建
表空间对应的语句，单击【确定】按钮，完成 DMTBS 表空间的创建。用户可在达梦管理
工具左侧对象导航的"表空间"节点下看到新建的 DMTBS 表空间，如图 2-2-7 所示。

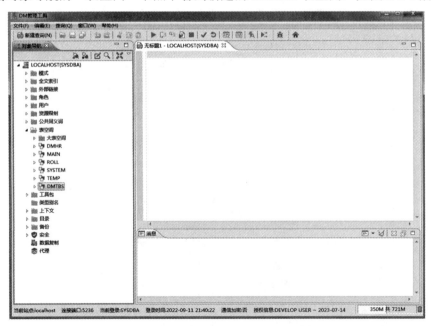

图 2-2-7　查看新增的"DMTBS"表标签

创建表空间时我们需注意以下几点：首先，创建表空间的用户必须具有创建表空间的权限；其次，在创建表空间时需要输入表空间名称，而且在同一个服务器中表空间名必须唯一；最后，创建表空间时必须添加数据文件，一个表空间可以添加多个数据文件（单个表空间的数据文件数量不能超过 256 个），数据文件目录一般放在安装目录下的 data 目录下，和数据库同名的目录下。

三、修改表空间

随着业务数据的不断增加，原有表空间大小可能无法满足业务需求，这时就需要扩展表空间大小。表空间大小的扩展有两种方式：扩展现有数据文件大小和增加新的数据文件。

修改表空间

1. 扩展现有数据文件大小

将创建表空间案例中的 DMTBS_01.DBF 文件大小扩充至 512 MB，具体操作步骤如下：

在达梦管理工具中双击【表空间】，在【DMTBS】表空间名上单击鼠标右键，在弹出的快捷菜单中选择【修改】命令，如图 2-2-8 所示。

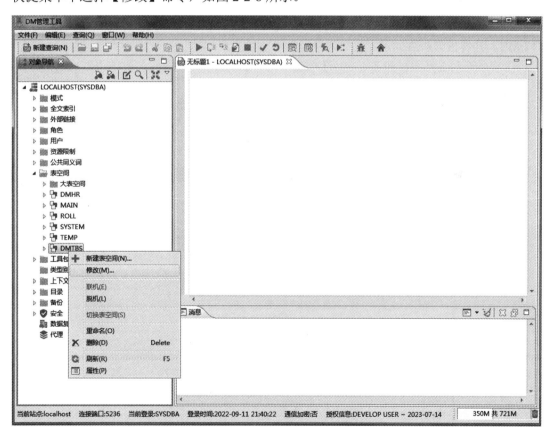

图 2-2-8　扩展表空间

在【修改表空间】对话框中选择【常规】选项，双击"文件大小"单元格，将数据由 256 修改为 512，最后单击【确定】按钮，如图 2-2-9 所示。

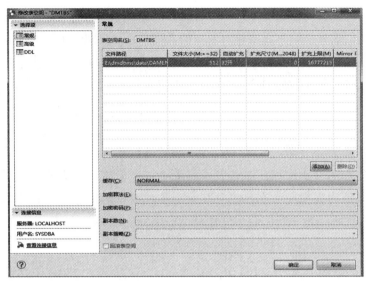

图 2-2-9　修改文件大小

2. 增加新的数据文件

为创建表空间案例中的表空间增加一个新的数据文件 DMTBS_02.DBF，文件大小为 512 MB，具体操作步骤如下：

在达梦管理工具中打开【表空间】节点，在 "DMTBS" 表空间名上单击鼠标右键，在弹出的快捷菜单中选择【修改】命令。

在【修改表空间】对话框中单击【添加】按钮，输入文件路径 (本例为 E:\dmdbms\ data\ DAMENG\DMTBS_02.DBF)，将 "文件大小" 由 32 MB 修改为 512 MB，其他参数不变，如图 2-2-10 所示，最后单击【确定】按钮即可完成数据文件的添加。

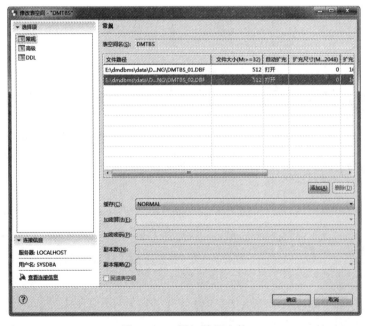

图 2-2-10　增加数据文件

四、修改表空间名

达梦数据库支持对表空间名直接进行修改。本案例将修改创建表空间案例中的表空间名为 DMTBS1，具体操作步骤如下：

(1) 在达梦管理工具中双击【表空间】，在【DMTBS】表空间名上单击鼠标右键，选择【重命名】命令。

(2) 在【重命名】对话框中输入对象名 "DMTBS1"，单击【确定】按钮，即可完成表空间重命名，如图 2-2-11 所示。

修改表空间时我们需注意以下几点：首先，修改表空间的用户必须具有创建表空间的权限；其次，在修改表空间数据文件大小时，修改后的文件大小必须大于原文件的大小；最后，在修改表空间名称时，表空间必须处于脱机状态，在表空间名称修改成功后再将其状态修改为联机状态。

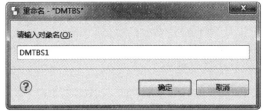

图 2-2-11　修改表空间名

五、删除表空间

在实例打开的状态下可以删除表空间，删除表空间时会删除其拥有的所有数据文件。需要注意的是，SYSTEM、RLOG、ROLL 和 TEMP 表空间不允许删除。

本案例将删除创建表空间案例中的表空间 DMTBS1，具体操作步骤如下：

(1) 在达梦管理工具中打开【表空间】节点，在 DMTBS1 表空间名上单击鼠标右键，在弹出的快捷菜单中选择【删除】命令。

(2) 在【删除对象】对话框中单击【确定】按钮，即可完成表空间 DMTBS1 的删除，如图 2-2-12 所示。

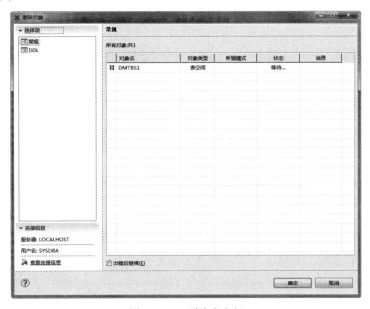

图 2-2-12　删除表空间

删除表空间时我们需注意以下几点：首先，用户必须具有删除表空间的权限；其次，SYSTEM、RLOG、ROLL 和 TEMP 等表空间不允许被删除；最后，表空间有数据库不允许直接删除，需要先清空表空间中的表，再删除表空间。

┃思政融入┃

奋发图强

随着业务数据的不断增加，原有表空间大小可能无法满足业务需求，这时就需要扩展表空间。我们面对社会的挑战，也应该努力学习、奋发图强，及时提升自身的能力，勇敢地迎接挑战。

⚙【任务回顾】

■ 知识点总结

1. 表空间是一个逻辑概念，它统一管理空间中的数据文件。所有的数据库对象都存放在指定的表空间中，但主要存放的是表，所以称作表空间。

2. 利用达梦管理工具可以进行表空间的创建、修改与删除操作。

3. 在达梦数据库中，SYSTEM、ROLL、MAIN 和 TEMP 等表空间属于默认表空间，它们是不允许被删除的。

■ 思考与练习

1. 什么是表空间？

2. 如何创建表空间？

3. 达梦数据库的默认表空间有哪些？

任务3 模式对象认知

⚙【任务描述】

花小新："花工，我在文档上看到'模式'这个词，我对'模式'不太了解，您能给我讲讲吗？"

花中成："'模式'是一个特定的对象集合，在概念上可将其看作是包含表、视图、索引等若干对象的对象集。模式对象则包括表、视图、约束、索引、序列、触发器、存储过程/函数、包、同义词、类、域等。在达梦数据库中，一个用户可以创建多个模式，不同的模式下可以拥有相同的名称的表或视图且不会发生冲突。模式概念主要方便管理，只要有权限，各个模式的对象可以互相调用。"

花小新："好的，大概了解了，谢谢花工。"

【知识学习】

模式是用户拥有的所有数据库对象的集合。在达梦数据库中，用户和模式是一对多的关系，即一个用户可以拥有一个或多个模式，但是一个模式只能属于一个用户。

模式的介绍

在达梦数据库中，当数据库管理员创建一个用户时，系统会为这个用户自动创建一个与用户名同名的模式作为默认模式。例如创建用户 EMHR，默认表空间为 DMTBS，因为达梦在创建数据库的时候，就会自动创建一个同名的模式，所以在创建用户 EMHR 后，会有一个同名的 EMHR 模式产生，如图 2-3-1 所示。本教材后面所有的表，都在这个模式下面生成。

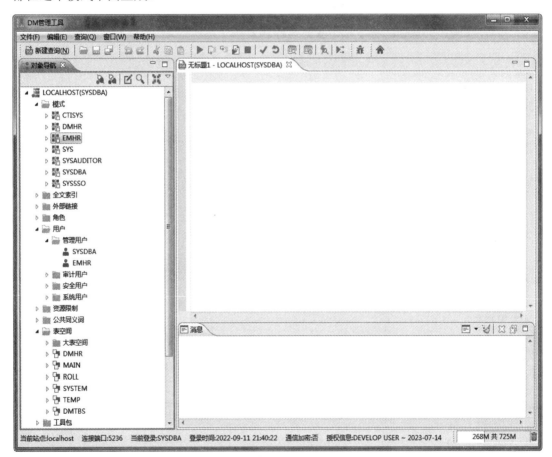

图 2-3-1　查看模式

用户还可以创建多个不同的模式，一个模式中的对象 (表、视图等) 可以被多个用户使用。采用模式管理允许多个用户使用一个数据库而不会干扰其他用户；第三方的应用也可以放在不同的模式中，这样可以避免和其他对象的名字冲突。

每个用户访问自己同名模式下的表、视图等，不需要加模式名，但是访问其他模式下的对象时则需要加上模式名，具体格式为"模式名 . 对象名"。如果访问一个表时没有指明该表属于哪一个模式，系统就会自动在表前加上缺省的模式名。类似地，如果在创建对象时不指定该对象的模式，则该对象的模式为用户的缺省模式。

创建模式

{☼}【任务实施】

本次任务的要求是使用达梦管理工具完成模式的创建、修改与删除。

一、创建模式

本案例以用户 SYSDBA 给 EMHR 用户创建一个模式，名称为 EMHR1，具体操作步骤如下：

(1) 启动达梦管理工具，以用户 SYSDBA 登录数据库，右键单击对象导航窗体中的"模式"节点，在弹出的快捷菜单中单击【新建模式】命令，如图 2-3-2 所示。

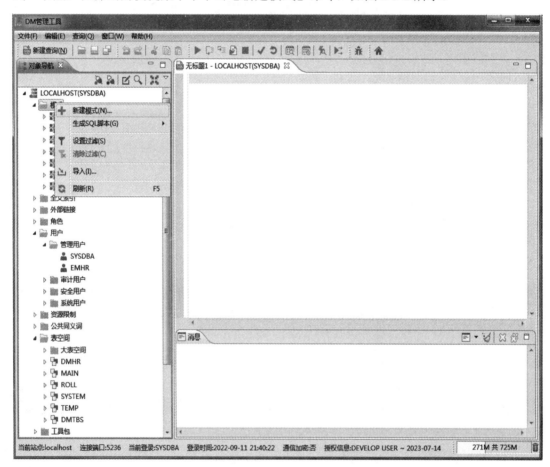

图 2-3-2　新建模式

(2) 在弹出的【新建模式】对话框中，输入模式名为"EMHR1"，如图 2-3-3 所示。

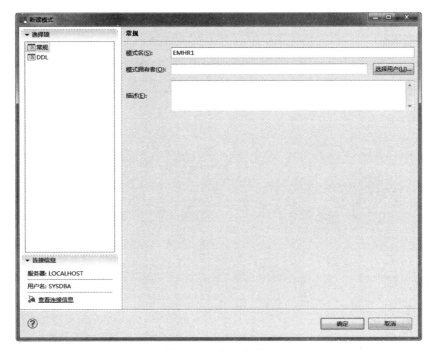

图 2-3-3　输入模式名

(3) 单击【选择用户】按钮，弹出"选择 (用户)"对话框，如图 2-3-4 所示，选中 EMHR 用户并单击【确定】按钮返回。

图 2-3-4　选择用户

(4) 回到图 2-3-3 中，单击【确定】按钮，即可完成模式的创建。

需要注意的是：在创建新模式时，模式名不能够和其所在数据库中其他模式重名；每个用户有一个默认的同名的模式，访问自己模式下的表、视图等，不需要加模式名，访问其他模式下的对象需要加上模式名；若没有指定当前模式，系统会自动以当前用户名作为模式名。

二、删除模式

本案例以用户 SYSDBA 登录达梦管理工具，删除上一个任务中创建的 EMHR1 模式，具体操作步骤如下：

删除模式

(1) 启动达梦管理工具，以用户 SYSDBA 登录数据库，右键单击对象导航窗体的"模式"节点下的 EMHR1，在弹出的快捷菜单中单击【删除】命令，如图 2-3-5 所示。

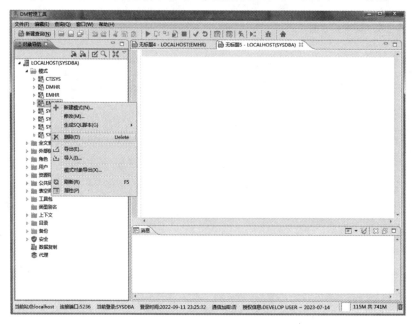

图 2-3-5　删除模式命令

(2) 在弹出的【删除对象】对话框中单击"确定"按钮，即可删除 EMHR1 模式，如图 2-3-6 所示。

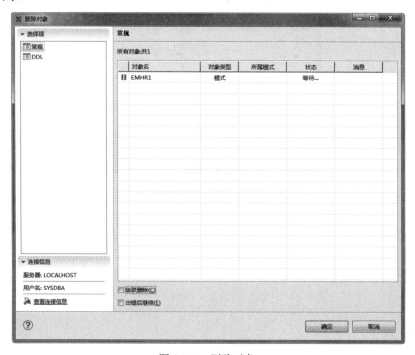

图 2-3-6　删除对象

注意：当模式下有表或视图等数据库对象时，必须采取级联删除，否则删除失败。

【任务回顾】

■ 知识点总结

1.在达梦数据库中，每个用户有一个默认的同名的模式，访问自己模式下的表、视图等，不需要加模式名，访问其他模式下的对象需要加上模式名。

2.模式可以把数据库对象组织成逻辑组，让它们更便于管理；同时多个用户也可以使用同一个数据库而不会干扰其他用户；另外第三方的应用可以放在不同的模式中，这样可以避免和其他对象的名字冲突。

3.利用达梦管理工具可以创建、修改和删除模式。

■ 思考与练习

1.什么是用户模式？

2.在达梦数据库中模式的作用是什么？

任务 4　数据表的基础操作

【任务描述】

花中成："小新，掌握了表空间和模式的概念，你就可以在数据库中添加数据表了，表是数据库设计过程中的基本构件，用户对数据库的读写操作，都是通过数据表来进行的。"

花小新："好的，我现在去尝试一下。"

【知识学习】

在达梦数据库中，表是数据存储的基本单元，是对用户数据进行读和操纵的逻辑实体。数据表实际上是一个行和列组成的二维结构集合，每一行代表一个单独的记录，每一列代表一个字段。为了确保数据库中数据的一致性和完整性，在创建表时可以定义表的实体完整性、域完整性和参考完整性。实体完整性定义表中的所有行能唯一地标识，一般用主键、唯一索引、UNIQUE 关键字及 IDENTITY 属性来定义；域完整性通常指数据的有效性，限制数据类型、缺省值、规则、约束和是否可以为空等条件，域完整性可以确保不会输入无效的值；参考完整性维护表间数据的有效性、完整性，通常通过建立外键联系另一表的主键来实现。

在达梦数据库中，表可以分为数据库表和外部表。数据库表由数据库管理系统自行组织管理；外部表的数据则是存储在操作系统中，是操作系统文件。本任务只讲解数据库表的创建、修改和删除操作。

一、达梦数据库的主要数据类型

达梦数据库支持的数据类型很多，包括字符数据类型、数值数据类型、多媒体数据类型、一般日期时间数据类型、时间间隔数据类型等。此外，达梦数据库还扩展支持 %TYPE、%ROWTYPE、记录类型、数组类型、集合类型等，用户还可以定义自己的子类型。下面介绍一些常见的数据类型。

1. 常规数据类型

常规数据类型包括两类，即字符数据类型和数值数据类型，具体介绍分别见表 2-4-1 和表 2-4-2 所示。

表 2-4-1　字符数据类型

数据类型	语　法	功　能
CHAR 类型	CHAR[(长度)]	指定定长字符串
CHARACTER 类型	CHARACTER[(长度)]	与 CHAR 相同
VARCHAR 类型	VARCHAR[(长度)]	指定变长字符串
VARCHAR2 类型	VARCHAR2[(长度)]	与 VARCHAR 相同

表 2-4-2　数值数据类型

数据类型	语　法	功　能
NUMERIC 类型	NUMERIC[(精度 [, 标度])]	用于存储零、正负定点数
DECIMAL 类型	DECIMAL[(精度 [, 标度])]	与 NUMERIC 相似
DEC 类型	DEC[(精度 [, 标度])]	与 NUMERIC 相似
NUMBER 类型	NUMBER[(精度 [, 标度])]	与 NUMERIC 相同
INTEGER 类型	INTEGER	用于存储有符号整数，精度为 10，标度为 0
INT 类型	INT	与 INTEGER 相同
FLOAT 类型	FLOAT[(精度)]	带二进制精度的浮点数
DOUBLE 类型	DOUBLE[(精度)]	带二进制精度的浮点数
REAL 类型	REAL	带二进制精度的浮点数

对于字符数据类型，定义 CHAR 类型的列时，其最大存储长度由数据库页面大小决定，可以指定一个不超过其最大存储长度的正整数作为字符长度，如 CHAR(100)。如果未指定长度，缺省长度为 1。VARCHAR 数据类型可以指定一个不超过 8188 的正整数作为字符长度，如 VARCHAR(100)。如果未指定长度，缺省长度为 8188。CHAR 同 VARCHAR 的区别在于前者长度不足时，系统自动填充空格，而后者只占用实际的字节空间。另外，实际插入表中的列长度要受到记录长度的约束，每条记录总长度不能大于页面大小的一半。

对于数值数据类型，精度是一个无符号整数，定义了总的数字数，精度范围是 1 至 38，标度定义了小数点右边的数字位数，例如 NUMERIC(4,1) 定义了小数点前面 3 位和小数点后面 1 位，共 4 位的数字。一个数的标度不应大于其精度，如果实际标度大于指定标度，那么超出标度的位数将会四舍五入省去。如果不指定精度和标度，缺省精度为 38。

2. 日期时间数据类型

日期时间数据类型分为一般日期时间数据类型、时间间隔数据类型和时区数据类型三类，用于存储日期、时间和它们之间的间隔信息，在这里只介绍一般日期时间数据类型，如表 2-4-3 所示，其他日期时间数据类型可查阅《达梦 DM8_SQL 语言使用手册》。

表 2-4-3 一般日期时间数据类型

数据类型	语 法	功 能
DATE 类型	DATE	DATE 类型包括年、月、日信息，定义了 '-4712-01-01' 和 '9999-12-31' 之间任何一个有效的格里高利日期
TIME 类型	TIME [(小数秒精度)]	TIME 类型包括时、分、秒信息，定义了一个在 '00:00:00.000000' 和 '23:59:59.999999' 之间的有效时间
TIMESTAMP 类型	TIMESTAMP [(小数秒精度)]	TIMESTAMP 类型包括年、月、日、时、分、秒信息，定义了一个在 '-4712-01-01 00:00:00.000000' 和 '9999-12-31 23:59:59.999999' 之间的有效格里高利日期时间

3. 多媒体数据类型

常用多媒体数据类型如表 2-4-4 所示。

表 2-4-4 多媒体数据类型

数据类型	语 法	功 能
TEXT 类型	TEXT	变长字符串类型，DM 利用它存储长的文本串
IMAGE 类型	IMAGE	用于指明多媒体信息中的图像类型
BLOB 类型	BLOB	用于指明变长的二进制大对象
CLOB 类型	CLOB	用于指明变长的字母数字字符串
BFILE 类型	BFILE	用于指明存储在操作系统中的二进制文件

二、达梦数据库的范式

范式来自英文 Normal form，简称 NF，它是指符合某一种级别的关系模式的集合。设计关系数据库时，应该根据实际需求遵从不同的规范，这些不同的规范要求被称为不同的范式。关系数据库有六种范式：第一范式 (1NF)、第二范式 (2NF)、第三范式 (3NF)、巴斯 - 科德范式 (BCNF)、第四范式 (4NF) 和第五范式 (5NF，又称完美范式)。满足最低要求的范式是第一范式 (1NF)。在第一范式的基础上进一步满足更多规范要求的称为第二范式 (2NF)，其余范式依次类推。一般来说，数据库只需满足第三范式 (3NF) 就行了。

1. 第一范式 (1NF)

第一范式是指数据库表的每一个字段都具有不可分割性，同一列中不能有多个值，即实体中的某个属性不能拥有多个值。例如，在表 2-4-5 中，每一个字段均具有不可分割性，所以它是满足第一范式要求的，但是如果在表中插入一个字段"电话号码"，由于电话号码既存在一个手机号又存在一个座机号码，这种情况就不属于第一范式，除非把手机号和座机号码分别作为单独一列。

表 2-4-5　员 工 信 息 表

员工编号	员工姓名	岗位名称	员工生日
8369	张小明	CLERK	17-12-1980
8499	王涛	SALESMAN	20-2-1981
8521	李洁	SALESMAN	22-2-1981

2. 第二范式 (2NF)

第二范式 (2NF) 是在第一范式 (1NF) 的基础上建立起来的，即满足第二范式 (2NF) 必须先满足第一范式 (1NF)。第二范式 (2NF) 要求数据库表中的每个实例或记录必须可以被唯一地区分。换句话说，就是数据表中要有主关键字，表中其他字段都依赖于主关键字。例如在表 2-4-5 中，必须要由"员工编号"这一属性做主键，否则就不满足第二范式。之所以"员工姓名"字段不可以做主键，是因为存在员工同名的情况，"岗位名称"和"员工生日"字段也存在相同问题。表中其他字段都依赖于主关键字则是指某一行记录只能由指定人拥有，例如员工张小明的岗位名称和员工生日字段只能存储他本人的信息，因为他的员工编号决定了这一行记录由他本人拥有，不能给其他人员使用。

3. 第三范式 (3NF)

第三范式 (3NF) 是第二范式 (2NF) 的一个子集，即满足第三范式 (3NF) 必须满足第二范式 (2NF)。简单说，第三范式 (3NF) 要求一个关系中不包含在其他关系已包含的非主关键字信息。我们可以把第三范式 (3NF) 理解为消除冗余。例如，表 2-4-5 所在的数据库中如果存在一个部门表，其中每个部门有部门编号、部门名称、部门地址等信息，那么在表 2-4-5 中再加入部门编号、部门名称、部门地址等就没有必要了，因为这样做会产生大量的数据冗余。我们只需要在表 2-4-5 中加入部门编号，将其作为外键与部门表关联即可。

三、数据表的命名规范

命名规范是指数据库对象例如数据库、表、视图等的命名约定。在达梦数据库中，表的名称可以采用 26 个英文字母和 0～9 自然数（一般不需要）加上下划线"_"组成。如果数据表的名称仅有一个单词，那么建议用完整的单词作为表名，也可以使用缩写，例如员工信息表，表的名称可以是 EMPLOYEE，也可以是 EMP，表名的单词一般都为单数（例如员工表使用 Employee 作为名称，不推荐使用 Employees）。如果是多个单词组成的表名，则单词之间用下划线"_"分隔。需要注意的是，禁止使用数据库关键字，如 CREATE、SELECT、UPDATE、PASSWORD 等作为表名，表的名字不能取太长，一般不超过三个英文单词，不推荐中文拼音。

【任务实施】

用达梦管理
工具创建表

一、用达梦管理工具创建表

在 EMHR 模式下创建名为"STUDENTINFO"的学生信息表，表的字段要求如表 2-4-6 所示。

表 2-4-6　学生信息表

数据项名	缩写名称	数据类型	长度，位数	是否主键	是否非空
学号	Sno	CHAR	11	是	是
姓名	Sname	CHAR	10	否	否
性别	Ssex	CHAR	2	否	否
出生年月	Sbirthday	DATE	13	否	否
成绩	Sscore	NUMERIC	3	否	否
班级号	ClassID	CHAR	2	否	否

具体操作步骤如下：

(1) 打开达梦管理工具，登录对应的数据库 (本例中用户名和密码均为 SYSDBA)。

(2) 在登录数据库成功后，右键单击对象导航窗体中 EMHR 模式 (如果没有该模式，则需用户创建该模式) 下的表节点，在弹出的快捷菜单中选择【新建表】命令，如图 2-4-1 所示。

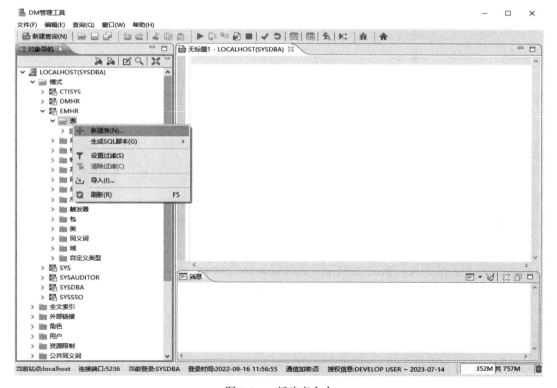

图 2-4-1　新建表命令

(3) 在弹出的对话框中，选择常规参数页面，然后在表名文本框中输入"STUDENTINFO"，同时设置注释为"学生信息表"，如图 2-4-2 所示。

图 2-4-2   新建表对话框

(4) 单击 ➕ 按钮，增加一个字段，选中"主键"，修改列名为"Sno"，数据类型选择"CHAR"，默认非空，精度为"11"，标度为"0"。

(5) 继续单击 ➕ 按钮，增加一个字段，修改列名为"Sname"，数据类型选择"CHAR"，精度为"10"，标度为"0"。

(6) 继续单击 ➕ 按钮，增加一个字段，修改列名为"Ssex"，数据类型选择"CHAR"，精度为"2"，标度为"0"。

(7) 继续单击 ➕ 按钮，增加一个字段，修改列名为"Sbirthday"，数据类型选择"DATE"，精度默认为"13"，标度为"0"。

(8) 继续单击 ➕ 按钮，增加一个字段，修改列名为"Sscore"，数据类型选择"NUMERIC"，精度为"3"，标度为"0"。

(9) 继续单击 ➕ 按钮，增加一个字段，修改列名为"ClassID"，数据类型选择"CHAR"，精度为"2"，标度为"0"。

(10) 所有字段设置完成后，单击"确定"按钮，完成学生信息表的创建，如图 2-4-3 所示。

创建表时我们需注意：每一个表至少要包含一个字段，在一个表中，各字段名不能重复。除此之外，一张表中最多可以包含 2048 个字段。

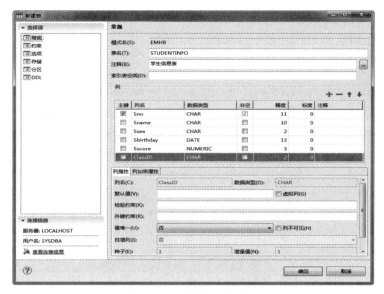

图 2-4-3　新建学生信息表

二、用达梦管理工具修改表

用户可以对数据库中的表作如下修改：添加或删除列或修改现有列的定义；添加、修改或删除与表相关的完整性约束；重命名一个表；启动或停用与表相关的完整性约束等。

用达梦管理
工具修改表

将学生信息表中"Ssex"列的长度修改为 4，具体操作步骤如下：

(1) 打开达梦管理工具，登录对应的数据库 (本例中用户名和密码均为 SYSDBA)。

(2) 登录数据库成功后，右键单击对象导航窗体中 EMHR 模式下的 STUDENTINFO表，在弹出的快捷菜单中选择【修改】命令，如图 2-4-4 所示。

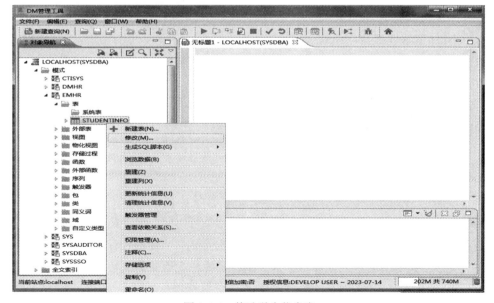

图 2-4-4　修改学生信息表

(3) 在弹出的"修改表"对话框中选择"Ssex"列，并设置该列精度为"4"，标度为"0"，如图 2-4-5 所示。

(4) 最后单击"确定"按钮即可完成列修改操作。

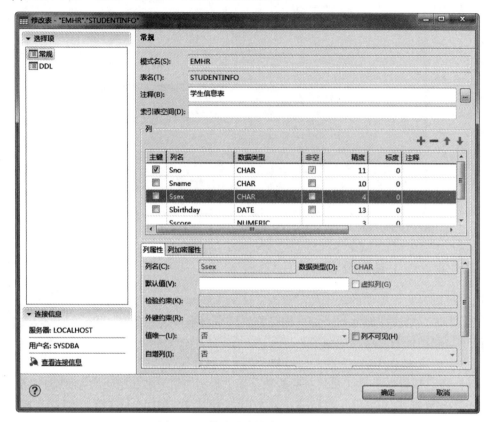

图 2-4-5　修改学生信息表列的内容

删除学生信息表中的"ClassID"列，具体操作步骤如下：

(1) 打开达梦管理工具，登录对应的数据库（本例中用户名和密码均为 SYSDBA）。

(2) 登录数据库成功后，右键单击对象导航窗体中 EMHR 模式下的"STUDENTINFO"表，在弹出的快捷菜单中选择【修改】命令。

(3) 在弹出的"修改表"对话框中选择"ClassID"列，单击 ━ 按钮。

(4) 最后单击"确定"按钮，即可完成列删除操作。

三、用达梦管理工具删除表

当一个表不再使用时，可以将其删除。删除表时，将产生以下结果：表的结构信息从数据字典中删除，表中的数据不可访问；表中的所有索引和触发器被一起清除；所有建立在该表中的同义词、视图和存储过程变为无效；所有分配给表的簇标记为空闲，可被分配给其他的数据库对象。

用达梦管理
工具删除表

删除 EMHR 模式下的"STUDENTINFO"表，具体操作步骤如下：

(1) 打开达梦管理工具，登录对应的数据库 (本例中用户名和密码均为 SYSDBA)。

(2) 登录数据库成功后，右键单击对象导航窗体中 EMHR 模式下的"STUDENTINFO"表，在弹出的快捷菜单中选择【删除】命令。

(3) 在弹出的"删除对象"对话框中，单击"确定"按钮，即可删除该表，如图 2-4-6 所示。

删除表时需要注意：如果存在主从表，则应先删除从表，再删除主表；表删除后，在该表上建立的索引也将同时被删除。

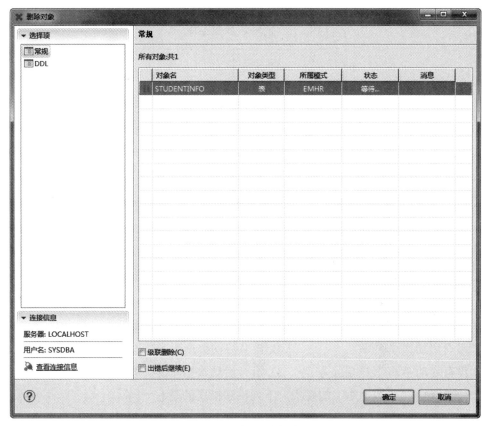

图 2-4-6　删除学生信息表

【任务回顾】

■ 知识点总结

1. 表是数据库中数据存储的基本单元，是对用户数据进行读和操纵的逻辑实体。表由列和行组成，每一行代表一个单独的记录，每一列描述该表所跟踪的实体的属性，每个列都有一个名字及各自的特性。

2. 列的特性由两部分组成：数据类型 (dataType) 和长度 (length)。

3. 利用达梦管理工具可以完成表的创建、修改和删除。

■ 思考与练习

1. 在达梦数据库中可以对数据表做哪些操作？

2. 在达梦数据库中数据库表和外部表的区别？

项 目 总 结

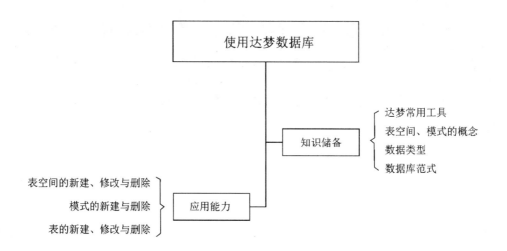

项 目 习 题

1.（选择题）DM 软件安装成功后使用 SYSDBA 身份却无法连接，原因可能是（　　）。

A. 没有启动代理服务　　　　　　B. 没有启动数据库服务

C. 没有启动 Web 客户端服务　　　D. 没有启动数据库链接服务

2.（选择题）关于数据库中的模式，下列说法错误的是（　　）。

A. 用户的模式指的是用户账号拥有的对象集，在概念上可将其看作是包含表、视图、索引等其他对象的对象集。

B. 系统为每一个用户自动建立了一个与用户名同名的模式作为默认模式，用户还可以用模式定义语句建立其他模式。

C. 各个模式之间无法执行数据的相互访问。

D. 使用模式允许多个用户使用一个数据库而不会干扰其他用户。

3. 数据库实例的连接方式有 _____ 和 _____。

4. 表空间大小的扩展有几种方式，如何实现？

5. 利用达梦管理工具创建一个 COURSEINFO 表、TEACHERINFO 表和 CLASSINFO 表，表的字段要求如表 2-1、表 2-2 和表 2-3 所示。

表 2-1 COURSEINFO 表

数据项名	缩写名称	数据类型	长度，位数	是否主键	是否非空
课程号	Cno	CHAR	6	是	是
课程名称	Cname	CHAR	20	否	否
学时数	Ctime	NUMERIC	2	否	否
学分	Credit	NUMERIC	2	否	否
课程类型	Ctype	CHAR	6	否	否

表 2-2 TEACHERINFO 表

数据项名	缩写名称	数据类型	长度，位数	是否主键	是否非空
教工号	Tno	CHAR	4	是	是
教师姓名	Tname	CHAR	10	否	否
性别	Tsex	CHAR	2	否	否
学历	Teducation	CHAR	8	否	否
专业	Department	CHAR	10	否	否
课程号	Cno	CHAR	6	否	否

表 2-3 CLASSINFO 表

数据项名	缩写名称	数据类型	长度，位数	是否主键	是否非空
班级号	ClassID	CHAR	2	是	是
班级名称	Classname	CHAR	10	否	否
专业	Department	CHAR	10	否	否
人数	Cnum	NUMERIC	3	否	否

项目 3　SQL 语言基础认知

项目引入

花中成："小新，接下来你可以去了解一下 SQL 语言的基础知识，尝试使用 SQL 语言完成对数据表的操作，如增加、修改、删除等。"

花小新："收到，花工。"

知识图谱

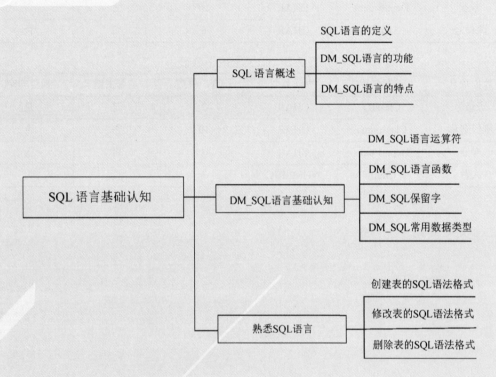

任务 1　SQL 语言概述

【任务描述】

花小新："下面跟着我一起了解 SQL 语言的定义、功能和特点吧。"

【知识学习】

SQL 语言接近英语的语句结构，它方便简洁，使用灵活，功能强大，备受用户及计算机工业界的欢迎，被众多计算机公司和数据库厂商所采用。经各公司的不断修改、扩充和完善，SQL 语言最终发展成为关系数据库的标准语言。

SQL 语言概述

一、SQL 语言的定义

SQL(Structured Query Language) 语言是一种结构化查询语言，它是 IBM 公司于 20 世纪 70 年代开发出来的，并在 20 世纪 80 年代被美国国家标准学会 (American National Standards Institute，ANSI) 和国际标准化组织 (International Organization for Standardization，ISO) 定义为关系型数据库语言的标准。它具有功能丰富、使用方便灵活、语言简洁易学等突出的优点，因此深受计算机工业界和计算机用户的欢迎。

二、DM_SQL 语言的功能

DM_SQL 语言是一种介于关系代数与关系演算之间的语言，其功能主要包括数据定义、查询、操纵和控制四个方面，通过各种不同的 SQL 语句来实现。

1. 数据定义语言

数据定义语言 (Data Definition Language，DDL) 用于改变数据库结构，包括创建、更改和删除数据库对象。其包括 CREATE 语句、ALTER 语句和 DROP 语句。CREATE 语句用于创建数据库、数据表等；ALTER 语句用于修改现有的数据库对象；DROP 语句用于删除数据库中的表或其他对象的视图。

2. 数据查询语言

数据查询语言 (Data Query Language，DQL) 就是指 SELECT 语句，主要用于查询数据。使用 SELECT 语句可以查询数据库中的一条数据或多条数据。

3. 数据操纵语言

数据操纵语言 (Data Manipulation Language，DML) 用于检索、插入和修改数据。数据操纵语言是最常见的 SQL 命令，其包括 INSERT 语句、UPDATE 语句和 DELETE 语句。

INSERT 语句用于插入数据，UPDATE 语句用于修改数据，DELETE 语句用于删除数据。

4. 数据控制语言

数据控制语言 (Data Control Language，DCL) 主要用于控制用户的访问权限，其包括 GRANT 语句、REVOKE 语句、COMMIT 语句和 ROLLBACK 语句。GRANT 语句用于给用户授予权限，REVOKE 语句用于撤销用户的权限，COMMIT 语句用于提交事务，ROLLBACK 语句用于回滚事务。

三、DM_SQL 语言的特点

DM_SQL 语言符合结构化查询语言 SQL 标准，是标准 SQL 的扩充。它集数据定义、数据查询、数据操纵和数据控制于一体，是一种统一的、综合的关系数据库语言。它功能强大，使用简单方便，容易为用户掌握。具有如下特点：

1. 功能一体化

DM_SQL 的功能一体化表现在以下两个方面：

(1) DM_SQL 支持多媒体数据类型，用户在建表时可直接使用。DM 系统在处理常规数据与多媒体数据时达到了四个一体化，即一体化定义、一体化存储、一体化检索、一体化处理，最大限度地提高了数据库管理系统处理多媒体的能力和速度。

(2) DM_SQL 语言集数据库的定义、查询、更新、控制、维护、恢复和安全等一系列操作于一体，每项操作只需一种操作符表示，格式规范，风格一致，简单方便，很容易为用户所掌握。

2. 两种用户接口使用统一语法结构的语言

DM_SQL 语言既是自含式语言，又是嵌入式语言。作为自含式语言，它能独立运行于联机交互方式中。作为嵌入式语言，DM_SQL 语言能够嵌入到 C 和 C++ 语言程序中，将高级语言（也称主语言）灵活的表达能力、强大的计算功能与 DM_SQL 语言的数据处理功能相结合，完成各种复杂的事务处理。在这两种不同的使用方式中，DM_SQL 语言的语法结构是一致的，从而为用户使用提供了极大的方便性和灵活性。

3. 高度非过程化

DM_SQL 语言是一种非过程化语言。用户只需指出"做什么"，而不需指出"怎么做"。对数据存取路径的选择以及 DM_SQL 语言功能的实现均由系统自动完成，与用户编制的应用程序、具体的机器及关系 DBMS 的实现细节无关，从而方便了用户，提高了应用程序的开发效率，也增强了数据的独立性和应用系统的可移植性。

4. 面向集合的操作方式

DM_SQL 语言采用了集合操作方式。不仅查询结果可以是元组的集合，而且插入、删除、修改操作的对象也可以是元组的集合。相对于面向记录的数据库语言（一次只能操作一条记录）来说，DM_SQL 语言的使用简化了用户的处理，提高了应用程序的运行效率。

5. 语言简洁，方便易学

DM_SQL 语言功能强大，格式规范，表达简洁，接近英语的语法结构，容易为用户所掌握。

思政融入

完善自我，提升自我

SQL 语言以其简洁易懂又兼具灵活多变与强大无比的功能，成为用户和计算机工业界的宠儿。各大计算机公司和数据库厂商纷纷采纳，成为关系数据库的通用语言。历经无数次的精心雕琢、扩展与完善，SQL 语言如今已展翅高飞。我们也应该不断修正、扩充和完善自我，提升自我，成为一个有理想、有抱负的人。

【任务实施】

(1) 启动达梦管理工具并登录对应的数据库 (本例中用户名和密码均为 SYSDBA)。

(2) 连接数据库后，我们可看到：顶部为工具栏；左侧显示对象导航；右侧为新建查询窗口，在此窗口中可输入 SQL 语句；底部为消息和结果集。

(3) 通过新建查询窗口可编写 SQL 语句，语句输入完成后点击工具栏中的"执行"按钮执行，在底部"结果集"窗口可以看到语句执行结果，单击工具栏中的"提交"按钮可以提交语句执行结果，如图 3-1-1 所示。

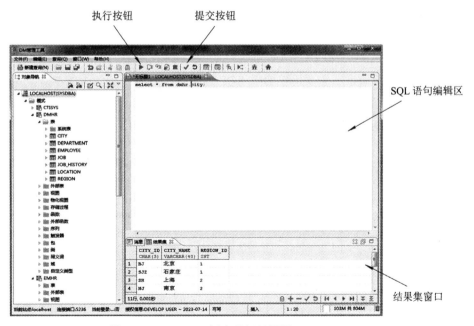

图 3-1-1　DM_SQL 语言的运行界面

【任务回顾】

■ 知识点总结

1. DM_SQL 语言的主要功能包括数据定义、数据查询、数据操纵和数据控制四个方面，通过各种不同的 SQL 语句来实现。

2. DM_SQL 语言的特点包括：功能一体化；两种用户接口使用统一语法结构的语言；高度非过程化；面向集合的操作方式；语言简洁，方便易学。

■ 思考与练习

1. DM_SQL 语言的主要功能包括哪几个方面？

2. DM_SQL 语言的特点有哪些？

任务 2　DM_SQL 语言基础认知

【任务描述】

花中成："小新，你先了解一下 DM_SQL 语言的运算符、函数和关键字，为后续利用 SQL 语言创建数据表打下基础。"

花小新："好的，没问题。"

【知识学习】

一、DM_SQL 语言运算符

运算符是保留字或主要用在 DM_SQL 语言的 WHERE 子句中的字符，用于执行操作，如比较和算术运算。这些运算符用于指定 DM_SQL 语言中的条件，并用作语句中多个条件的连词。常见运算符有算术运算符、比较运算符和逻辑运算符。

1. DM_SQL 算术运算符

DM_SQL 算术运算符的说明如表 3-2-1 所示。

表 3-2-1　SQL 算术运算符

运算符	说　　明
+	加法运算符，执行加法运算
−	减法运算符，执行减法运算
*	乘法运算符，执行乘法运算
/	除法运算符，执行除法运算
%	模数运算符，即将第一个操作数除以第二个操作数后计算余数

2. DM_SQL 比较运算符

DM_SQL 比较运算符的说明如表 3-2-2 所示。

表 3-2-2 SQL 比较运算符

运算符	说　　明
=	检查两个操作数的值是否相等，如果是，则条件为真
!=	检查两个操作数的值是否相等，如果值不相等，则条件为真
<>	检查两个操作数的值是否相等，如果值不相等，则条件为真
>	检查左操作数的值是否大于右操作数的值，如果是，则条件为真
<	检查左操作数的值是否小于右操作数的值，如果是，则条件为真
>=	检查左操作数的值是否大于或等于右操作数的值，如果是，则条件为真
<=	检查左操作数的值是否小于或等于右操作数的值，如果是，则条件为真
!<	检查左操作数的值是否不小于右操作数的值，如果是，则条件变为真
!>	检查左操作数的值是否不大于右操作数的值，如果是，则条件变为真

3. DM_SQL 逻辑运算符

DM_SQL 逻辑运算符的说明如表 3-2-3 所示。

表 3-2-3 SQL 逻辑运算符

运算符	说　　明
ALL	ALL 运算符用于将值与另一个值集中的所有值进行比较
AND	AND 运算符允许在 SQL 语句的 WHERE 子句中指定多个条件
ANY	ANY 运算符用于根据条件将值与列表中的任何适用值进行比较
BETWEEN	BETWEEN 运算符用于搜索在给定的最小值和最大值之间的值
EXISTS	EXISTS 运算符用于搜索指定表中是否存在满足特定条件的行
IN	IN 运算符用于将值与已指定的文字值列表进行比较
LIKE	LIKE 运算符用于将值与类似值进行比较
NOT	NOT 运算符是一个否定运算符，用于反转使用它的逻辑运算符的含义
OR	OR 运算符用于组合 SQL 语句的 WHERE 子句中的多个条件
IS NULL	IS NULL 运算符用于将值与 NULL 值进行比较
UNIQUE	UNIQUE 运算符搜索指定表的每一行的唯一约束 (无重复项)

二、DM_SQL 语言函数

达梦数据库函数可以帮助用户更加方便地处理表中的数据。函数不但可以在 SELECT 查询语句中使用，同样可以在 INSERT、UPDATE、DELETE 等语句中使用。在达梦数据库中内置了数值、字符串、时间日期等不同种类的函数来满足用户不同的需求。

1. 数值函数

常用的数值函数如表 3-2-4 所示。

表 3-2-4　数 值 函 数

函数名	函 数 说 明
ABS()	求数值的绝对值
CEIL(n)	求大于或等于数值 n 的最小整数
FLOOR(n)	求小于或等于数值 n 的最大整数
MOD(m，n)	求数值 m 被数值 n 除的余数
RAND()	求一个 0 到 1 之间的随机浮点数
ROUND(number，n)	四舍五入到 n 位小数

2. 字符串函数

常用的字符串函数如表 3-2-5 所示。

表 3-2-5　字 符 串 函 数

函数名	函 数 说 明
ASCII(char)	返回字符对应的整数
CONCAT(char1,char2)	顺序连接两个字符串成为一个字符串
LEN(char)	返回指定的一个字符串中字符的个数，汉字算作一个字符
LEFT(char,n)	返回字符串最左边的 n 个字符组成的字符串
LOWER(char)	将大写的字符串转换为小写的字符串
REPLACE(string,old,new)	将 string 字符串中的 old 字符串替换为 new 字符串
RIGHT(char,n)	返回字符串最右边 n 个字符组成的字符串
SUBSTR(char,m,n)	从输入字符串中取出一个子串，从 m 字符处开始取指定长度的字符串
UPPER(char)	将小写的字符串转换为大写的字符串

3. 时间日期函数

常用的时间日期函数如表 3-2-6 所示。

表 3-2-6　时间日期函数

函数名	函 数 说 明
ADD_DAYS(date,n)	返回日期加上 n 天后的新日期
ADD_MONTHS(date,n)	在输入日期上加上指定的几个月，返回一个新日期
ADD_WEEKS(date,n)	返回日期加上 n 个星期后的新日期
CURDATE()	返回系统的当前日期
CURTIME()	返回系统的当前时间

函 数 名	函 数 说 明
DAYNAME(date)	返回日期的星期名称
DAYOFMONTH(date)	返回日期为所在月份中的第几天
DAYOFWEEK(date)	返回日期为所在星期中的第几天
DAYOFYEAR(date)	返回日期为所在年中的第几天
DAYS_BETWEEN (date1,date2)	返回两个日期之间的天数
EXTRACT (DATE_FIELD FROM date)	抽取日期时间或时间间隔类型中某一个字段的值
MONTH(date)	返回日期中的月份分量
NOW()	返回系统的当前时间戳
SYSDATE()	返回系统的当前日期
WEEK(date)	返回日期为所在年中的第几周
WEEKDAY(date)	返回当前日期的星期值
YEAR(date)	返回日期的年分量

4. 其他函数

其他函数如表 3-2-7 所示。

表 3-2-7　其 他 函 数

函 数 名	函 数 说 明
AVG()	返回数值列的平均值
SUM()	返回数值列的总和
COUNT()	返回匹配指定条件的行数
MAX()	返回所选列的最大值
MIN()	返回所选列的最小值
MOD()	返回除法运算的余数
ROUND()	把数值字段舍入为指定的小数位数
IFNULL(n1,n2)	返回第一个非空的值
ISNULL(n1,n2)	使用指定的替换值替换 NULL

三、DM_SQL 保留字

DM_SQL 保留字是指那些有特定含义或使用方法已事先定义好的英语单词。为数据库、数据表和其他数据库对象命名时不要使用保留字。常用的 DM_SQL 保留字如表 3-2-8 所示。

表 3-2-8　常用的 DM_SQL 保留字

保留字	说　　明	保留字	说　　明
CREATE	创建数据库和表等对象	ROLLBACK	取消对数据库中的数据进行的变更
DROP	删除数据库和表等对象	GRANT	赋予用户操作权限
ALTER	修改数据库和表等对象的结构	REVOKE	取消用户的操作权限
SELECT	查询表中的数据	FROM	从哪个表查
INSERT	向表中插入新数据	WHERE	按……条件过来
UPDATE	更新表中的数据	GROUP	按……条件分组
DELETE	删除表中的数据	HAVING	分组后的过滤条件
COMMIT	确认对数据库中的数据进行的变更	ORDER	按……条件排序

四、DM_SQL 常用数据类型

在创建数据表时，除了需要创建数据表的表名、列名之外，还需要为数据表中的每一列选择合适的数据类型。DM 系统具有 SQL-92 的绝大部分数据类型，以及部分 SQL-99 和 SQL Server 2000 的数据类型。表 3-2-9 介绍了几种常用的数据类型及其功能，其他数据类型可参阅达梦 SQL 语言官方使用手册。

表 3-2-9　DM_SQL 常用数据类型

数　据　类　型		语　　法	功　　能
字符数据类型	CHAR 类型	CHAR[(长度)]	指定定长字符串
	CHARACTER 类型	CHARACTER[(长度)]	与 CHAR 相同
	VARCHAR 类型	VARCHAR[(长度)]	指定变长字符串，用法类似 CHAR 数据类型
数值数据类型	NUMERIC 类型	NUMERIC[(精度 [, 标度])]	NUMERIC 数据类型用于存储零、正负定点数
	BINARY 类型	BINARY[(长度)]	用来存储定长二进制数据
	VARBINARY 类型	VARBINARY[(长度)]	用来存储变长二进制数据
	FLOAT/DOUBLE 类型	FLOAT/DOUBLE[(精度)]	带二进制精度的浮点数
位串数据类型	BIT 类型	BIT	用于存储整数数据 1、0 或 NULL
日期时间数据类型	DATE 类型	DATE	包括年、月、日信息
	TIME 类型	TIME[(小数秒精度)]	包括时、分、秒信息
多媒体数据类	TEXT 类型	TEXT	存储长的文本串
	IMAGE 类型	IMAGE	指明多媒体信息中的图像类型

【任务实施】

在项目 2 中，我们已经学习过利用达梦管理工具创建模式，下面我们将探讨如何利用 DM_SQL 保留字 CREATE 为用户 SYSDBA 创建一个名为 EMHR 的模式，其基本语法格式如下：

CREATE SCHEMA < 模式名 >

其中，< 模式名 > 指明要创建的模式的名字，最大长度为 128 字节。

具体操作步骤如下：

(1) 打开达梦管理工具，登录数据库 (本例中用户名和密码均为 SYSDBA)。

(2) 在 SQL 语句编辑区输入如下代码：

CREATE SCHEMA "EMHR";

输入完成后单击执行按钮 ▶，如在消息框中看到"1 条语句执行成功"字样，则表示模式已经创建。

(3) 刷新数据库，即可在左侧导航窗口的"模式"一栏下看到新建的 EMHR 模式，如图 3-2-1 所示。

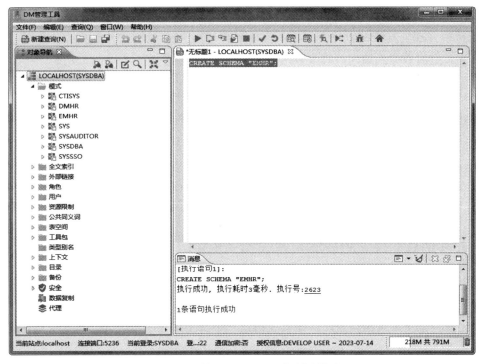

图 3-2-1　利用 CREATE 语句创建模式

【任务回顾】

■ 知识点总结

1. DM_SQL 支持多种类型的表达式，包括数值表达式、字符串表达式、时间值表达式、时间间隔值表达式等。

2. DM_SQL 中支持的函数分为数值函数、字符串函数、时间日期函数等。

3. 保留字是一些用于执行 SQL 操作的特殊词汇，命名时要注意避免使用这些词汇。

■ 思考与练习

1. 下列选项中，用于更新表中数据的关键字是（　　）。

A. ALTER　　　　　　　　　　B. CREATE

C. UPDATE　　　　　　　　　　D. REPLACE

2. 下列选项中，排序查询使用的关键字是（　　）。

A. GROUP BY　　　　　　　　　B. ORDER BY

C. HAVING　　　　　　　　　　D. WHERE

任务 3　熟悉 SQL 语言

【任务描述】

花中成："小新，在达梦数据库中，所有的数据都存储在数据表中，之前你已经学习了利用达梦管理工具管理数据表。下面你要学会使用 SQL 语言操作数据表，主要包括创建数据表、查看数据表结构、修改数据表结构和删除数据表。"

花小新："好的。"

【知识学习】

一、创建表的 SQL 语法格式

用户数据库建立后，就可以定义基表来保存用户数据的结构，需指定表名、表所属的模式名、列定义和完整性约束。其基本语法格式如下（详细语法说明可参考官方手册）：

CREATE [[GLOBAL] TEMPORARY] TABLE <表名定义> <表结构定义>；

其中涉及的部分参数说明如下：

<表名定义> 包括模式名（指明该表属于哪个模式，如缺省则为当前模式）和表名（指明被创建的基表名）。

<表结构定义> 包括列定义，即为表指定一个或多个列，每个列都需要定义列名和对应的数据类型。

以下是一个简单的示例，展示了如何在达梦数据库中创建一个表：

```
CREATE TABLE table_name (
    column1 datatype,
    column2 datatype,
    column3 datatype,
    ...
);
```

在上面的示例中，table_name 是需要定义的表名。表名可以包含字母、数字和下划线，但不能以数字开头。此外，表名在数据库中应该是唯一的，以避免命名冲突。

在列定义部分，需要为表指定一个或多个列，每个列都需要定义列名和对应的数据类型。column1、column2、…、columnN 是列名，datatype1、datatype2、…、datatypeN 是对应的数据类型。用户可以根据实际需求选择适当的数据类型，如数值数据类型、字符数据类型、日期时间数据类型等。

请注意，上述示例只是一个简单的表定义示例，用户还可以根据自己的需求进行扩展和修改，例如添加其他约束和索引，以满足特定的业务需求。

最后，用户还应确保在执行创建表的操作之前已经连接到达梦数据库，并具有足够的权限来创建表。

二、修改表的 SQL 语法格式

为了满足用户在建立应用系统的过程中需要调整数据库结构的要求，达梦系统提供了表修改语句，可以对表的结构进行全面的修改，包括修改表名、修改列名、增加列、删除列、修改列类型、增加表级约束、删除表级约束和设置列缺省值等一系列修改。其语法格式如下：

ALTER TABLE [< 模式名 >.]< 表名 >< 修改表定义子句 >

其中涉及的部分参数说明如下：

(1) < 模式名 > 指明被操作的基表属于哪个模式，缺省为当前模式。

(2) < 表名 > 指明被操作的基表的名称。

(3) < 修改表定义子句 > 包括添加列、删除列、修改列类型、修改列名、设置或删除表中列的默认值、设置或删除主键、添加或删除外键等。

三、删除表的 SQL 语法格式

达梦系统允许用户随时从数据库中删除基表，其语法格式如下：

DROP TABLE [IF EXISTS] [< 模式名 >.]< 表名 > [RESTRICT|CASCADE];

其中涉及的部分参数说明如下：

(1) < 模式名 > 指明被删除基表所属的模式，缺省为当前模式。

(2) < 表名 > 指明被删除基表的名称。

表删除有两种方式：RESTRICT 方式和 CASCADE 方式 (外部基表除外)。其中，RESTRICT 为缺省值。在这里需要注意的是，如果以 RESTRICT 方式删除数据表，则要求该表上不存在任何视图以及引用完整性约束，否则会返回错误信息，导致不能删除该表。

【任务实施】

一、利用 SQL 语言创建表实例

在 EMHR 模式下创建 STUDENTINFO(学生信息) 表，表的全部字段

利用 SQL 语句
创建数据表

要求用户可以参见项目 2 的用达梦管理工具创建表，实例操作步骤如下：

(1) 打开达梦管理工具，登录数据库 (本例中用户名和密码均为 SYSDBA)。

(2) 在 SQL 语句编辑区输入如下代码：

```
CREATE TABLE "EMHR"."STUDENTINFO"
(
    "Sno" CHAR(11) NOT NULL,
    "Sname" CHAR(10),
    "Ssex" CHAR(2),
    "Sbirthday" DATE,
    "Sscore" NUMERIC(3,0),
    "ClassID" CHAR(2),
    NOT CLUSTER PRIMARY KEY("Sno")
)
STORAGE(ON "DMTBS", CLUSTERBTR) ;
COMMENT ON TABLE "EMHR"."STUDENTINFO" IS ' 学生信息表 ';
```

输入完成后单击执行按钮 ▶，如在消息框中看到 "2 条语句执行成功"字样，则表示数据表已经创建，执行结果参见图 3-3-1。

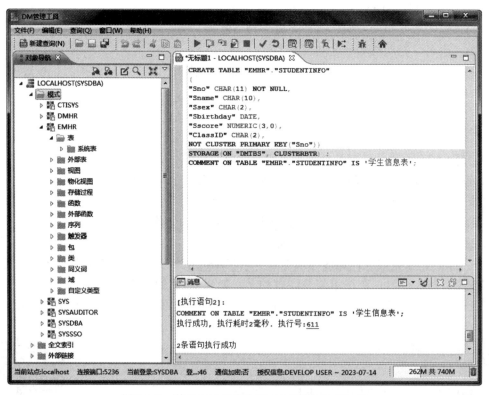

图 3-3-1　利用 SQL 语句创建 STUDENTINFO 表

(3) 刷新数据库即可在左侧导航窗口的 EMHR 模式下看到新建的 STUDENTINFO 表。

用户可以右键单击该表，选择"浏览数据"命令查看当前表结构，如图 3-3-2 所示。

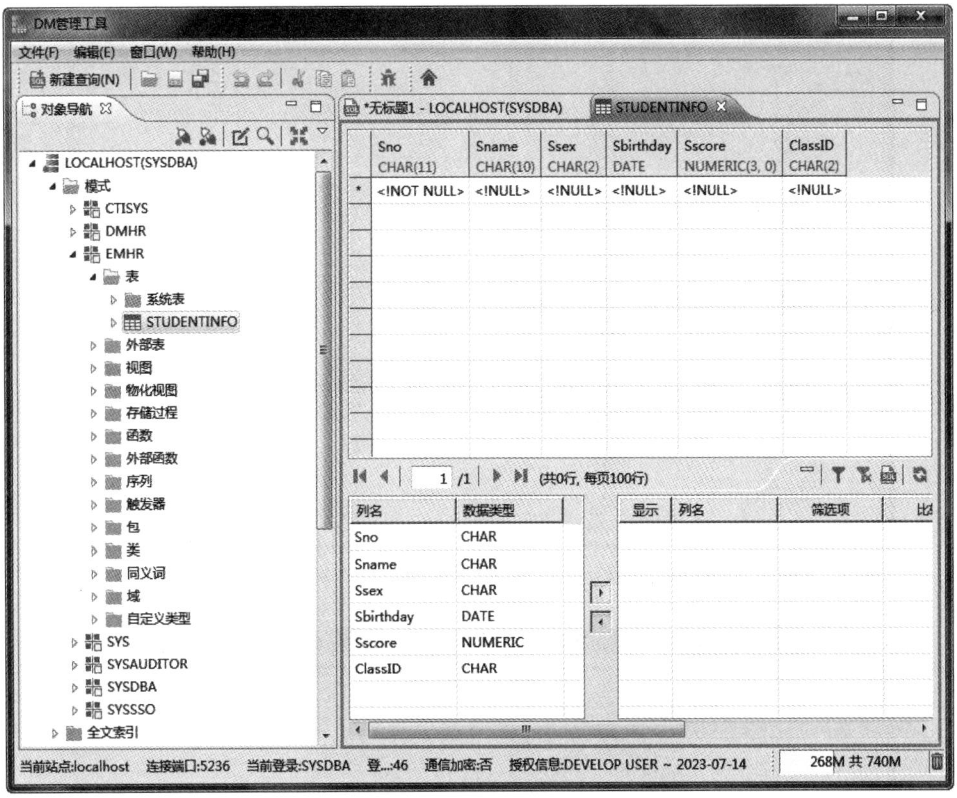

图 3-3-2　浏览 STUDENTINFO 数据表

用户可参照以上方法将项目 2 习题中的 COURSEINFO 表、TEACHERINFO 表和 CLASSINFO 表分别创建出来。

利用 SQL 语句
修改数据表

二、利用 SQL 语言修改表实例

1. 修改字段类型长度

将 EMHR 模式下 STUDENTINFO 表中的 Ssex 字段的数据长度改为 4(原来的长度为 2)，并指定该列为非空 (NOT NULL)，操作步骤如下：

(1) 打开达梦管理工具，登录数据库 (本例中用户名和密码均为 SYSDBA)。

(2) 在 SQL 语句编辑区输入如下代码 (注意空格)：

```
ALTER TABLE "EMHR"."STUDENTINFO" MODIFY "Ssex" CHAR(4) NOT NULL;
```

输入完成后单击执行按钮 ▶，如在消息框中看到"1 条语句执行成功"字样，则表示数据表的相关字段已经修改成功，执行结果参见图 3-3-3。

(3) 刷新数据库，在左侧导航窗口 EMHR 模式下 STUDENTINFO 数据表的列选项中双击"Ssex"列，打开"列属性"对话框，我们可以看到该列的精度已经由 2 修改为 4，如图 3-3-4 所示。

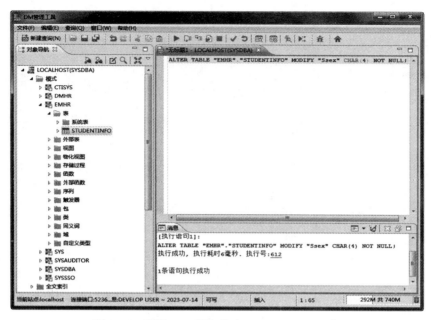

图 3-3-3　利用 SQL 语句修改 STUDENTINFO 表

图 3-3-4　查看"Ssex"列属性

2. 增加字段

在 STUDENTINFO 表中增加 Department(专业)字段，字段类型为 CHAR，长度为 10。操作步骤如下：

(1) 打开达梦管理工具，登录数据库(本例中用户名和密码均为 SYSDBA)。

(2) 在 SQL 语句编辑区输入如下代码(注意空格)：

ALTER TABLE "EMHR"."STUDENTINFO" ADD "Department" CHAR(10);

　　输入完成后单击执行按钮 ▶ ，如在消息框中看到"1 条语句执行成功"字样，则表示数据表相关字段已经添加成功，执行结果参见图 3-3-5。

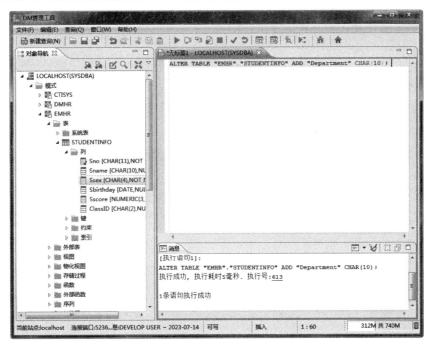

图 3-3-5　利用 SQL 语句添加字段

　　(3) 刷新数据库，在左侧导航窗口的 EMHR 模式下右键单击 STUDENTINFO 数据表，选择"浏览数据"命令查看当前表结构，可以看到新的 Department 字段已成功添加，如图 3-3-6所示。

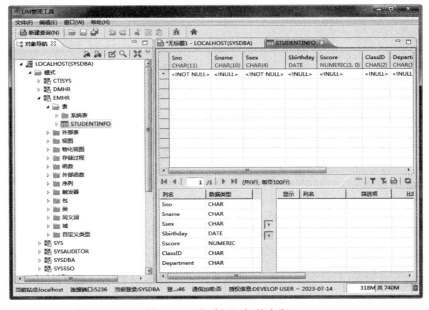

图 3-3-6　查看新添加的字段

三、利用 SQL 语言删除表实例

删除 EMHR 模式下的 STUDENTINFO 表。操作步骤如下：

(1) 打开达梦管理工具，登录数据库 (本例中用户名和密码均为 SYSDBA)。

利用 SQL 语句
删除数据表

(2) 在 SQL 语句编辑区输入如下代码 (注意空格)：

```
DROP TABLE  "EMHR"."STUDENTINFO";
```

输入完成后单击执行按钮 ▶，如在消息框中看到"1 条语句执行成功"字样，则表示数据表已经成功删除，执行结果参见图 3-3-7。

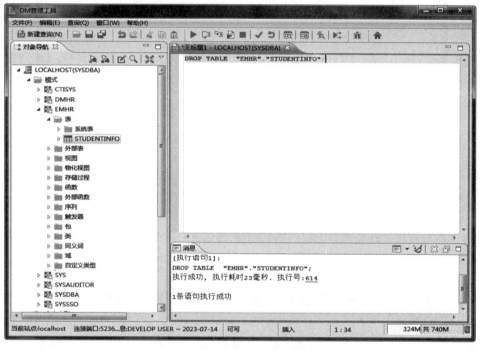

图 3-3-7　利用 SQL 语句删除数据表

(3) 刷新数据库，可以看到，在左侧导航窗口的 EMHR 模式下，STUDENTINFO 数据表已经不存在了，如图 3-3-8 所示。

图 3-3-8　查看删除结果

【任务回顾】

■ 知识点总结

1. CREATE TABLE 语句用于创建数据表，定义表结构除了定义字段名和字段类型，还包括字段约束和表约束等。

2. ALTER TABLE 语句可用于修改数据表的结构，包括修改表名、修改列名、增加列、删除列、修改列类型等。

3. DROP TABLE 语句用于删除数据表。删除表有两种方式：RESTRICT 方式和 CASCADE 方式。其中，RESTRICT 方式为默认值。

■ 思考与练习

1. 创建、删除、修改数据表的 SQL 命令分别是什么？

2. 利用 SQL 语句删除 STUDENTINFO 表中的 Department 字段。

3. 删除数据表有哪两种方式，各有什么不同？

项 目 总 结

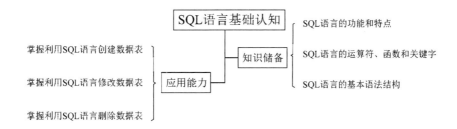

项 目 习 题

1. (选择题)SQL 语言又称为 (　　)。

A. 结构化定义语言　　　　　　　B. 结构化控制语言

C. 结构化查询语言　　　　　　　D. 结构化操纵语言

2. (选择题)SQL 语言最主要的功能是 (　　)。

A. 数据定义功能　　　　　　　　B. 数据管理功能

C. 数据查询　　　　　　　　　　D. 数据控制

3. (选择题)SQL 语言中，删除一个表的命令是 (　　)。

A. DELETE　　　　　　　　　　　B. DROP

C. CLEAR　　　　　　　　　D. REMOVE

4.（选择题）在下列 SQL 语句中，能够完成修改表结构的语句是（　　　）。

A. ALTER　　　　　　　　　B. CREATE

C. UPDATE　　　　　　　　D. INSERT

5._____ 类型的字段用于存储可变长度的字符串。

6. 请简述根据 SQL 功能，SQL 划分为几种类别，分别是什么。

项目 4 表中数据的操作

○ 项目引入

花中成："小新，前面你已经掌握使用 SQL 语句创建、修改和删除表的基本操作，接下来你可以试着去查询、更新数据，另外可以了解一下事务。"

○ 知识图谱

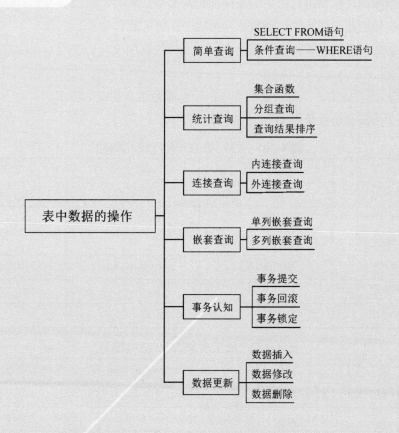

任务 1　简　单　查　询

【任务描述】

花小新："花工，我不知道如何去做，您能给简单说说吗？"

花中成："一会儿，我给你发四个表，比较简单，你可以拿来练手。"

花小新："好的，谢谢花工。"

【知识学习】

数据库查询是数据库的重要功能之一。数据库查询是指以数据库中的数据作为数据源，根据用户给定的条件从指定的数据库的表或已有的查询中检索出符合用户要求的记录数据，形成一个新的数据集合。查询的结果是动态的，它随着查询所依据的表或查询的数据的改动而变动。查询结果与数据源中数据的同步。

简单查询

DM_SQL 语言提供了丰富的查询方式，可以满足用户的实际需求。

书中例子所涉及的表见表 4-1-1～表 4-1-3。

表 4-1-1　部门表 (DEPT) 结构信息

列　名	部门编号	部门名称	部门地址
	DEPTNO	DNAME	LOCATION
数据类型	INT	WARCHAR	VARCHAR
数据长度		14	13
是否为空	NOT MULL	NOT MULL	NOT MULL
是否为主键	是		
是否为外键			

表 4-1-2　员工表 (EMP) 结构信息

列名	员工编号	员工姓名	岗位名称	经理编号	入职日期	工资	奖金	部门编号
	EMPNO	ENAME	JOB	MGR	HIREDATE	SAL	COMM	DEPTNO
数据类型	INT	VARCHAR	VARCHAR	INT	DATE	INT	INT	INT
数据长度		50	9					
是否为空	NOT NULL	NOT NULL	NOT NULL		NOT NULL	NOT NULL		NOT NULL
是否为主键	是							
是否为外键								是

表 4-1-3　工资等级 (SALGRADE) 结构信息

列　名	等　级	最低工资	最高工资
	GRADE	LOSAL	HISAL
数据类型	INT	DEC	DEC
数据长度		(7,2)	(7,2)
是否为空	NOT NULL	NOT NULL	NOT NULL
是否为主键			
是否为外键			

SELECT 语句的含义是根据 WHERE 子句的条件从 FROM 子句指定的基本表或视图中找出满足条件的元组，再按目标列表达式选出元组中的属性值形成结果表。

```
SELECT [ALL|DISTINCT] < 目标列表达式 >[,< 目标列表达式 >]…
FROM < 表名或视图名 >[,< 表名或视图名 >]…
        [WHERE < 条件表达式 >]
```

一、SELECT FROM 语句

1. 查询所有字段

查询表中所有字段的数据有两种方式，一是列出表中所有字段的名称进行查询，二是利用通配符“*”进行查询。

【例 4-1】 查询部门表中的所有信息

方式 1：列出表中所有字段名称。

查询语句：

```
SELECT DEPTNO, DNAME, LOCATION FROM EMHR.DEPT
```

使用此种方式的返回结果与 SELECT 语句中的指定顺序一致，查询结果如图 4-1-1 所示。

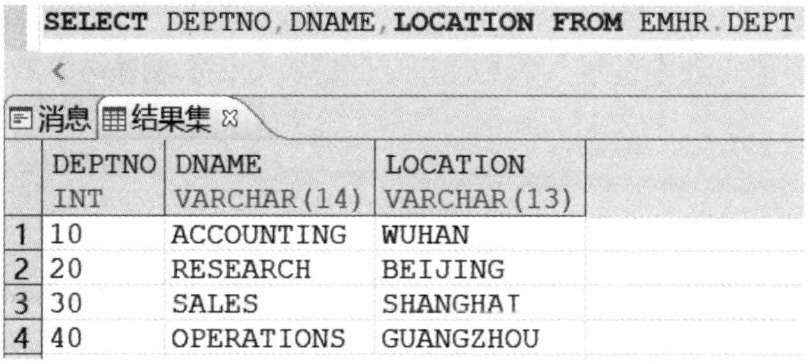

SELECT DEPTNO,DNAME,LOCATION FROM EMHR.DEPT

消息 结果集

	DEPTNO INT	DNAME VARCHAR(14)	LOCATION VARCHAR(13)
1	10	ACCOUNTING	WUHAN
2	20	RESEARCH	BEIJING
3	30	SALES	SHANGHAI
4	40	OPERATIONS	GUANGZHOU

图 4-1-1　使用列名查询所有字段

方式 2：使用通配符“*”。

查询语句：

```
SELECT * FROM EMHR.DEPT
```

使用此种方式返回的结果与初建表时字段顺序一致，查询结果如图 4-1-2 所示。

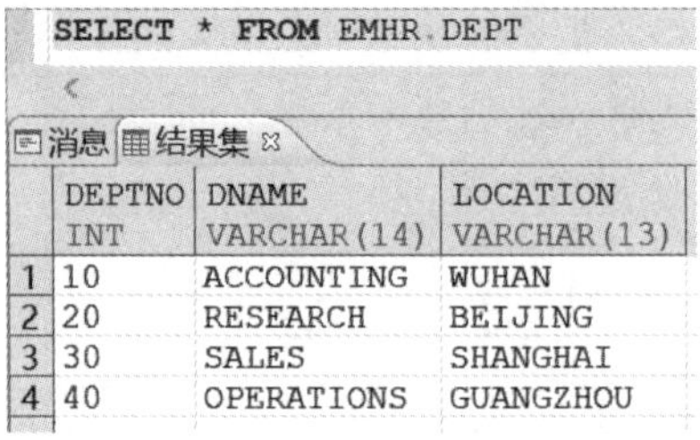

SELECT * FROM EMHR.DEPT

消息 结果集

	DEPTNO INT	DNAME VARCHAR(14)	LOCATION VARCHAR(13)
1	10	ACCOUNTING	WUHAN
2	20	RESEARCH	BEIJING
3	30	SALES	SHANGHAI
4	40	OPERATIONS	GUANGZHOU

图 4-1-2　使用“*”查询所有字段

2. 查询指定字段

SELECT 语句可以利用通配符“*”查询表中所有字段的数据，但是实际应用中可能需要查询某个 / 些字段的数据。如果查询指定字段的数据，需要在 SELECT 语句中指定需要查询的字段。

【例 4-2】 查询部门编号和部门名称。此时在 SELECT 语句中指定部门编号和部门名称两个字段即可。

查询语句：

```
SELECT DEPTNO, DNAME FROM EMHR.DEPT
```

查询语句和结果如图 4-1-3 所示。

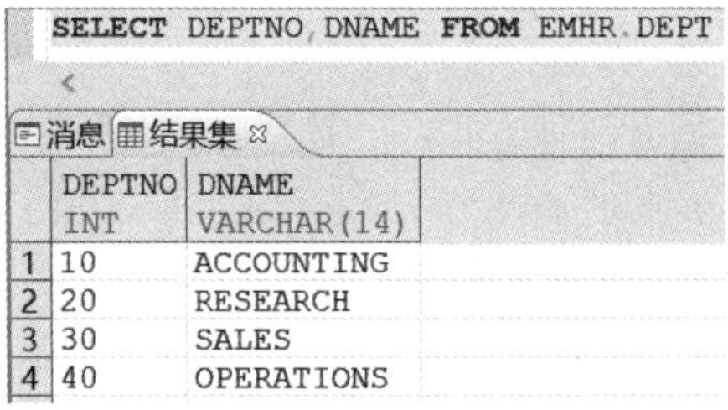

SELECT DEPTNO, DNAME FROM EMHR.DEPT

消息 结果集

	DEPTNO INT	DNAME VARCHAR(14)
1	10	ACCOUNTING
2	20	RESEARCH
3	30	SALES
4	40	OPERATIONS

图 4-1-3　查询部门编号和部门名称

3. 修改查询结果列标题

在进行数据查询时，会显示输出数据的列表名。默认情况下显示的名称是创建表时的列表名。有时为了统一信息，会将列表名称进行修改，可以在列名后使用 AS 子句。

【例 4-3】 查询部门表中的部门编号和部门名称，并将这两列标题分别修改为“部门号”和“部门名”。

查询语句：

```
SELECT DEPTNO AS " 部门号 ", DNAME AS " 部门名 " FROM EMHR.DEPT
```

查询结果如图 4-1-4 所示。

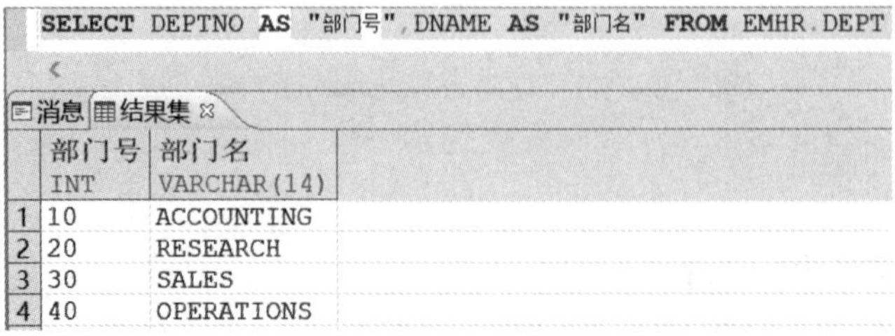

SELECT DEPTNO AS "部门号", DNAME AS "部门名" FROM EMHR.DEPT

消息 结果集

	部门号 INT	部门名 VARCHAR(14)
1	10	ACCOUNTING
2	20	RESEARCH
3	30	SALES
4	40	OPERATIONS

图 4-1-4　修改部门编号和部门名称列表名称

4. 去掉重复行

去掉结果中的重复行可以使用 DISTINCT 关键字。

【例 4-4】 查询员工表中的经理编号，去掉重复行。

查询语句：

查询员工表中经理编号：

SELECT MGR FROM "EMHR"."EMP"。

去掉重复行：

SELECT DISTINCT MGR FROM "EMHR"."EMP"。

结果如图 4-1-5 和图 4-1-6 所示。

图 4-1-5　查询员工表中经理编号　　　　图 4-1-6　去掉重复行

二、条件查询——WHERE 语句

WHERE 子句用于指定查询条件，该子句放在 FROM 后面。WHERE 子句常用查询条件如表 4-1-4 所示。

表 4-1-4　查 询 条 件

查询条件	谓　词
比较	= , > , < , >= , <= , (<> , != 不等于)
确定范围	BETWEEN AND(相当于闭集合 [BETWEEN，AND])，NOT BETWEEN AND(不属于闭集合 [BETWEEN，AND] 的范围)
确定集合	IN，NOT IN
字符匹配	LIKE NOT LIKE 通配符 %，_
多重运算 (逻辑运算)	与 AND(&&)，或 OR(||)，非 NOT(!)，异或 XOR
空值	IS NULL，IS NOT NULL，ISNULL()

1. 比较运算

DM 数据库支持的比较运算符 =、>、<、>=、<=、<>、!=，其中 <>、!= 都表示不等于的意思。

【例 4-5】 查询工资大于 2000 的员工的编号、姓名和工资。

查询语句:

```
SELECT EMPNO,ENAME,SAL FROM "EMHR"."EMP" WHERE SAL > 2000
```

查询结果如图 4-1-7 所示。

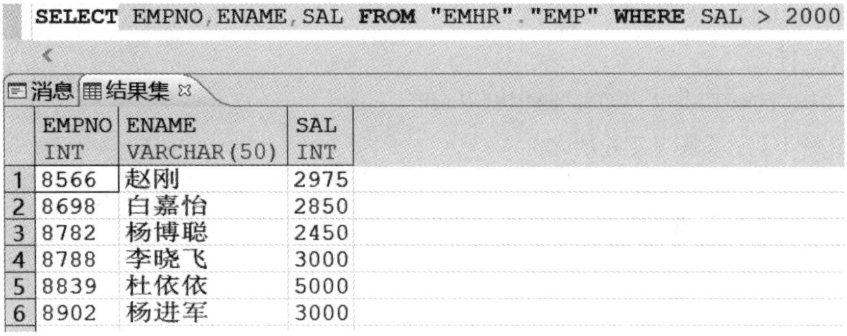

SELECT EMPNO,ENAME,SAL FROM "EMHR"."EMP" WHERE SAL > 2000

消息 结果集

	EMPNO INT	ENAME VARCHAR(50)	SAL INT
1	8566	赵刚	2975
2	8698	白嘉怡	2850
3	8782	杨博聪	2450
4	8788	李晓飞	3000
5	8839	杜依依	5000
6	8902	杨进军	3000

图 4-1-7 比较运算符查询

2. 范围比较运算

BETWEEN AND、NOT BETWEEN AND、IN 和 NOT IN 这四个关键字用于范围比较,其中 BETWEEN AND 相当于闭集合 [BETWEEN, AND],NOT BETWEEN AND 不属于闭集合 [BETWEEN, AND] 的范围。

【例 4-6】 带 BETWEEN AND 关键字的查询。

查询工资在 2000 到 3000 之间的员工编号、员工姓名和工资。

查询语句:

```
SELECT EMPNO, ENAME, SAL FROM "EMHR"."EMP" WHERE SAL BETWEEN 2000 AND 3000
```

查询结果如图 4-1-8 所示。

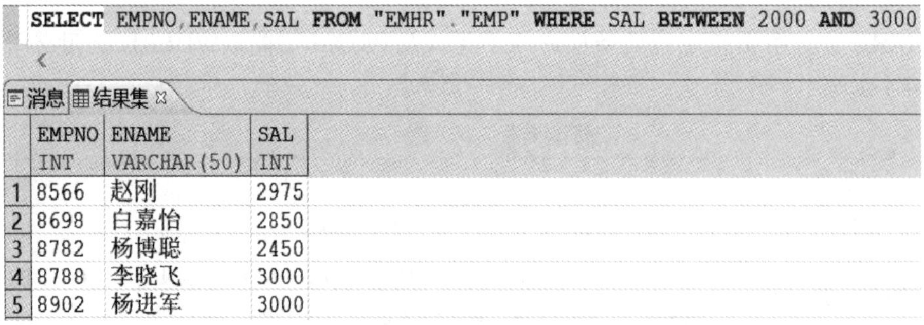

SELECT EMPNO,ENAME,SAL FROM "EMHR"."EMP" WHERE SAL BETWEEN 2000 AND 3000

消息 结果集

	EMPNO INT	ENAME VARCHAR(50)	SAL INT
1	8566	赵刚	2975
2	8698	白嘉怡	2850
3	8782	杨博聪	2450
4	8788	李晓飞	3000
5	8902	杨进军	3000

图 4-1-8 BETWEEN AND 关键字查询

【例 4-7】 带 IN 关键字的查询。

IN 所使用的子查询主要用于判断一个给定值是否存在于子查询的结果集中。当表达式与子查询返回的结果集中的某个值相等时,返回 TRUE,否则返回 FALSE;若使用关键字 NOT,则返回的值正好相反。

查询工资在集合 (1250, 1500, 3000) 中的员工编号、员工姓名和工资。

查询语句:

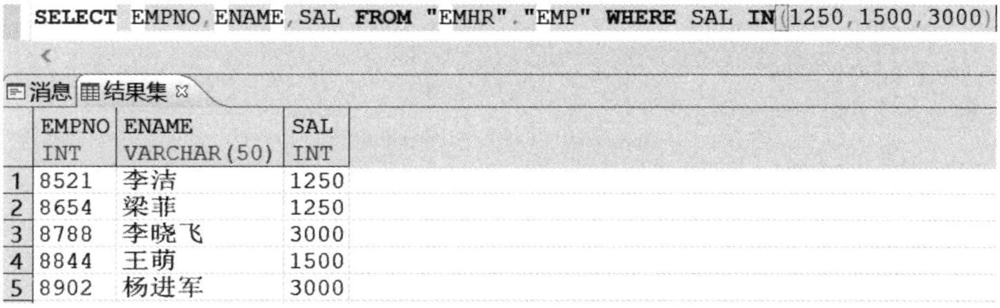

SELECT EMPNO, ENAME, SAL FROM "EMHR"."EMP" WHERE SAL IN(1250, 1500, 3000)

查询结果如图 4-1-9 所示。

图 4-1-9   IN 关键字查询

3. 模式匹配

模糊查询 like 关键字的语法是：

select * from 表名 where 字段 like 条件

关于条件，一共有四种匹配方式："%""_""[ ]""[^]"。

(1) % 表示模糊匹配 0 个或多个字符，可以匹配任意类型和长度的字符，对长度没有限制。如果有条件是中文，请使用两个 % 号，如 % 中文 %，如以下查询语句：

"select * from user where name like '% 三 %';"这个语句将会把 name 中带有"三"的信息全部查找出来。

"select * from user where name like '% 三 ';"这个语句将会把 name 中最右边带有"三"的信息全部查找出来。

"select * from user where name like ' 三 %';"这个语句将会把 name 中最左边带有"三"的信息全部查找出来。

(2) _ 表示任意单个字符，匹配单个任意字符，它常用来限制表达式的字符长度。如以下语句：

"select * from user where name like '_ 三 _';"这个语句会匹配出"二三四"。

"select * from user where name like '__ 三 ';"这个语句会匹配出"一二三"。

(3) [ ] 表示括号内所列字符中的一个 (类似于正则表达式)，指定一个字符、字符串或范围，要求所匹配对象为它们中的任一个，如以下语句：

select * from user where name like ' 老 [大二三]; 如果都存在的话将找出"老大""老二""老三"。同时支持缩写 0~9、a~z 等。

(4) [^] 类似于正则表达式，将括号内的元素排除，其取值和 [] 相同，但它要求所匹配对象为指定字符以外的任一个字符，如以下语句：

select * from user where name like '[^ 0-3] 个 ' 将会检索出除了"0 个""1 个""2 个""3 个"。

【例 4-8】   带 LIKE 关键字的匹配一个完整的字符串"赵刚"。

查询语句：

SELECT * FROM "EMHR"."EMP" WHERE ENAME LIKE ' 赵刚 '

查询结果如图 4-1-10 所示。

```
SELECT * FROM "EMHR"."EMP" WHERE ENAME LIKE '赵刚'
```

消息 结果集

	EMPNO INT	ENAME VARCHAR(50)	JOB VARCHAR(9)	MGR INT	HIREDATE DATE	SAL INT	COMM INT	DEPTNO INT
1	8566	赵刚	MANAGER	8839	1981-04-02	2975	NULL	20

图 4-1-10 LIKE 关键字匹配

【例 4-9】 带 NOT LIKE 关键字的匹配一个不是姓赵的所有人完整的记录。

查询语句:

```
SELECT * FROM "EMHR"."EMP" WHERE ENAME NOT LIKE '赵%'
```

查询结果如图 4-1-11 所示。

```
SELECT * FROM "EMHR"."EMP" WHERE ENAME NOT LIKE '赵%'
```

消息 结果集

	EMPNO INT	ENAME VARCHAR(50)	JOB VARCHAR(9)	MGR INT	HIREDATE DATE	SAL INT	COMM INT	DEPTNO INT
1	8369	张小明	CLERK	8902	1980-12-17	800	NULL	20
2	8499	王涛	SALESMAN	8698	1981-02-20	1600	300	30
3	8521	李洁	SALESMAN	8698	1981-02-22	1250	500	30
4	8654	梁菲	SALESMAN	8698	1981-09-28	1250	1400	30
5	8698	白嘉怡	MANAGER	8839	1981-05-01	2850	NULL	30
6	8782	杨博聪	MANAGER	8839	1981-06-09	2450	NULL	10
7	8788	李晓飞	ANALYST	8566	1987-07-13	3000	NULL	20
8	8839	杜依依	PRESIDENT	NULL	1981-11-17	5000	NULL	10
9	8844	王萌	SALESMAN	8698	1981-09-08	1500	0	30
10	8876	李泽楷	CLERK	8788	1987-07-13	1100	NULL	20
11	8900	张一博	CLERK	8698	1981-12-03	950	NULL	30
12	8902	杨进军	ANALYST	8566	1981-12-03	3000	NULL	20
13	8934	刘翔飞	CLERK	8782	1982-01-23	1300	NULL	10

图 4-1-11 NOT LIKE 关键字匹配

4. 带 IS NULL 关键字的查询

IS NULL 关键字用来判断字段的值是否为空值 (NULL),若为空值,则满足条件,否则不满足条件。

【例 4-10】 查询没有奖金的员工编号、员工姓名和奖金。

查询语句:

```
SELECT EMPNO, ENAME, COMM FROM "EMHR"."EMP" WHERE COMM IS NULL
```

查询结果如图 4-1-12 所示。

```
SELECT EMPNO,ENAME,COMM FROM "EMHR"."EMP" WHERE COMM IS NULL
```

消息 结果集

	EMPNO INT	ENAME VARCHAR(50)	COMM INT
1	8369	张小明	NULL
2	8566	赵刚	NULL
3	8698	白嘉怡	NULL
4	8782	杨博聪	NULL
5	8788	李晓飞	NULL
6	8839	杜依依	NULL
7	8876	李泽楷	NULL
8	8900	张一博	NULL
9	8902	杨进军	NULL
10	8934	刘翔飞	NULL

图 4-1-12 IS NULL 关键字查询

【任务实施】

数据库查询

数据库中包含以下四个表，分别为 STUDENTINFO、COURSEINFO、TEACHERINFO、CLASSINFO 表，如表 4-1-5～表 4-1-8 所示。

表 4-1-5　STUDENTINFO 表

Sno	sname	ssex	Sbirthday	Sscore	ClassID
JS20220101	刘晓	女	2004-05-17	94	01
JS20220111	孙宁	男	2004-03-03	93	01
GG20220202	陈杰	男	2003-10-07	94	03
GG20220213	林婷	女	2004-05-23	96	03
GL20220103	刘雨文	男	2002-12-22	89	04
GL20220105	王瑞瑞	女	2003-11-16	91	04
GL20220107	李文玲	女	2004-06-08	99	04
SX20220301	杨翔飞	男	2004-01-22	92	07
SX20220322	罗新蝶	女	2004-01-30	88	07
SX20220333	彭风怡	男	2004-03-26	90	07

表 4-1-6　COURSEINFO 表

Cno	Cname	Ctime	Credit	Ctype
C0001	数据库原理	64	4	必修课
C0002	管理学	64	4	必修课
C0003	计算机基础	32	2	选修课
C0004	高等数学	64	4	必修课
C0005	经济学	32	2	选修课
C0006	英语	32	2	必修课
C0007	项目管理	32	2	选修课

表 4-1-7　TEACHERINFO 表

Tno	Tname	Tsex	Teducation	Department	Cno
T001	吴雅丽	女	研究生	计算机系	C0001
T002	郎小明	男	研究生	计算机系	C0003
T003	杨兆兵	男	研究生	工管系	C0005
T004	赵洪生	男	本科	工管系	C0007
T005	刘雪儿	女	研究生	数学系	C0004
T006	张胜男	女	研究生	数学系	C0004
T007	程颖	女	本科	数学系	C0004

表 4-1-8　CLASSINFO 表

ClassID	Classname	Department	Cnum
01	计算机系 01	计算机系	45
02	工管系 01	工管系	56
03	工管系 02	工管系	50
04	管理系 01	管理系	46
05	数学系 01	数学系	40
06	数学系 02	数学系	41
07	数学系 03	数学系	40

根据要求完成如下查询。

(1) 查询全体学生的学号与姓名，如图 4-1-13 所示。

```
select sno, sname
from EMHR.STUDENTINFO;
```

(2) 查询全体学生的学号、姓名、所属班级，如图 4-1-14 所示。

```
select Sno, Sname, ClassID
from EMHR.STUDENTINFO;
```

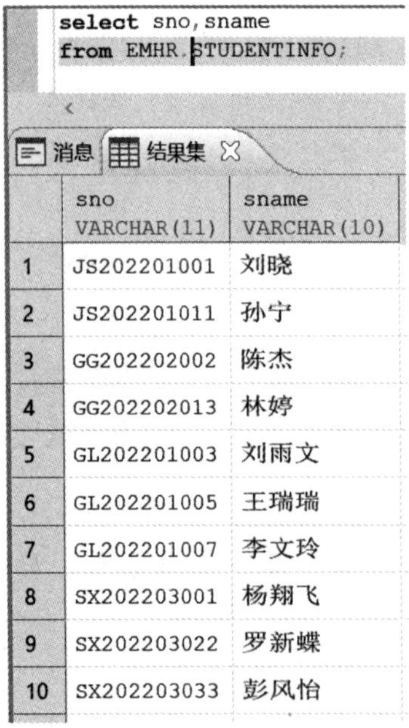

图 4-1-13　全体学生的学号与姓名

图 4-1-14　全体学生的学号、姓名、所属班级

(3) 查询全体学生的详细记录，如图 4-1-15 所示。

```
select *
from EMHR.STUDENTINFO;
```

```
select *
from EMHR.STUDENTINFO;
```

	Sno VARCHAR(11)	Sname VARCHAR(10)	Ssex VARCHAR(2)	Sbirthday DATE	Sscore INT	ClassID VARCHAR(5)
1	JS202201001	刘晓	女	2004-05-17	94	01
2	JS202201011	孙宁	男	2004-03-03	93	01
3	GG202202002	陈杰	男	2003-10-07	94	03
4	GG202202013	林婷	女	2004-05-23	96	03
5	GL202201003	刘雨文	男	2002-12-22	89	04
6	GL202201005	王瑞瑞	女	2003-11-16	91	04
7	GL202201007	李文玲	女	2004-06-08	99	04
8	SX202203001	杨翔飞	男	2004-01-22	92	07
9	SX202203022	罗新蝶	女	2004-01-30	88	07
10	SX202203033	彭风怡	男	2004-03-26	90	07

图 4-1-15　全体学生的所有信息

(4) 查询全体学生的姓名、出生年份，如图 4-1-16 所示。

```
select Sname, Sbirthday
from EMHR.STUDENTINFO;
```

(5) 查询所有"必修课"的课程信息，如图 4-1-17 所示。

```
select *
from EMHR.COURSEINFO
where Ctype like ' 必修课 ';
```

```
select Sname,Sbirthday
from EMHR.STUDENTINFO;
```

	Sname VARCHAR(10)	Sbirthday DATE
1	刘晓	2004-05-17
2	孙宁	2004-03-03
3	陈杰	2003-10-07
4	林婷	2004-05-23
5	刘雨文	2002-12-22
6	王瑞瑞	2003-11-16
7	李文玲	2004-06-08
8	杨翔飞	2004-01-22
9	罗新蝶	2004-01-30
10	彭风怡	2004-03-26

```
select *
from EMHR.COURSEINFO
where Ctype like '必修课';
```

	Cno VARCHAR(5)	Cname VARCHAR(20)	Ctime INT	Credit INT	Ctype VARCHAR(6)
1	C0001	数据库原理	64	4	必修课
2	C0002	管理学	64	4	必修课
3	C0004	高等数学	64	4	必修课
4	C0006	英语	32	4	必修课

图 4-1-16　全体学生的姓名、出生年份　　　　图 4-1-17　"必修课"的课程信息

(6) 查询考试成绩大于等于 90 分的学生的学号，如图 4-1-18 所示。

```
select Sno
from EMHR.STUDENTINFO
where Sscore >= 90;
```

图 4-1-18　考试成绩大于等于 90 分的学生学号

【任务回顾】

■ 知识点总结

1. 数据库查询是数据库的重要功能之一，DM_SQL 语言提供了丰富的查询方式。

2. 可以利用 SELECT FROM 语句查询所有字段、查询指定字段、修改查询结果列标题、去掉重复行等操作。

3. WHERE 语句实现条件查询，查询条件包括比较、确定范围、确定集合、字符匹配、多重运算（逻辑运算）和空值。

■ 思考与练习

1. 下面关于数据查询的描述正确的是（　　）。

A. 查询数据的条件仅能实现相等的判断

B. 查询的数据必须包括表中的所有字段

C. 星号"*"通配符代替数据表中的所有字段名

D. 以上答案都正确

2. 查询数据时可用（　　）代替数据表中的所有字段名。

A. *　　　　　　　　　　　　B. %

C. _　　　　　　　　　　　　D. .

任务 2　统计查询

【任务描述】

花中成："小新，今天你可以了解一下集合函数、分组查询以及查询结果排序，自己尝试做一些练习。"

花小新："好的。"

⚙ 【知识学习】

集合函数通常用于统计计算，达梦数据库提供了多种内部集合函数，本节介绍使用集合函数、分组查询 (GROUP BY) 和查询结果排序 (ORDER BY)。

统计查询 1

一、集合函数

集合函数包括 COUNT()、SUM()、AVG()、MAX() 和 MIN()，分别用于计数、求和、求平均值、求最大值和最小值。

1. COUNT() 函数用来统计记录的条数

COUNT() 统计一列中值的个数。

【例 4-11】 统计员工表中的记录数。

查询语句：

SELECT COUNT(*) AS " 员工总人数 " FROM "EMHR"."EMP"

查询结果如图 4-2-1 所示。

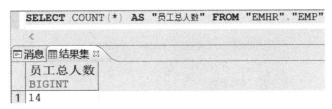

图 4-2-1 COUNT() 函数统计人数

2. SUM() 计算一列值的总和

SUM() 函数是求和函数，使用 SUM() 函数可以求出表中某个字段取值的总和，此列必须是数值型。例如可以使用 SUM() 函数求员工工资的总数。

【例 4-12】 统计员工表中的员工工资总数。

查询语句：

SELECT AVG(SAL) AS " 员工工资总数 " FROM "EMHR"."EMP"

查询结果如图 4-2-2 所示。

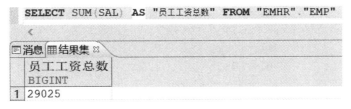

图 4-2-2 SUM() 函数统计员工工资总数

3. AVG() 计算一列值的平均值

AVG() 函数是求平均值的函数，使用 AVG() 函数可以求出表中某个字段取值的平均值，此列必须是数值型。

【例 4-13】 计算员工表中的员工工资平均数。

查询语句：

SELECT SUM(SAL) AS " 员工工资平均数 " FROM "EMHR"."EMP"

查询结果如图 4-2-3 所示。

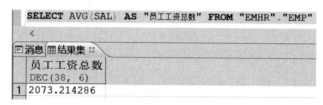

图 4-2-3　AVG() 函数统计员工工资平均数

4. MAX() 求最大值

MAX() 函数是求最大值的函数，使用 MAX() 函数可以求出表中某个字段取值的最大值。

【例 4-14】 查询员工表中工资字段的最大值。

查询语句：

SELECT MAX(SAL) FROM "EMHR"."EMP"

查询结果如图 4-2-4 所示。

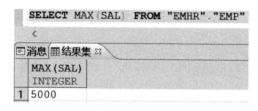

图 4-2-4　MAX() 函数查询员工表中工资字段的最大值

5. MIN() 求最小值

MIN() 函数是求最小值的函数，使用 MIN() 函数可以求出表中某个字段取值的最小值。

【例 4-15】 查询员工表中工资字段的最小值。

查询语句：

SELECT MIN(SAL) FROM "EMHR"."EMP"

查询结果如图 4-2-5 所示。

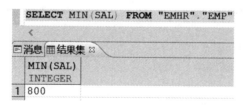

图 4-2-5　MIN() 函数查询员工表中工资字段的最小值

二、分组查询

使用 GROUP BY 子句可以将数据划分到不同的组中，实现对记录的分组查询。GROUP BY 从英文字面的意义上可以理解为 "根据 (by) 一定的规则进行分组 (group)"，该子句的作用是通过一定的规则将一个数据集划分成若干个小的区域，然后针对这若干个小区域进行统计汇总。

【例 4-16】 求员工表中各部门的平均工资。

查询语句：

SELECT DEPTNO,AVG(SAL) FROM "EMHR"."EMP" GROUP BY DEPTNO

查询结果如图 4-2-6 所示。

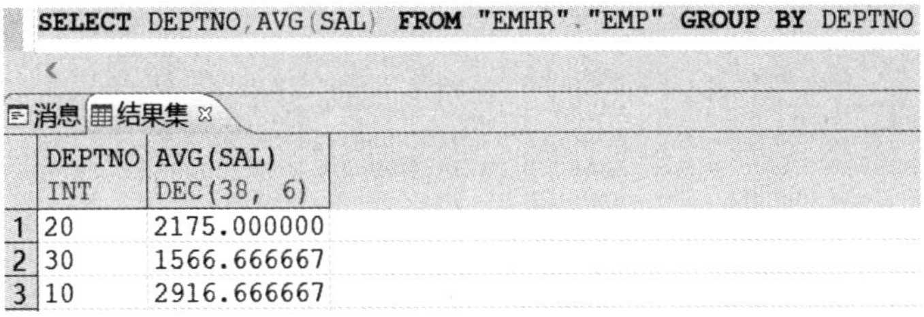

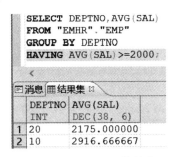

图 4-2-6 GROUP BY 关键字

使用 GROUP BY 关键字后面可加入 HAVING 子句。显示满足 "HAVING 条件表达式" 的结果。

【例 4-17】 列出员工表中平均工资大于等于 2000 元的部门编号和平均工资。

查询语句：

SELECT DEPTNO,AVG(SAL)

FROM "EMHR"."EMP"

GROUP BY DEPTNO

HAVING AVG(SAL)>=2000;

查询结果如图 4-2-7 所示。

图 4-2-7 HAVING 关键字

三、查询结果排序

使用 SELECT 语句可以将需要的数据从数据库中查询出来。如果对查询的结果进行排序操作，可以使用 ORDER BY 语句完成排序，并且最终将排序后的结果返回给用户。

【例4-18】 查询全体员工情况，查询结果按所在部门升序排列，对同一部门中的员工按工资降序排列。

查询语句：

```
SELECT *
FROM "EMHR"."EMP"
ORDER BY DEPTNO, SAL DESC
```

查询结果如图4-2-8所示。

```
SELECT *
FROM "EMHR"."EMP"
ORDER BY DEPTNO, SAL DESC
```

	EMPNO INT	ENAME VARCHAR(50)	JOB VARCHAR(9)	MGR INT	HIREDATE DATE	SAL INT	COMM INT	DEPTNO INT
1	8839	杜依依	PRESIDENT	NULL	1981-11-17	5000	NULL	10
2	8782	杨博聪	MANAGER	8839	1981-06-09	2450	NULL	10
3	8934	刘翔飞	CLERK	8782	1982-01-23	1300	NULL	10
4	8902	杨进军	ANALYST	8566	1981-12-03	3000	NULL	20
5	8788	李晓飞	ANALYST	8566	1987-07-13	3000	NULL	20
6	8566	赵刚	MANAGER	8839	1981-04-02	2975	NULL	20
7	8876	李泽楷	CLERK	8788	1987-07-13	1100	NULL	20
8	8369	张小明	CLERK	8902	1980-12-17	800	NULL	20
9	8698	白嘉怡	MANAGER	8839	1981-05-01	2850	NULL	30
10	8499	王涛	SALESMAN	8698	1981-02-20	1600	300	30
11	8844	王萌	SALESMAN	8698	1981-09-08	1500	0	30
12	8654	梁菲	SALESMAN	8698	1981-09-28	1250	1400	30
13	8521	李洁	SALESMAN	8698	1981-02-22	1250	500	30
14	8900	张一博	CLERK	8698	1981-12-03	950	NULL	30

图4-2-8　ORDER BY 关键字

排序输出的隐含顺序是升序(ASC)，如果要求按列值的降序输出，需在列名后指定DESC。对于空值，若按升序排，含空值元组将最后显示。若按降序排，含空值的元组将最先显示。

【任务实施】

根据项目4任务1任务实施中数据表内容，进行如下操作：

统计查询2

(1) 查询所有姓"刘"学生的学号、姓名、性别、年龄，如图4-2-9所示。

```
select Sno, Sname, Ssex,year(getdate())-year(sbirthday) Sage
from EMHR.STUDENTINFO
where sname like ' 刘 %';
```

图4-2-9　所有姓"刘"学生的学号、姓名、性别、年龄

(2) 查询名字中第二个字有"雨"字的学生的学号、姓名、性别、年龄，如图 4-2-10 所示。

```
select Sno, Sname, Ssex, year(getdate())-year(Sbirthday) Sage
from EMHR.STUDENTINFO
where sname like '_ 雨 _';
```

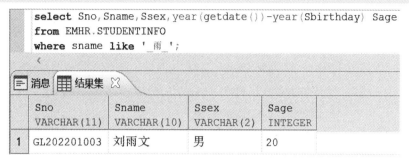

图 4-2-10 名字中第二个字有"雨"字的学生的学号、姓名、性别、年龄

(3) 查找全部有成绩记录的学生学号、班级号，如图 4-2-11 所示。

```
select Sno, ClassID
from EMHR.STUDENTINFO
where Sscore is not null;
```

图 4-2-11 全部有成绩记录的学生学号、班级号

(4) 查找年龄在 20 岁以下的学生学号、姓名，如图 4-2-12 所示。

```
select Sno, Sname
from EMHR.STUDENTINFO
where year(getdate())-year(Sbirthday) < 20;
```

```
select Sno,Sname
from EMHR.STUDENTINFO
where year(getdate())-year(Sbirthday) < 20;
```

	Sno VARCHAR(11)	Sname VARCHAR(10)
1	JS202201001	刘晓
2	JS202201011	孙宁
3	GG202202002	陈杰
4	GG202202013	林婷
5	GL202201005	王瑞瑞
6	GL202201007	李文玲
7	SX202203001	杨翔飞
8	SX202203022	罗新蝶
9	SX202203033	彭风怡

图 4-2-12　年龄在 20 岁以下的学生学号、姓名

(5) 查找"04"班的学生学号及其成绩，查询结果按分数降序排序，如图 4-2-13 所示。

```
select Sno, Sscore
from EMHR.STUDENTINFO
where ClassID = '04'
order by Sscore DESC;
```

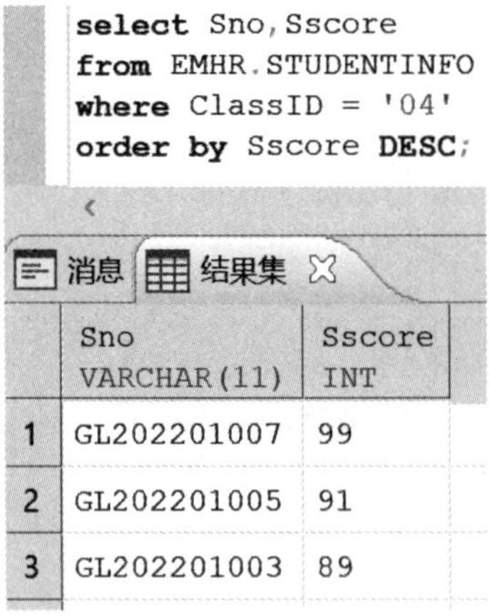

```
select Sno,Sscore
from EMHR.STUDENTINFO
where ClassID = '04'
order by Sscore DESC;
```

	Sno VARCHAR(11)	Sscore INT
1	GL202201007	99
2	GL202201005	91
3	GL202201003	89

图 4-2-13　"04"班的学生学号及其成绩，成绩降序

(6) 查询全体学生情况，查询结果按所在班级升序排列，对同一班级中的学生按年龄降序排列，如图 4-2-14 所示。

```
select *
from EMHR.STUDENTINFO
order by ClassID, year(getdate())-year(Sbirthday) DESC;
```

```
select *
from EMHR.STUDENTINFO
order by ClassID,year(getdate())-year(Sbirthday) DESC;
```

	Sno VARCHAR(11)	Sname VARCHAR(10)	Ssex VARCHAR(2)	Sbirthday DATE	Sscore INTEGER	ClassID VARCHAR(5)
1	JS202201011	孙宁	男	2004-03-03	93	01
2	JS202201001	刘晓	女	2004-05-17	94	01
3	GG202202002	陈杰	男	2003-10-07	94	03
4	GG202202013	林婷	女	2004-05-23	96	03
5	GL202201003	刘雨文	男	2002-12-22	89	04
6	GL202201005	王瑞瑞	女	2003-11-16	91	04
7	GL202201007	李文玲	女	2004-06-08	99	04
8	SX202203001	杨翔飞	男	2004-01-22	92	07
9	SX202203022	罗新蝶	女	2004-01-30	88	07
10	SX202203033	彭风怡	男	2004-03-26	90	07

图 4-2-14　全体学生信息，班级升序，年龄降序排列

(7) 查询学生总人数，如图 4-2-15 所示。

select count(Sno) 总人数　from EMHR.STUDENTINFO;

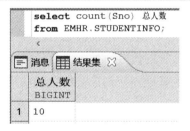

图 4-2-15　学生总人数

【任务回顾】

■ 知识点总结

1. 集函数通常用于统计计算，主要包括集合函数、分组查询 (GROUP BY) 和查询结果排序 (ORDER BY)。

2. 集合函数包括 COUNT()、SUM()、AVG()、MAX() 和 MIN() 分别用于计数、求和、求平均值、求最大值和最小值。

3. GROUP BY 子句可以实现分组查询。

4. ORDER BY 子句可以实现排序，包含升序 (ASC) 和降序 (DESC)。

■ 思考与练习

1. 下面对 ORDER BY pno,level 描述正确的是 (　　　)。

A. 先按 level 全部升序后，再按 pno 升序

B. 先按 level 升序后，相同的 level 再按 pno 升序

C. 先按 pno 全部升序后，再按 level 升序

D. 先按 pno 升序后，相同的 pno 再按 level 升序

2. 下列选项中，(　　) 可返回表中指定字段的平均值。

A. MAX()　　　　　　　　　　　B. MIN()

C. AVG()　　　　　　　　　　　D. 以上答案都不正确

任务3　连 接 查 询

【任务描述】

花中成："有些数据需要将两个或多个表连接起来进行查询，你可以先了解一下内连接和外连接，然后使用连接查询的方式查询学生表和班级表。"

花小新："好的。"

【知识学习】

连接查询，通常都是将来自两个或多个表的记录行结合起来，基于这些表之间的共同字段，进行数据的拼接。首先，要确定一个主表作为结果集，然后将其他表的行有选择地连接到选定的主表结果集上。使用较多的连接查询包括内连接查询、外连接查询。

连接查询 1

一、内连接查询

内连接查询包括等值与非等值连接查询，连接条件其一般格式为：

[<表名 1>.]< 列名 1> < 比较运算符 > [< 表名 2>.]< 列名 2>

或

[<表名 1>.]< 列名 1> BETWEEN [< 表名 2>.]< 列名 2> AND [< 表名 2>.]< 列名 3>

当连接运算符为 "=" 时，称为等值连接。使用其他运算符称为非等值连接。连接条件中的各连接字段类型必须是可比的，但不必是相同的。

【例 4-19】　对员工表和部门表做等值连接。

查询语句：

```
SELECT EMPNO, ENAME, EMP.DEPTNO, DEPT.DEPTNO, DNAME, LOCATION
FROM "EMHR"."EMP"
INNER JOIN "EMHR"."DEPT" ON trim(EMP.DEPTNO) = trim(DEPT.DEPTNO);
```

查询结果如图 4-3-1 所示。

```
SELECT EMPNO,ENAME,EMP.DEPTNO,DEPT.DEPTNO,DNAME,LOCATION
FROM "EMHR"."EMP"
INNER JOIN "EMHR"."DEPT" ON trim(EMP.DEPTNO)=trim(DEPT.DEPTNO);
```

	EMPNO INT	ENAME VARCHAR(50)	DEPTNO INT	DEPTNO INT	DNAME VARCHAR(14)	LOCATION VARCHAR(13)
1	8369	张小明	20	20	RESEARCH	BEIJING
2	8934	刘翔飞	10	10	ACCOUNTING	WUHAN
3	8902	杨进军	20	20	RESEARCH	BEIJING
4	8900	张一博	30	30	SALES	SHANGHAI
5	8876	李泽楷	20	20	RESEARCH	BEIJING
6	8844	王萌	30	30	SALES	SHANGHAI
7	8839	杜依依	10	10	ACCOUNTING	WUHAN
8	8788	李晓飞	20	20	RESEARCH	BEIJING
9	8782	杨博聪	10	10	ACCOUNTING	WUHAN
10	8698	白嘉怡	30	30	SALES	SHANGHAI
11	8654	梁菲	30	30	SALES	SHANGHAI
12	8566	赵刚	20	20	RESEARCH	BEIJING
13	8521	李洁	30	30	SALES	SHANGHAI
14	8499	王涛	30	30	SALES	SHANGHAI

图 4-3-1　等值连接

从查询结果中可以看出，前三个字段来自员工表，后三个字段来自部门表，并且员工表部门编号 (DEPTNO) 和部门表中部门编号字段是相等的。

【例 4-20】　对员工表和部门表做不等值连接。

查询语句：

SELECT *

FROM "EMHR"."EMP"

INNER JOIN "EMHR"."DEPT" ON EMP.DEPTNO != DEPT.DEPTNO

LIMIT 4

查询结果如图 4-3-2 所示。

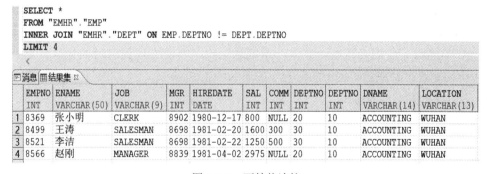

	EMPNO INT	ENAME VARCHAR(50)	JOB VARCHAR(9)	MGR INT	HIREDATE DATE	SAL INT	COMM INT	DEPTNO INT	DEPTNO INT	DNAME VARCHAR(14)	LOCATION VARCHAR(13)
1	8369	张小明	CLERK	8902	1980-12-17	800	NULL	20	10	ACCOUNTING	WUHAN
2	8499	王涛	SALESMAN	8698	1981-02-20	1600	300	30	10	ACCOUNTING	WUHAN
3	8521	李洁	SALESMAN	8698	1981-02-22	1250	500	30	10	ACCOUNTING	WUHAN
4	8566	赵刚	MANAGER	8839	1981-04-02	2975	NULL	20	10	ACCOUNTING	WUHAN

图 4-3-2　不等值连接

从查询结果中可以看出，前八个字段来自员工表，后三个字段来自部门表，由于显示数目较多，因此将结果限制在 4 条以内。

二、外连接查询

1. LEFT JOIN 左外连接

LEFT JOIN 可以用来建立左外部连接，查询语句 LEFT JOIN 左侧数据表的所有记录都会加入查询结果中，即使右侧数据表中的连接字段没有符合的值也一样。

【例 4-21】 利用左外连接方式查询员工表和部门表。

查询语句：

```
SELECT EMP.DEPTNO, EMP.EMPNO, EMP.ENAME, DEPT.DEPTNO, DEPT.DNAME
FROM "EMHR"."EMP"
LEFT JOIN "EMHR"."DEPT" ON EMP.DEPTNO = DEPT.DEPTNO
```

查询结果如图 4-3-3 所示。

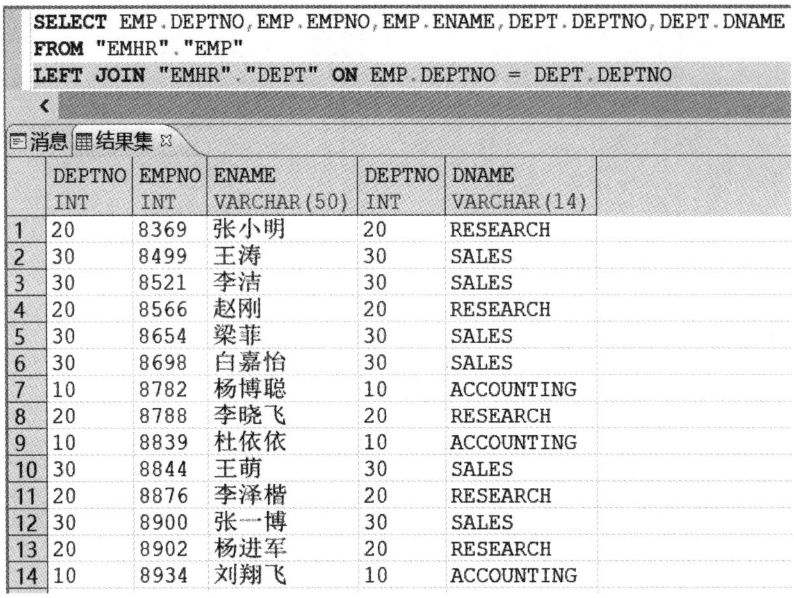

```
SELECT EMP.DEPTNO,EMP.EMPNO,EMP.ENAME,DEPT.DEPTNO,DEPT.DNAME
FROM "EMHR"."EMP"
LEFT JOIN "EMHR"."DEPT" ON EMP.DEPTNO = DEPT.DEPTNO
```

	DEPTNO INT	EMPNO INT	ENAME VARCHAR(50)	DEPTNO INT	DNAME VARCHAR(14)
1	20	8369	张小明	20	RESEARCH
2	30	8499	王涛	30	SALES
3	30	8521	李洁	30	SALES
4	20	8566	赵刚	20	RESEARCH
5	30	8654	梁菲	30	SALES
6	30	8698	白嘉怡	30	SALES
7	10	8782	杨博聪	10	ACCOUNTING
8	20	8788	李晓飞	20	RESEARCH
9	10	8839	杜依依	10	ACCOUNTING
10	30	8844	王萌	30	SALES
11	20	8876	李泽楷	20	RESEARCH
12	30	8900	张一博	30	SALES
13	20	8902	杨进军	20	RESEARCH
14	10	8934	刘翔飞	10	ACCOUNTING

图 4-3-3　左外连接

从查询结果中可以看出，系统查询时会扫描员工表中的所有记录。每扫描一条记录，就会扫描部门表里面的每一条记录，当找到的部门表中的记录 DEPTNO 与员工表中的 DEPTNO 相同时，会把这两条合并成一条记录输出。若没有找到对应的记录，则只输出员工表中的记录，并把部门表中的所有字段用 NULL 表示。

2. RIGHT JOIN 右外连接

相对于 LEFT JOIN，RIGHT JOIN 可以用来建立右外部连接，查询语句 RIGHT JOIN 右侧数据表的所有记录都会加入查询结果中，即使左侧数据表中的连接字段没有符合的值也一样。

【例 4-22】 利用右外连接方式查询员工表和部门表。

查询语句：

```
SELECT EMP.DEPTNO, EMP.EMPNO, EMP.ENAME, DEPT.DEPTNO, DEPT.DNAME
FROM "EMHR"."EMP"
RIGHT JOIN "EMHR"."DEPT" ON EMP.DEPTNO = DEPT.DEPTNO
```

查询结果如图 4-3-4 所示。

```
SELECT EMP.DEPTNO,EMP.EMPNO,EMP.ENAME,DEPT.DEPTNO,DEPT.DNAME
FROM "EMHR"."EMP"
RIGHT JOIN "EMHR"."DEPT" ON EMP.DEPTNO = DEPT.DEPTNO
```

	DEPTNO INT	EMPNO INT	ENAME VARCHAR(50)	DEPTNO INT	DNAME VARCHAR(14)
1	20	8369	张小明	20	RESEARCH
2	30	8499	王涛	30	SALES
3	30	8521	李洁	30	SALES
4	20	8566	赵刚	20	RESEARCH
5	30	8654	梁菲	30	SALES
6	30	8698	白嘉怡	30	SALES
7	10	8782	杨博聪	10	ACCOUNTING
8	10	8788	李晓飞	10	RESEARCH
9	10	8839	杜依依	10	ACCOUNTING
10	30	8844	王萌	30	SALES
11	20	8876	李泽楷	20	RESEARCH
12	30	8900	张一博	30	SALES
13	20	8902	杨进军	20	RESEARCH
14	10	8934	刘翔飞	10	ACCOUNTING
15	NULL	NULL	NULL	40	OPERATIONS

图 4-3-4　右外连接

3. FULL JOIN 全部外部连接

FULL JOIN 即为 LEFT JOIN 与 RIGHT JOIN 的联集，它会返回左右数据表中所有的记录，不论是否符合连接条件。

【例 4-23】　利用全外连接方式查询员工表和部门表。

查询语句：

SELECT EMP.DEPTNO, EMP.EMPNO, EMP.ENAME, DEPT.DEPTNO, DEPT.DNAME, DEPT.LOCATION
FROM "EMHR"."EMP"
FULL JOIN "EMHR"."DEPT" ON EMP.DEPTNO = DEPT.DEPTNO

查询结果如图 4-3-5 所示。

```
SELECT EMP.DEPTNO,EMP.EMPNO,EMP.ENAME,DEPT.DEPTNO,DEPT.DNAME,DEPT.LOCATION
FROM "EMHR"."EMP"
FULL JOIN "EMHR"."DEPT" ON EMP.DEPTNO = DEPT.DEPTNO
```

	DEPTNO INT	EMPNO INT	ENAME VARCHAR(50)	DEPTNO INT	DNAME VARCHAR(14)	LOCATION VARCHAR(13)
1	20	8369	张小明	20	RESEARCH	BEIJING
2	30	8499	王涛	30	SALES	SHANGHAI
3	30	8521	李洁	30	SALES	SHANGHAI
4	20	8566	赵刚	20	RESEARCH	BEIJING
5	30	8654	梁菲	30	SALES	SHANGHAI
6	30	8698	白嘉怡	30	SALES	SHANGHAI
7	10	8782	杨博聪	10	ACCOUNTING	WUHAN
8	20	8788	李晓飞	20	RESEARCH	BEIJING
9	10	8839	杜依依	10	ACCOUNTING	WUHAN
10	30	8844	王萌	30	SALES	SHANGHAI
11	20	8876	李泽楷	20	RESEARCH	BEIJING
12	30	8900	张一博	30	SALES	SHANGHAI
13	20	8902	杨进军	20	RESEARCH	BEIJING
14	10	8934	刘翔飞	10	ACCOUNTING	WUHAN
15	NULL	NULL	NULL	40	OPERATIONS	GUANGZHOU

图 4-3-5　全外连接查询

4. CROSS JOIN 交叉连接

交叉连接为两个数据表间的笛卡儿乘积（Cartesian product），两个数据表在结合时，不指定任何条件，即将两个数据表中所有的可能排列组合出来，当有 WHERE、ON、USING 条件时不建议使用。

【例 4-24】 利用交叉连接方式查询员工表和部门表 (限制显示前 5 条)。

查询语句：

```
SELECT EMP.ENAME, DEPT.DEPTNO
FROM "EMHR"."DEPT"
CROSS JOIN "EMHR"."EMP"
LIMIT 5
```

查询结果如图 4-3-6 所示。

图 4-3-6　交叉连接查询

连接查询 2

【任务实施】

根据项目 4 任务 1 任务实施中数据表内容，进行如下操作：

(1) 利用左外连接方式查询学生表和班级表。

```
SELECT Sno, Sname, Ssex, Sbirthday, Sscore, Classname, Department, Cnum
FROM EMHR.STUDENTINFO
LEFT JOIN EMHR.CLASSINFO ON STUDENTINFO.ClassID = CLASSINFO.ClassID
```

左外连接方式查询学生表和班级表结果如图 4-3-7 所示。

图 4-3-7　左外连接方式查询学生表和班级表结果

(2) 利用右外连接方式查询学生表和班级表。

```
SELECT Sno, Sname, Ssex, Sbirthday, Sscore, Classname, Department, Cnum
FROM EMHR.STUDENTINFO
RIGHT JOIN EMHR.CLASSINFO ON STUDENTINFO.ClassID = CLASSINFO.ClassID
```

右外连接方式查询学生表和班级表结果如图 4-3-8 所示。

```
SELECT Sno,Sname,Ssex,Sbirthday,Sscore,Classname,Department,Cnum
FROM EMHR.STUDENTINFO
RIGHT JOIN EMHR.CLASSINFO ON STUDENTINFO.ClassID = CLASSINFO.ClassID
```

消息　结果集

	Sno VARCHAR(11)	Sname VARCHAR(10)	Ssex VARCHAR(2)	Sbirthday DATE	Sscore INT	Classname VARCHAR(10)	Department VARCHAR(10)	Cnum INT
1	JS202201001	刘晓	女	2004-05-17	94	计算机系01	计算机系	45
2	JS202201011	孙宁	男	2004-03-03	93	计算机系01	计算机系	45
3	GG202202002	陈杰	男	2003-10-07	94	工管系02	工管系	50
4	GG202202013	林婷	女	2004-05-23	96	工管系02	工管系	50
5	GL202201003	刘雨文	男	2002-12-22	89	管理系01	管理系	46
6	GL202201005	王瑞瑞	女	2003-11-16	91	管理系01	管理系	46
7	GL202201007	李文玲	女	2004-06-08	99	管理系01	管理系	46
8	SX202203001	杨翔飞	男	2004-01-22	92	数学系03	数学系	40
9	SX202203022	罗新蝶	女	2004-01-30	88	数学系03	数学系	40
10	SX202203033	彭风怡	男	2004-03-26	90	数学系03	数学系	40
11	NULL	NULL	NULL	NULL	NULL	工管系01	工管系系	56
12	NULL	NULL	NULL	NULL	NULL	数学系02	数学系	41
13	NULL	NULL	NULL	NULL	NULL	数学系01	数学系	40

图 4-3-8　右外连接方式查询学生表和班级表结果

(3) 利用全外连接方式查询学生表和班级表。

```
SELECT Sno, Sname, Ssex, Sbirthday, Sscore, Classname, Department, Cnum
FROM EMHR.STUDENTINFO
FULL JOIN EMHR.CLASSINFO ON STUDENTINFO.ClassID = CLASSINFO.ClassID
```

全外连接方式查询学生表和班级表结果如图 4-3-9 所示。

```
SELECT Sno,Sname,Ssex,Sbirthday,Sscore, Classname,Department,Cnum
FROM EMHR.STUDENTINFO
FULL JOIN EMHR.CLASSINFO ON STUDENTINFO. ClassID = CLASSINFO. ClassID
```

消息　结果集

	Sno VARCHAR(11)	Sname VARCHAR(10)	Ssex VARCHAR(2)	Sbirthday DATE	Sscore INT	Classname VARCHAR(10)	Department VARCHAR(10)	Cnum INT
1	JS202201001	刘晓	女	2004-05-17	94	计算机系01	计算机系	45
2	JS202201011	孙宁	男	2004-03-03	93	计算机系01	计算机系	45
3	GG202202002	陈杰	男	2003-10-07	94	工管系02	工管系	50
4	GG202202013	林婷	女	2004-05-23	96	工管系02	工管系	50
5	GL202201003	刘雨文	男	2002-12-22	89	管理系01	管理系	46
6	GL202201005	王瑞瑞	女	2003-11-16	91	管理系01	管理系	46
7	GL202201007	李文玲	女	2004-06-08	99	管理系01	管理系	46
8	SX202203001	杨翔飞	男	2004-01-22	92	数学系03	数学系	40
9	SX202203022	罗新蝶	女	2004-01-30	88	数学系03	数学系	40
10	SX202203033	彭风怡	男	2004-03-26	90	数学系03	数学系	40
11	NULL	NULL	NULL	NULL	NULL	工管系01	工管系系	56
12	NULL	NULL	NULL	NULL	NULL	数学系02	数学系	41
13	NULL	NULL	NULL	NULL	NULL	数学系01	数学系	40

图 4-3-9　全外连接方式查询学生表和班级表结果

(4) 利用交叉连接方式查询学生表和班级表 (限制显示前 5 条)。

```
SELECT STUDENTINFO.Sno, CLASSINFO.ClassID
FROM EMHR.CLASSINFO
CROSS JOIN EMHR..STUDENTINFO
LIMIT 5
```

交叉连接方式查询学生表和班级表结果如图 4-3-10 所示。

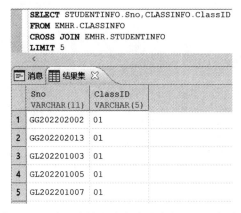

图 4-3-10   交叉连接方式查询学生表和班级表结果

【任务回顾】

■ 知识点总结

1. 通过连接运算符可以实现多个表查询，连接查询包括内连接、外连接。

2. 当连接运算符为"="时，称为等值连接，否则为非等值连接。

3. 外连接查询分为左外连接 (LEFT JOIN)、右外连接 (RIGHT JOIN)、全部外部连接 (FULL JOIN) 和交叉连接 (CROSS JOIN)。

■ 思考与练习

1. 多表的查询方式有 (   )。

A. 联合查询   B. 内连接

C. 外连接   D. 自连接

2. _____ 查询在不设置连接条件时与交叉连接等价。

任务 4   嵌 套 查 询

【任务描述】

花中成："小新，你已经基本掌握了简单查询、统计查询、连接查询，接下来你可以学习一下嵌套查询。"

花小新："好的。"

嵌套查询 1

【知识学习】

嵌套查询是指在一个 SELECT 语句中的 WHERE 子句或 HAVING 子句中嵌套另一个 SELECT 语句的查询称为嵌套查询。其中，外层的 SELECT 查询语句叫外层查询或父查询，内层的 SELECT 查询语句叫内层查询或子查询。

在实际应用中往往一个 SELECT 语句构成的简单查询无法满足用户全部的要求，而嵌套查询可以将多个简单查询构成复杂的查询，从而增强查询语句的查询能力，最终完成一些查询条件较为复杂的查询任务。

SQL 语言允许多层嵌套查询，即一个子查询中还可以嵌套其他子查询。特别要注意，子查询的 SELECT 语句中不能使用 ORDER BY 子句，ORDER BY 子句只能对最终查询结果即最外层查询的结果集进行排序。

子查询又分为不相关子查询和相关子查询。当子查询的查询条件不依赖于父查询时，这类子查询称为不相关子查询；当子查询的查询条件依赖于父查询时，这类子查询称为相关子查询。

一、单列嵌套查询

1. 带有 IN 关键词的嵌套查询

IN 关键词或 NOT IN 关键词是用来确定查询条件在或不在查询条件的集合中。在带有 IN 关键词的嵌套查询中，子查询的结果可以不唯一。

【例 4-25】　查询工资在集合 (1250, 1500, 3000) 中的员工编号、员工姓名和工资。

查询语句：

```
SELECT EMPNO, ENAME, SAL
FROM "EMHR"."EMP"
WHERE SAL IN(1250, 1500, 3000)
```

查询结果如图 4-4-1 所示。

图 4-4-1　IN 关键词查询

2. 带有 ANY 或 ALL 关键字的嵌套查询

在进行单列多值的嵌套查询时，如果想要进行比较操作可以用 ANY 或 ALL 关键字配合比较运算符来实现。其使用格式为：

expression{ < < = => > = !=}{ ANY | ALL }(subquery)

expression {<|<= | = |>|>= |!=|<>|!<|!>} {ALL SOME\ ANY} {subquery}

参数说明：

expression：要进行比较的表达式。

subquery：子查询。

ANY：是对比较运算的限制，指任意一个值。

ALL：指定表达式要与子查询结果集中的每个值都进行比较，当表达式与每个值都满足比较关系时，才返回 TRUE，否则返回 FALSE。

SOME 或 ANY 表示表达式只要与子查询结果集中的某个值满足比较的关系时，就返回 TRUE，否则返回 FALSE。

ALL：对比较运算的限制，指所有值。

使用 ANY 或 ALL 谓词时则必须同时使用比较运算符。其语义为：

(1) >ANY 大于子查询结果中的某个值。

(2) < ANY 小于子查询结果中的某个值。

(3) >= ANY 大于等于子查询结果中的某个值。

(4) <= ANY 小于等于子查询结果中的某个值。

(5) = ANY 等于子查询结果中的某个值。

(6) != ANY 或 <> ANY 不等于子查询结果中的某个值。

【例 4-26】 查询部门编号为"30"的员工姓名、工资和部门编号，要求该部门的员工工资不低于设置的最低值。

查询语句：

```
SELECT EMP.ENAME, EMP.SAL, DEPTNO
FROM "EMHR"."EMP"
WHERE SAL > ANY(
SELECT LOSAL
FROM EMHR.SALGRADE) AND DEPTNO = 30
```

查询结果如图 4-4-2 所示。

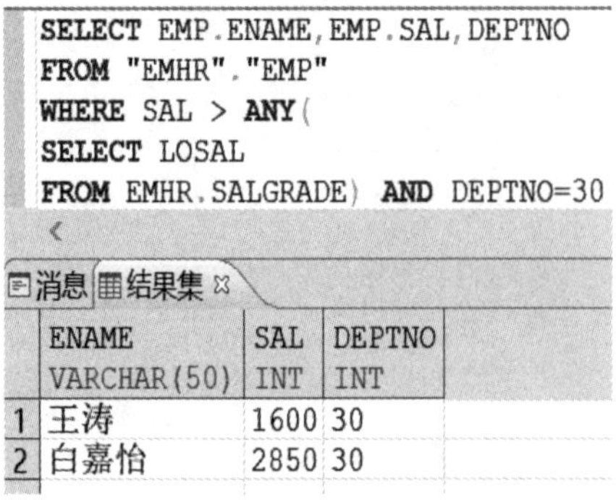

图 4-4-2　ANY 关键词查询

【例 4-27】　查询比员工编号"8499"的员工工资高的员工编号和姓名。

查询语句：

SELECT EMPNO, ENAME

FROM "EMHR"."EMP"

WHERE SAL > ALL(

SELECT SAL

FROM "EMHR"."EMP"

WHERE EMPNO = 8499)

查询结果如图 4-4-3 所示。

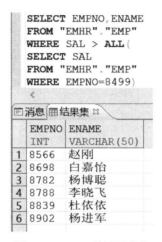

图 4-4-3　ALL 关键词查询

二、多列嵌套查询

1. 带有 EXISTS 谓词的子查询

EXISTS 谓词代表存在量词。带有 EXISTS 谓词的子查询不返回任何数据，只产生逻辑真值 TRUE 或逻辑假值 FALSE。

若内层查询结果非空，则外层的 WHERE 子句返回真值。

若内层查询结果为空，则外层的 WHERE 子句返回假值。

由 EXISTS 引出的子查询，其目标列表达式通常都用"*"，因为带 EXISTS 的子查询只返回真值或假值，给出列名无实际意义。

【例 4-28】　如果存在部门编号为 10 的部门，则查询所有员工信息。

查询语句：

SELECT *

FROM "EMHR"."EMP"

WHERE EXISTS

(SELECT *

FROM "EMHR"."DEPT"

WHERE DEPTNO = 10)

查询结果如图 4-4-4 所示。

```
SELECT *
FROM "EMHR"."EMP"
WHERE EXISTS
(SELECT *
FROM "EMHR"."DEPT"
WHERE DEPTNO=10)
```

消息 | 结果集

	EMPNO INT	ENAME VARCHAR(50)	JOB VARCHAR(9)	MGR INT	HIREDATE DATE	SAL INT	COMM INT	DEPTNO INT
1	8369	张小明	CLERK	8902	1980-12-17	800	NULL	20
2	8499	王涛	SALESMAN	8698	1981-02-20	1600	300	30
3	8521	李洁	SALESMAN	8698	1981-02-22	1250	500	30
4	8566	赵刚	MANAGER	8839	1981-04-02	2975	NULL	20
5	8654	梁菲	SALESMAN	8698	1981-09-28	1250	1400	30
6	8698	白嘉怡	MANAGER	8839	1981-05-01	2850	NULL	30
7	8782	杨博聪	MANAGER	8839	1981-06-09	2450	NULL	10
8	8788	李晓飞	ANALYST	8566	1987-07-13	3000	NULL	10
9	8839	杜依依	PRESIDENT	NULL	1981-11-17	5000	NULL	10
10	8844	王萌	SALESMAN	8698	1981-09-08	1500	0	30
11	8876	李泽楷	CLERK	8788	1987-07-13	1100	NULL	20
12	8900	张一博	CLERK	8698	1981-12-03	950	NULL	30
13	8902	杨进军	ANALYST	8566	1981-12-03	3000	NULL	20
14	8934	刘翔飞	CLERK	8782	1982-01-23	1300	NULL	10

图 4-4-4　EXISTS 关键词查询

2. 带有 NOT EXISTS 谓词

若内层查询结果非空，则外层的 WHERE 子句返回假值。

若内层查询结果为空，则外层的 WHERE 子句返回真值。

【例 4-29】　如果不存在部门编号为 10 的部门，则查询所有员工信息。

查询语句：

```
SELECT *
FROM "EMHR"."EMP"
WHERE NOT EXISTS
(SELECT *
FROM "EMHR"."DEPT"
WHERE DEPTNO = 10)
```

查询结果如图 4-4-5 所示。

```
SELECT *
FROM "EMHR"."EMP"
WHERE NOT EXISTS
(SELECT *
FROM "EMHR"."DEPT"
WHERE DEPTNO=10)
```

消息 | 结果集

EMPNO INT	ENAME VARCHAR(50)	JOB VARCHAR(9)	MGR INT	HIREDATE DATE	SAL INT	COMM INT	DEPTNO INT

图 4-4-5　NOT EXISTS 关键词查询

如查询结果所示，显示为空。因为存在部门编号为"10"的部门，所以显示结果为空。

【任务实施】

嵌套查询 2

根据项目 4 任务 1 任务实施中数据表内容，进行如下操作：

(1) 查询成绩在集合 (89, 90, 91) 中的学生学号、姓名和成绩。

查询语句：

SELECT Sno, Sname, Sscore

FROM EMHR.STUDENTINFO

WHERE Sscore IN(89, 90, 91)

查询结果如图 4-4-6 所示。

```
SELECT Sno,Sname,Sscore
FROM EMHR.STUDENTINFO
WHERE Sscore IN (89,90,91)
```

	Sno VARCHAR(11)	Sname VARCHAR(10)	Sscore INT
1	GL202201003	刘雨文	89
2	GL202201005	王瑞瑞	91
3	SX202203033	彭凤怡	90

图 4-4-6　成绩在集合 (89, 90, 91) 中的学生学号、姓名和成绩显示结果

(2) 查询比学号为 "JS202201001" 的学生成绩高的学生学号和姓名。

查询语句：

SELECT Sno, Sname

FROM EMHR.STUDENTINFO

WHERE Sscore > ALL(

SELECT Sscore

FROM EMHR.STUDENTINFO

WHERE Sno = 'JS202201001')

查询结果如图 4-4-7 所示。

图 4-4-7　比学号为 "JS202201001" 的学生成绩高的学生学号和姓名显示结果

(3) 如果存在课程号为 "C0004" 的课程，则查询任课教师信息。

查询语句：

```
SELECT *
FROM EMHR.TEACHERINFO
WHERE EXISTS
(SELECT *
FROM EMHR.COURSEINFO
WHERE Cno = 'C0004')
```

查询结果如图 4-4-8 所示。

```
SELECT *
FROM EMHR.TEACHERINFO
WHERE EXISTS
(SELECT *
FROM EMHR.COURSEINFO
WHERE Cno='C0004')
```

消息 结果集

	Tno VARCHAR(4)	Tname VARCHAR(10)	Tsex VARCHAR(2)	Teducation VARCHAR(8)	Department VARCHAR(10)	Cno VARCHAR(5)
1	T001	吴雅丽	女	研究生	计算机系	C0001
2	T002	郎小明	男	研究生	计算机系	C0003
3	T003	杨兆兵	男	研究生	工管系	C0005
4	T004	赵洪生	男	本科	工管系	C0007
5	T005	刘雪儿	女	研究生	数学系	C0004
6	T006	张胜男	女	研究生	数学系	C0004
7	T007	程颖	女	研究生	数学系	C0004

图 4-4-8　存在课程号为“C0004”的课程，则查询任课教师信息显示结果

(4) 查询与“陈杰”在同一个班学习的学生学号、姓名、性别、年龄。

```
select Sno, Sname, ssex, year(Sbirthday) sage
from EMHR.STUDENTINFO
where ClassID =
 (select ClassID  from EMHR.STUDENTINFO
where Sname = ' 陈杰 ')
```

查询结果如图 4-4-9 所示。

```
select Sno,Sname,ssex, year(Sbirthday) sage
from EMHR.STUDENTINFO
where ClassID =
 (select ClassID  from EMHR.STUDENTINFO
where Sname = '陈杰')
```

消息 结果集

	Sno VARCHAR(11)	Sname VARCHAR(10)	ssex VARCHAR(2)	sage INTEGER
1	GG202202002	陈杰	男	2003
2	GG202202013	林婷	女	2004

图 4-4-9　与“陈杰”在同一个班学习的学生学号、姓名、性别、年龄

⚙ 【任务回顾】

■ 知识点总结

1. 嵌套查询是指在一个 SELECT 语句中的 WHERE 子句或 HAVING 子句中嵌套另一个 SELECT 语句的查询称为嵌套查询。

2. 带有 IN 关键词、ANY 关键字、ALL 关键字的嵌套查询可以实现单列嵌套查询。

3. 带有 EXISTS 谓词的嵌套查询可以实现多列嵌套查询。

■ 思考与练习

1. 什么是子查询？ IN 子查询、比较子查询、EXISTS 子查询有什么区别？

2. 在 EXISTS 子查询中，先执行 _____ 层查询，再执行 _____ 层查询。

任务 5　事 务 认 知

⚙ 【任务描述】

花小新："花工，之前您提到事务，那么什么时候会用到事务呢？"

花中成："在执行一系列数据库操作时，要保证这些操作必须完全正确执行，否则就不执行，在这种情况下，适合使用事务。"

花小新："好的，大概明白了。"

⚙ 【知识学习】

一、事务提交

事务就是提交事务对数据库所做的修改，将从事务开始的所有更新

事务认知

保存到数据库中，更改的记录都被写入日志文件并最终写入到数据文件中，同时提交事务还会释放事务占用的资源，如锁。如果提交时数据还没有写入到数据文件，DM 数据库后台线程会在适当时机 (如检查点、缓冲区满) 将它们写入。总体来说，在一个修改了数据的事务被提交之前，DM 数据库会进行以下操作。

(1) 生成回滚记录，回滚记录包含事务中各 SQL 语句所修改的数据的原始值。

(2) 在系统的重做日志缓冲区中生成重做日志记录，重做日志记录包含对数据页和回滚页所行的修改，这些记录可能在事务提交之前被写入磁盘。

(3) 对数据的修改已经被写入数据缓冲区，这些修改也可能在事务提交之前被写入磁盘。

已提交事务中对数据的修改被存储在数据库的缓冲区中，它们不一定被立即写入数据文件内，DM 数据库自动选择适当的时机进行写操作以保证系统的效率。因此写操作既可能发生在事务提交之前，也可能发生在提交之后。当事务被提交之后，DM 数据库会进行

以下操作。

(1) 将事务任何更改的记录写入日志文件并最终写入到数据文件。

(2) 释放事务上的所有锁，将事务标记为完成。

(3) 返回提交成功消息给请求者。

在 DM 数据库中还存在三种事务模式：自动提交模式、手动提交模式和隐式提交模式。

1. 自动提交模式

除了命令行交互式工具 DISQL 外，DM 数据库默认采用自动提交模式。用户通过 DM 数据库的其他管理工具、编程接口访问 DM 数据库时，如果不手动 / 编程设置提交模式，所有的 SQL 语句都会在执行结束后提交，或者在执行失败时回滚，此时每个事务都只有一条 SQL 语句。在 DISQL 中，用户也可以通过执行如下语句来设置当前会话为自动提交模式。语法如下：

```
SET AUTOCOMMIT WORK
```

2. 手动提交模式

在手动提交模式下，DM 数据库用户或者应用开发人员明确定义事务的开始和结束，这些事务也被称为显式事务。在 DSQL 中，没有设置自动提交时，就是处于手动提交模式，此时 DISQL 连接到服务器后第一条 SQL 语句或者事务结束后的第一条语句就标记着事务的开始，可以执行 COMMIT 或者 ROLLBACK 来提交或者回滚事务，使当前事务工作单元中的所有操作"永久化"，并冻结该事务。手动提交语法格式如下：

```
COMMIT [WORK]
```

其中，WORK 支持与标准 SQL 语句的兼容性，COMMIT 和 COMMIT WORK 等价。

【例 4-30】　插入数据到部门表并提交。

具体语句如下：

```
INSERT INTO EMHR.DEPT VALUES(9, 'SALES', 'SHANDONG');
COMMIT WORK;
```

3. 隐式提交模式

隐式提交模式指的是在手动提交模式下，当遇到 DLL 语句时，DM 数据库会自动提交前面的事务，然后开始一个新的事务执行 DDL 语句。相应的事务成为隐式事务。

二、事务回滚

事务回滚是撤销该事务所做的任何更改。回滚有两种形式，即 DM 数据库自动回滚或通过程序 ROLLBACK 命令手动回滚。除此之外，与回滚相关的还有回滚到保存点和语句级回滚。

1. 自动回滚

若事务运行期间出现连接断开，DM 数据库都会自动回滚该连接所产生的事务。回滚会撤销事务执行的所有数据库更改，并释放此事务使用的所有数据库资源。DM 数据库在恢复时也会使用自动回滚。例如：在运行事务时服务器突然断电，接着系统重新启动，DM 数据库就会在重启时执行自动恢复。自动恢复要从事务重做日志中读取信息以重新执行没有写入磁盘的已提交事务，或者回滚断电时还没有来得及提交的事务。

2. 手动回滚

一般来说，在实际应用中，当某条 SQL 语句执行失败时，用户会主动使用 ROLLBACK 语句或者编程接口提供的回滚函数来回滚整个事务，避免不合逻辑的事务污染数据库，导致数据不一致。如果发生错误后只要求回滚事务中的一部分，则需要用到回滚到保存点的功能。

3. 回滚到保存点

除了回滚整个事务之外，DM 数据库的用户还可以部分回滚未提交事务，即从事务的最末端回滚到事务中任意一个被称为"保存点"的标记处。用户在事务内可以声明多个被称为"保存点"的标记，将大事务划分为几个较小的片段。之后用户在对事务进行回滚操作时，就可以选择从当前执行位置回滚到事务内的任意一个保存点。例如：用户可以在一系列复杂的更新操作之间插入保存点，如果执行过程中一个语句出现错误，用户可以回滚到错误之前的某个保存点，而不必重新提交所有的语句。当事务被回滚到某个保存点后，DM 数据库将释放被回滚语句中使用的锁。其他等待"被锁资源"的事务就可以继续执行，需要更新"被锁数据行"的事务也可以继续执行。

DM 数据库用户可以使用 SAVEPOINT_NAME 命令创建保存点，使用 ROLLEACK TO SAVEPOINT SAVEPOINT_NAME 命令来回滚到保存点 SAVEPOINT_NAME。语法格式如下：

设置保存点：

SAVEPOINT< 保存点名 >

回滚到保存点：

ROLLBACK [WORK] TO SAVEPOINT< 保存点名 >

回滚到保存点后事务状态和设置保存点时事务状态一致，在保存点以后对数据库的操作被回滚。

【例 4-31】 插入数据到部门表后设置保存点，然后插入另一数据，回滚到保存点。

(1) 往部门表中插入一个数据，具体语句如下：

INSERT INTO EMHR.DEPT VALUES (10, 'SALES', 'SHENZHEN');

(2) 查询部门表，具体语句如下：

SELECT FROM EMHR.DEPT;

(3) 设置保存点，具体语句如下：

SAVEPOINT A;

(4) 向部门表中插入另一个数据，具体语句如下：

INSERT INTO EMHR.DEPT VALUES (11, 'OPERATIONS', 'TIANJIN');

(5) 回滚到保存点，具体语句如下：

```
ROLLBACK TO SAVEPOINT A;
```

注意：运行此语句，需要在"DM 客户端"中的"DM 数据管理工具"的选项中，将"自动提交"关闭。

(6) 查询部门表，插入操作被回滚，部门表中不存在 (11, 'OPERATIONS','TIANJIN') 的记录，具体语句如下：

```
SELECT * FROM EMHR.DEPT;
```

4. 语句级回滚

如果在一个 SQL 语句执行过程中发生了错误，那么此语句对数据库产生的影响将被回滚。回滚后就如同此语句从未被执行过，这种操作被称为语句级回滚。语句级回滚只会使此语句所做的数据修改无效，不会影响此语句之前所做的数据修改。若在 SQL 语句执行过程中发生错误，将会导致语句级回滚，如违反唯一性、死锁（访问相同数据而产生的竞争）、运算溢出等。若在 SQL 语句解析的过程中发生错误（如语法错误），由于未对数据产生任何影响，因此不会产生语句级回滚。

5. 回滚段自动清理

由于需要根据回滚记录回溯、还原物理记录的历史版本信息，因此不能在事务提交时立即清除当前事务产生的回滚记录。但是，如果不及时清理回滚段，可能会造成回滚段空间的不断膨胀，占用大量的磁盘空间。DM 数据库提供自动清理、回收回滚段空间的机制。系统定时（默认是每间隔 1 s）扫描回滚段，根据回滚记录的 TID，判断是否需要保留回滚记录，清除那些对所有活动事务可见的回滚记录空间。

三、事务锁定

DM 数据库支持多用户并发访问、修改数据，有可能出现多个事务同时访问、修改相同数据的情况。若对并发操作不加控制，就可能会访问到不正确的数据，破坏数据的一致性和正确性。DM 数据库采用封锁机制来解决并发问题，本节将详细介绍 DM 数据库中的事务锁定相关功能，包括锁的分类以及如何查看锁等。

锁模式指定并发用户如何访问锁定资源。DM 数据库使用四种不同的锁模式：共享锁、排他锁、意向共享锁和意向排他锁。

1. 共享锁

共享锁（Share Lock，S 锁）用于读操作，防止其他事务修改正在访问的对象。这种封锁模式允许多个事务同时并发读取相同的资源，但是不允许任何事务修改这个资源。

2. 排他锁

排他锁（Exclusive Lock，X 锁）用于写操作，以独占的方式访问对象，不允许任何其他事务访问被封锁对象；防止多个事务同时修改相同的数据，避免引发数据错误；防止访问一个正在被修改的对象，避免引发数据不一致。一般在修改对象定义时使用。

3. 意向锁 (意向共享锁、意向排他锁)

意向锁 (Intent Lock) 在读取或修改被访问对象数据时使用，多个事务可以同时对相同对象上意向锁，DM 支持两种意向锁。

(1) 意向共享锁 (Intent Share Lock，IS 锁)：一般在只读访问对象时使用。

(2) 意向排他锁 (Intent Exclusive Lock，X 锁)：一般在修改对象数据时使用。

思政融入

不怕失败，从头再来

　　一般来说，在实际应用中，当某条 SQL 语句执行失败时，用户会主动使用 ROLLBACK 语句或者编程接口提供的回滚函数来回滚整个事务，避免不合逻辑的事务污染数据库，导致数据不一致。我们在学习和生活中难免会遇到挫折和困难，失败也在所难免，但是我们要勇敢面对失败，可以从失败中学习经验，从头再来。

【任务实施】

1. 事务提交

插入数据到 CLASSINFO 表并提交。

具体语句如下：

INSERT INTO CLASSINFO VALUES(08, ' 采矿系 01', ' 采矿系 ', 55);

执行结果如图 4-5-1 所示。

COMMIT WORK;

执行结果如图 4-5-2 所示。

图 4-5-1　插入语句　　　　　　　　　　　　图 4-5-2　提交

2. 事务回滚

插入数据到 CLASSINFO 表后设置保存点，然后插入另一数据，回滚到保存点。

(1) 往 CLASSINFO 表中插入一个数据，具体语句如下：

INSERT EMHR.CLASSINFO VALUES (09, ' 采矿系 02', ' 采矿系 ', 50);

执行结果如图 4-5-3 所示。

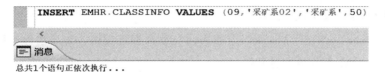

图 4-5-3 插入数据

(2) 查询班级表，具体语句如下：

SELECT * FROM EMHR.CLASSINFO;

执行结果如图 4-5-4 所示。

SELECT * FROM EMHR.CLASSINFO;

	ClassID VARCHAR(5)	Classname VARCHAR(10)	Department VARCHAR(10)	Cnum INT
1	01	计算机系01	计算机系	45
2	02	工管系01	工管系系	56
3	03	工管系02	工管系	50
4	04	管理系01	管理系	46
5	05	数学系01	数学系	40
6	06	数学系02	数学系	41
7	07	数学系03	数学系	40
8	08	采矿系01	采矿系	55
9	09	采矿系02	采矿系	50

图 4-5-4 插入后查询显示结果

(3) 设置保存点，具体语句如下：

SAVEPOINT A;

执行结果如图 4-5-5 所示。

图 4-5-5 设置保存点

(4) 向班级表中插入另一个数据，具体语句如下：

INSERT INTO EMHR.CLASSINFO VALUES (10,' 采矿系 03',' 采矿系 ', 45);

执行结果如图 4-5-6 所示。

> **INSERT INTO** EMHR.CLASSINFO **VALUES** (10,'采矿系03','采矿系',45);
>
> ‹
>
> 📄 消息
>
> 总共1个语句正依次执行...
>
> [执行语句1]:
> INSERT INTO EMHR.CLASSINFO VALUES (10,'采矿系03','采矿系',45);
> 执行成功，执行耗时0毫秒. 执行号:1470
>
> 1条语句执行成功

图 4-5-6　插入另一条语句

(5) 回滚到保存点，具体语句如下：

ROLLBACK TO SAVEPOINT A;

执行结果如图 4-5-7 所示。

注意：运行此语句，需要在 "DM 客户端" 中 "DM 数据管理工具" 的选项中，将 "自动提交" 关闭。

(6) 查询 CLASSINFO 表，插入操作被回滚，CLASSINFO 表中不存在 (011110108, C007, 98) 的记录，具体语句如下：

SELECT * FROM EMHR.CLASSINFO;

执行结果如图 4-5-8 所示。

> **ROLLBACK TO SAVEPOINT** A;
>
> ‹
>
> 📄 消息
>
> 总共1个语句正依次执行...
>
> [执行语句1]:
> ROLLBACK TO SAVEPOINT A;
> 执行成功，执行耗时0毫秒. 执行号:1471
>
> 1条语句执行成功

图 4-5-7　回滚

	ClassID VARCHAR(5)	Classname VARCHAR(10)	Department VARCHAR(10)	Cnum INT
1	01	计算机系01	计算机系	45
2	02	工管系01	工管系系	56
3	03	工管系02	工管系	50
4	04	管理系01	管理系	46
5	05	数学系01	数学系	40
6	06	数学系02	数学系	41
7	07	数学系03	数学系	40
8	8	采矿系01	采矿系	55
9	9	采矿系02	采矿系	50

图 4-5-8　回滚后查询结果

【任务回顾】

■ 知识点总结

1. 事务提交是提交事务对数据库做的修改，包括自动提交模式、手动提交模式和隐式提交模式。

2. 事务回滚是撤销该事务所作的任何更改，包括自动回滚和手动回滚。

3. 锁模式包括共享锁、排他锁、意向共享锁和意向排他锁。

■ 思考与练习

1. 事务模式有哪几种？

2. 显式事务模式以 ＿＿＿＿＿ 语句显式开始，以 COMMIT 或 ROLLBACK 语句显式结束。

任务6　数据更新

【任务描述】

花中成："对表中数据的操作，除了查询，就是插入、修改和删除了，今天你有时间可以练习一下。"

花小新："好的。"

【知识学习】

数据更新 1

一、数据插入

向数据表中插入数据使用 INSERT 语句。可以向数据表中插入完整的行记录，为特定的字段插入数据，也可以使用一条 INSERT 语句向数据表中一次插入多行记录，还可以将一个数据表的查询结果插入另一个数据表中。

1. 为表中所有字段插入数据

添加数据是建立数据表后的第一个操作，添加数据用 INSERT 语句，语句格式如下：

INSERT [INTO] < 表名 >[(< 字段 1>[, …< 字段 n>])] VALUES (值 1[, (值 n)])

• < 字段 1> 中的名字必须是表中定义的列名。

• 值 1 可以是常量也可以是 NULL 值。

• 各个字段、各个值之间用逗号分隔。

【例 4-32】　在工资等级表中插入一条工资等级信息。

语句：

INSERT INTO EMHR.SALGRADE(GRADE, LOSAL, HISAL) VALUES (6, 10000, 12000);

插入结果如图 4-6-1 所示。

```
INSERT INTO EMHR.SALGRADE(GRADE,LOSAL,HISAL) VALUES (6,10000,12000);
```

消息

总共1个语句正依次执行...

[执行语句1]:
INSERT INTO EMHR.SALGRADE(GRADE,LOSAL,HISAL) VALUES (6,10000,12000);
执行成功，执行耗时1毫秒．执行号：1582

1条语句执行成功

图 4-6-1　插入工资等级信息

注意：

(1) 不指定字段名的意思就是包含所有的字段，所添加的数据必须与表中列定义的顺序一致。

(2) 如果指定字段名，则所添加的数据内容也要与指定的字段名顺序一致。

(3) 某些字段可以有数据值也可以是 NULL。

2. 插入指定字段数据

语法格式如下：

INSERT [INTO] < 模式名 . 表名 >[(< 字段 1>[, …< 字段 n>)]] VALUES [< 值 1>[, …< 值 n>];

【例 4-33】　向工资等级表的 GRADE、LOSAL 字段插入数据。

语句：

INSERT INTO EMHR.SALGRADE(GRADE, LOSAL) VALUES (7, 12001);

插入结果如图 4-6-2 所示

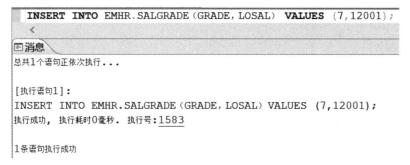

```
INSERT INTO EMHR.SALGRADE(GRADE,LOSAL) VALUES (7,12001);
```

消息

总共1个语句正依次执行...

[执行语句1]:
INSERT INTO EMHR.SALGRADE(GRADE,LOSAL) VALUES (7,12001);
执行成功，执行耗时0毫秒．执行号：1583

1条语句执行成功

图 4-6-2　插入字段数据

二、数据修改

修改数据是更新表中已经存在的记录，通过这种方式可以改变表中已经存在的数据。例如：员工表中某个员工的工资改变了，这就需要在员工表中修改该员工的工资。在 DM 数据库中，通过 UPDATE 语句来修改数据。

在 DM 数据库中，UPDATE 语句的基本语法形式如下：

UPDATE 模式名 . 表名

SET 字段名 1 = 取值 1, 字段名 2 = 取值 2, …, 字段名 n = 取值 n

WHERE 条件表达式

【例 4-34】　更改员工表中员工编号为 8369 的记录，将 COMM 字段的值变为 1500。

语句：

```
UPDATE "EMHR"."EMP"
SET COMM = 1500
WHERE EMPNO = 8369
```

插入结果如图 4-6-3 所示。

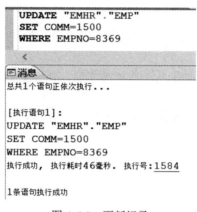

图 4-6-3　更新记录

三、数据删除

删除数据是删除表中已经存在的记录，通过这种方式可以删除表中不再使用的数据。在 DM 数据库中，通过 DELETE 语句来修改数据。

DELETE 语句的一般格式为：

```
DELETE  FROM 模式名 . 表名 [WHERE < 条件 >];
```

如果省略 WHERE 子句，表示删除表中全部元组。

【例 4-35】　删除员工表中员工编号为 8369 的记录：

语句：

```
DELETE "EMHR"."EMP"
WHERE EMPNO = 8369
```

插入结果如图 4-6-4 所示。

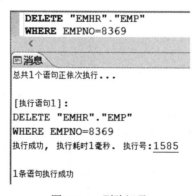

图 4-6-4　删除记录

数据更新 2

【任务实施】

根据项目 4 任务 1 任务实施中数据表内容，进行如下操作：

(1) 将学生"孙宁"的出生日期改为"2003.8.3"。

```
update EMHR.STUDENTINFO
set Sbirthday = '2003.8.3'
where Sname = ' 孙宁 ';
```

执行结果如图 4-6-5 所示。

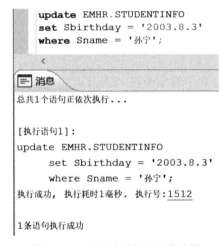

图 4-6-5　更新"孙宁"出生日期

(2) 将 STUDENTINFO 表中的所有成绩置零。

```
update EMHR.STUDENTINFO
set Sscore = 0;
```

执行结果如图 4-6-6、图 4-6-7 所示。

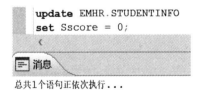

图 4-6-6　更新成绩

```
SELECT * FROM EMHR.STUDENTINFO
```

	Sno VARCHAR(11)	Sname VARCHAR(10)	Ssex VARCHAR(2)	Sbirthday DATE	Sscore INT	ClassID VARCHAR(5)
1	JS202201001	刘晓	女	2004-05-17	0	01
2	JS202201011	孙宁	男	2003-08-03	0	01
3	GG202202002	陈杰	男	2003-10-07	0	03
4	GG202202013	林婷	女	2004-05-23	0	03
5	GL202201003	刘雨文	男	2002-12-22	0	04
6	GL202201005	王瑞瑞	女	2003-11-16	0	04
7	GL202201007	李文玲	女	2004-06-08	0	04
8	SX202203001	杨翔飞	男	2004-01-22	0	07
9	SX202203022	罗新蝶	女	2004-01-30	0	07
10	SX202203033	彭凤怡	男	2004-03-26	0	07

图 4-6-7　更新后查询结果

(3) 删除 STUDENTINFO 表中的学号为 JS202201001 的学生信息。

delete EMHR.STUDENTINFO

where Sno = 'JS202201001';

执行结果如图 4-6-8、4-6-9 所示。

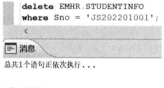

```
delete EMHR.STUDENTINFO
where Sno = 'JS202201001';
```

总共1个语句正依次执行...

[执行语句1]:
delete EMHR.STUDENTINFO
where Sno = 'JS202201001';
执行成功，执行耗时1毫秒. 执行号:1535

1条语句执行成功

图 4-6-8　删除学号为 JS202201001 的学生信息

```
SELECT * FROM EMHR.STUDENTINFO
```

	Sno VARCHAR(11)	Sname VARCHAR(10)	Ssex VARCHAR(2)	Sbirthday DATE	Sscore INT	ClassID VARCHAR(5)
1	JS202201011	孙宁	男	2003-08-03	0	01
2	GG202202002	陈杰	男	2003-10-07	0	03
3	GG202202013	林婷	女	2004-05-23	0	03
4	GL202201003	刘雨文	男	2002-12-22	0	04
5	GL202201005	王瑞瑞	女	2003-11-16	0	04
6	GL202201007	李文玲	女	2004-06-08	0	04
7	SX202203001	杨翔飞	男	2004-01-22	0	07
8	SX202203022	罗新蝶	女	2004-01-30	0	07
9	SX202203033	彭凤怡	男	2004-03-26	0	07

图 4-6-9　删除后查询结果

(4) 在 TEACHERINFO 表插入一条教师信息：

INSERT INTO EMHR.TEACHERINFO VALUES ('T008',' 杨晓阳 ',' 男 ',' 本科 ',' 采矿系 ','C0001')

执行结果如图 4-6-10 所示。

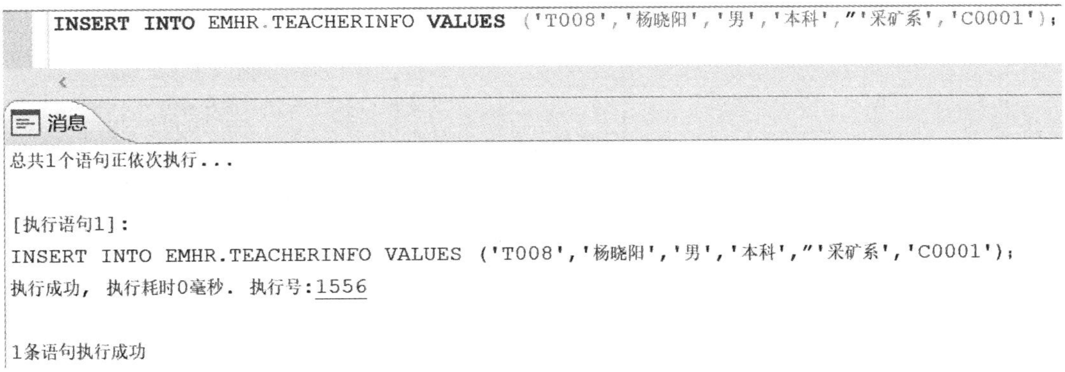

```
INSERT INTO EMHR.TEACHERINFO VALUES ('T008','杨晓阳','男','本科','"采矿系','C0001');
<
```

消息

总共1个语句正依次执行...

[执行语句1]：
INSERT INTO EMHR.TEACHERINFO VALUES ('T008','杨晓阳','男','本科','"采矿系','C0001');
执行成功，执行耗时0毫秒．执行号:1556

1条语句执行成功

图 4-6-10　插入教师信息

【任务回顾】

■ 知识点总结

在表中插入记录用 INSERT 语句，在表中修改记录用 UPDATE 语句，在表中删除记录用 DELETE 语句。

■ 思考与练习

1. 下列选项中用于删除数据的是 (　　)。

A. INSERT　　　　　　　　　　　B. SELECT

C. UPDATE　　　　　　　　　　　D. DELETE

2. 下面插入数据操作错误的是 (　　)。

A. INSERT 数据表名 VALUE(值列表)

B. INSERT INTO 数据表名 VALUES(值列表)

C. INSERT 数据表名 VALUES(值列表)

D. INSERT 数据表名 (值列表)

项 目 总 结

本项目主要介绍了对数据库中表的操作，包括查询、更新等内容，要灵活运用 SELETE 语句对数据库进行各种方式的查询。

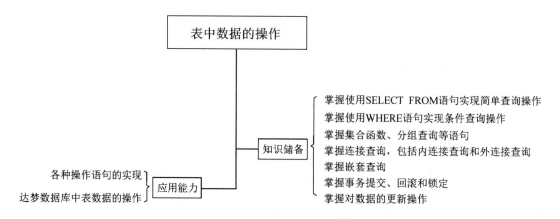

项 目 习 题

1.（多选题）以下（　　）关键字可用于 WHERE 子查询。

A. IN   B. ANY

C. EXISTS   D. ALL

2.（判断题）在多数据插入时，若一条数据插入失败，则整个插入语句都会失败。（　　）

3. 在 IN 子查询和比较子查询中，先执行 ＿＿＿＿ 层查询，再执行 ＿＿＿＿ 层查询。

4. 简述常用聚合函数的函数名称和功能。

5. 内连接、外连接有什么区别？左外连接、右外连接和全外连接有什么区别？

项目5 达梦数据库的对象管理

◎ 项目引入

花中成："小新，除了对数据库的基本操作外，你还需要具有数据库优化操作的能力。视图和索引可以提高数据的查询与处理能力，你可以了解一下视图、索引的作用以及创建、删除操作的基本语法。"

花小新："好的。"

◎ 知识图谱

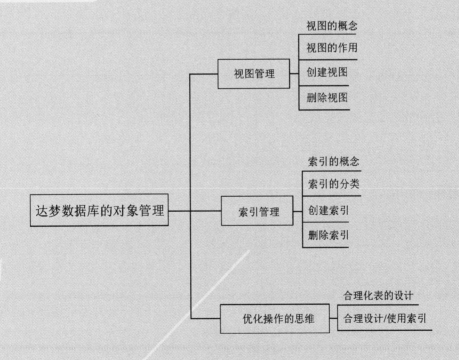

任务1　视图管理

【任务描述】

花小新："花工，什么时候会用到视图呢？"

花中成："当用户对数据库中的一张或者多张表的某些字段的组合感兴趣，而又不想每次键入这些查询时，用户就可以定义一个视图，以便解决这个问题。视图中列可以来自表里的不同列，这些列都是用户感兴趣的数据列。"

花小新："我明白了，谢谢花工。"

【知识学习】

视图概述

一、视图的概念

视图是关系数据库系统提供给用户以多种角度观察数据库中数据的重要机制，它简化了用户数据模型，提高了数据的逻辑独立性，实现了数据的共享和安全保密。

我们可以把视图看作从一个或多个数据表（或视图）中导出的表。它本身没有任何数据，即数据字典只用来存放视图的定义（由视图名和查询语句组成），而不存放对应的数据，这些数据仍存放在原来的数据表中。当对一个视图进行查询时，视图将查询其对应的数据表，并且将所查询的结果以视图所规定的格式和次序返回。如果数据表中的数据记录发生变化，则与该数据表有关的视图中的数据记录也会随之变化。

二、视图的作用

从用户的角度来讲，视图就像一个窗口，通过它可以看到一个数据库中用户感兴趣的数据。视图就是一个"虚表"，它不是真实存在的，视图中的数据全部来源于被其引用的数据表。在某些场合，如果只想让用户查询到数据表中的部分数据，这个时候就可以创建一个视图。视图的作用如下：

(1) 用户能通过不同的视图从多个角度观察同一数据。用户针对不同需要建立相应视图，可以从不同的角度来观察同一数据库中的数据。

(2) 方便查询操作。数据表之间的某些数据会经常用到，如果在不同的地方要经常查询这些数据记录，就需要多次使用 SELECT 语句重复查询这些信息，这样就给用户访问数据带来了不便。这时我们可以创建一个视图，将在数据表中经常用到的数据信息都放到这个视图中。这样每次用户在使用和查询这些数据时就可以直接通过视图查询，而不必再写复杂的 SELECT 语句，这种情况对于经常需要通过多表连接进行复杂查询更为适用。

(3) 提高数据访问的安全性。在实际开发过程中，有些时候并不希望开发人员或者用户对数据表中的所有记录都可以进行查询操作。例如，在员工信息表中，员工姓名、岗位名称等信息是可以让所有用户都知道的，而员工的工资和奖金等信息并不希望所有用户都知道。这时可以创建一个视图，将不希望所有用户看到的信息隐藏起来，这样用户查询视图时，关于员工的工资和奖金等信息是查询不到的。

(4) 为重构数据库提供了一定程度的逻辑独立性。在建立、调试和维护管理信息系统的过程中，用户需求的变化、信息量的增长等，经常会导致数据库的结构发生变化，如增加新的基表，或在已建好的基表中增加新的列，或需要将一个基表分解成两个子表等，这称为数据库重构。数据的逻辑独立性是指当数据库重构时对现有用户和用户程序不产生任何影响。

三、创建视图

1. 语法格式

创建视图的语法格式如下：

CREATE [OR REPLACE] VIEW[< 模式名 >.]< 视图名 >[(< 列名 > {,< 列名 >})]
AS < 查询说明 >[WITH [LOCAL | CASCADED]CHECK OPTION] | [WITH READ ONLY];
< 查询说明 >::=< 表查询 > | < 表连接 >
< 表查询 >::=< 子查询表达式 >[ORDER BY 子句]

2. 参数说明

(1)< 模式名 > 指明被创建的视图属于哪个模式，缺省为当前模式。

(2)< 视图名 > 指明被创建的视图的名称。

(3)< 列名 > 指明被创建的视图中列的名称。

(4)"WITH CHECK OPTION"选项用于可更新视图中，指明往该视图中 INSERT 或 UPDATE 数据时，插入行或更新行的数据必须满足视图定义中 < 查询说明 > 所指定的条件。如果不带该选项，则插入行或更新行的数据不必满足视图定义中 < 查询说明 > 所指定的条件。[LOCAL|CASCADED] 用于当前视图是根据另一个视图定义的情况。当通过视图向基表中 INSERT 或 UPDATE 数据时，[LOCAL|CASCADED] 决定了满足 CHECK 条件的范围。当指定 LOCAL 时，要求数据必须满足当前视图定义中 < 查询说明 > 所指定的条件；当指定 CASCADED 时，数据必须满足当前视图，以及所有相关视图定义中 < 查询说明 > 所指定的条件。MPP 系统下不支持该 WITH CHECK OPTION 操作。

(5)"WITH READ ONLY"指明该视图是只读视图，只可以查询，不可以做其他 DML 操作；如果不带该选项，则根据 DM 自身来判断视图是否可更新的规则来判断视图是否只读。

四、删除视图

1. 语法格式

删除视图的语法格式如下：

DROP VIEW [< 模式名 >.]< 视图名 > [RESTRICT | CASCADE];

2. 参数说明

(1)< 模式名 > 指明被删除视图所属的模式，缺省为当前模式。

(2)< 视图名 > 指明被删除视图的名称。

视图删除有两种方式：RESTRICT 方式和 CASCADE 方式。其中，RESTRICT 为缺省值。当用户进行删除视图的操作不成功时，就需要检查文件 dm.ini 中的参数 DROP_CASCADE_VIEW 的值是否为 1。如果是，则表示在该视图上建立有其他视图，此时必须使用 CASCADE 参数才可以删除所有建立在该视图上的视图。当设置文件 dm.ini 中的参数 DROP_CASCADE_VIEW 的值为 0 时，无论采用 RESTRICT 方式还是 CASCADE 方式都可以成功删除视图。

因为视图中并没有真正地存放数据，所以删除视图不会真正删除数据表中的数据，但是一个视图删除后，会影响到基于该视图的其他视图，所以只有一个视图不被其他对象依赖时才可以随意删除。

【任务实施】

一、创建基于单表的视图实例

创建视图

创建一个名为 VIEW_STUDENT 的视图，该视图用于获取 STUDENTINFO 表中"Sscore"列的值大于 90 的数据，操作步骤如下：

(1) 打开达梦管理工具，登录数据库 (本例中用户名和密码均为 SYSDBA)。

(2) 在 SQL 语句编辑区输入如下代码：

```
CREATE VIEW VIEW_STUDENT AS
SELECT * FROM "EMHR"."STUDENTINFO"
WHERE "Sscore" > 90;
```

输入完成后单击执行按钮 ▶，如在消息框中看到"1 条语句执行成功"字样，则表示视图已经创建，执行结果参见图 5-1-1。

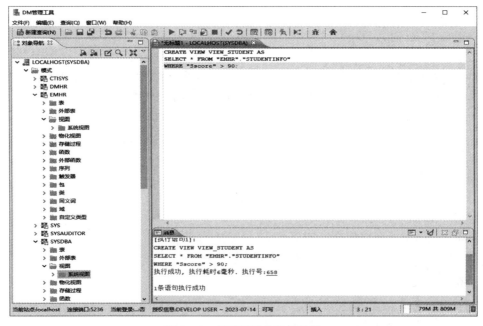

图 5-1-1　创建基于单表的视图

视图创建后，我们可以查询该视图，具体操作步骤如下：

在 SQL 语句编辑区输入如下代码：

```
SELECT * FROM VIEW_STUDENT;
```

输入完成后单击执行按钮 ▶，可在消息框中看到查询结果，执行结果参见图 5-1-2。

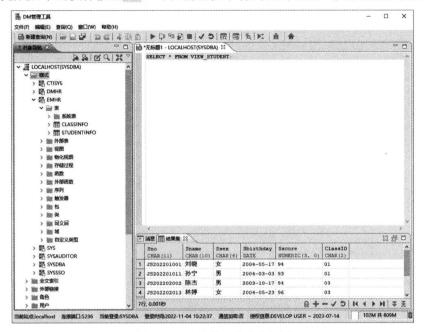

图 5-1-2　查询基于单表的视图

在本例中，是以 SYSDBA 登录的，所以创建视图语句时，需要注意在数据表的名称前加模式名 "EMHR" (STUDENTINFO 表创建于 EMHR 模式下)。

二、创建基于多表的视图实例

创建一个名为 VIEW_STUCLASS 的视图，该视图基于 STUDENTINFO 表和 CLASSINFO 表，用于获取学生的学号、姓名、班级名称和专业，其中 "ClassID" 列的值为 01。该实例的操作步骤如下：

(1) 打开达梦管理工具，登录数据库 (本例中用户名和密码均为 SYSDBA)。

(2) 在 SQL 语句编辑区输入如下代码：

```
CREATE VIEW VIEW_STUCLASS AS
SELECT
        "EMIIR"."STUDENTINFO"."Sno",
        "EMHR"."STUDENTINFO"."Sname",
        "EMHR"."CLASSINFO"."Classname",
        "EMHR"."CLASSINFO"."Department"
FROM
        "EMHR"."STUDENTINFO",
        "EMHR"."CLASSINFO"
```

```
WHERE
        "EMHR"."STUDENTINFO"."ClassID" = 01
    AND "EMHR"."CLASSINFO"."ClassID" = 01 ;
```

输入完成后单击执行按钮 ▶ ，如在消息框中看到"1 条语句执行成功"字样，则表示视图已经创建，执行结果如图 5-1-3 所示。

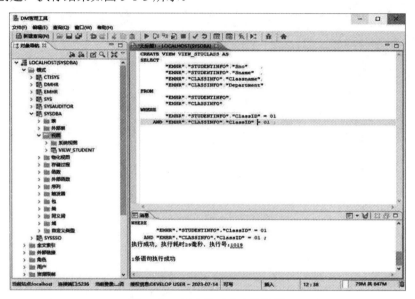

图 5-1-3　创建基于多表的视图

视图创建后，我们可以查询该视图，具体操作步骤如下：

在 SQL 语句编辑区输入如下代码：

```
SELECT * FROM VIEW_STUCLASS;
```

输入完成后单击执行按钮 ▶ ，可在消息框中看到查询结果，执行结果如图 5-1-4 所示。

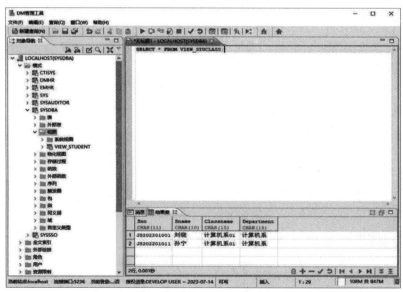

图 5-1-4　查询基于多表的视图

三、删除视图实例

删除 VIEW_STUCLASS 视图的操作步骤如下：

(1) 打开达梦管理工具，登录数据库 (本例中用户名和密码均为 SYSDBA)。

删除视图

(2) 在 SQL 语句编辑区输入如下代码：

```
DROP VIEW VIEW_STUCLASS;
```

输入完成后单击执行按钮 ▶，可在消息框中看到执行结果。执行结果如图 5-1-5 所示。

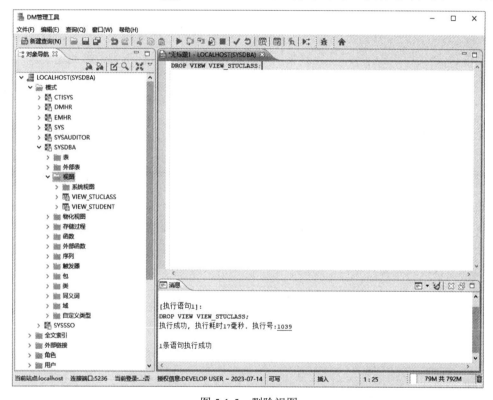

图 5-1-5　删除视图

【任务回顾】

■ 知识点总结

1. 视图是基于 SQL 语句的结果集的可视化的表，视图中的字段就是来自一个或多个数据库中的真实的表中的字段。

2. 使用视图的原因有两个：一是隐藏一些数据，二是使复杂的查询易于理解和使用。

3. 当对通过视图看到的数据进行修改时，相应的数据表的数据也要发生变化；若数据表的数据发生变化，则这种变化也可以自动地反映到相应的视图中。

■ 思考与练习

1. 请简述视图具有哪些优点。

2. 在数据库中如何创建一个视图？

任务2　索引管理

【任务描述】

花小新："花工，您上次提到索引，索引的作用是什么呀？"

花中成："在进行数据查询时，如果数据库系统中的数据量庞大，我们可以采用一种类似图书目录作用的索引技术。设置索引后，可以大大加快我们查询数据的速度。"

花小新："哦，这样啊，我现在去试试。"

【知识学习】

索引概述

一、索引的概念

在关系数据库中，索引是一种单独的、物理的、对数据库中一列或多列的值进行排序的存储结构，它是某一个表中一列或若干列的集合。简单地说，索引就是一个排好序的数据结构，它相当于一本书的目录，我们可以根据目录中的页码快速检索并定位到要查找的内容；同样，使用索引可快速访问数据库表中的特定信息。

二、索引的分类

可以从不同的角度对索引分类，下面分别进行介绍。

1. 从物理存储的角度分类

从物理存储的角度进行分类，索引可分为聚集索引和非聚集索引。

(1) 聚集索引（又称为一级索引、主索引）：在达梦数据库中，聚集索引是一个重要的概念，它是指数据库表行中数据的物理顺序与键值的逻辑（索引）顺序相同的一种索引类型。在聚集索引中，表数据直接存储在 B 树的叶子节点上，通过聚集索引可以快速地定位到表中的数据。每一个表有且只有一个聚集索引，聚集索引决定了表中数据的物理存储顺序。

(2) 非聚集索引（又称为二级索引、辅助索引）：是指将索引与数据分开存储的一种方式。非聚集索引不改变表中数据的物理存储顺序，而是单独创建一张索引表，用于存储索引列和对应行的指针。每一个表可以有多个非聚集索引，因为非聚集索引不影响数据的物理存储顺序。

2. 从索引功能的角度分类

从索引功能角度来分，索引可分为唯一索引、函数索引、位图索引、位图连接索引、全文索引、空间索引、数组索引和普通索引。

(1) 唯一索引：一种特殊的索引类型，它是指数据库表中一列或多列的组合，这些列的值在表中必须是唯一的。唯一索引不仅保证了表中数据的唯一性，还可以提高查询效率。另外，它还防止了重复数据的插入，确保了数据的准确性和可靠性。

(2) 函数索引：基于某个函数或表达式的结果创建的索引。它预先计算并存储函数或表达式的值，从而加快对这些值的查询速度。

(3) 位图索引：一种针对低基数 (不同的值很少) 列的特殊索引类型。它使用位图数据结构来存储索引信息，并可以显著提高涉及多个唯一值的查询性能。

(4) 位图连接索引：一种用于优化多表连接查询性能的特殊索引类型。它通过结合位图索引和连接查询的特点，可以显著提高多表连接查询的效率和性能。

(5) 全文索引：一种用于文本数据搜索的特殊索引类型。它通过对文本数据进行分词和词频统计，建立一个包含词汇及其出现位置的索引结构，从而提高文本搜索的效率和速度。

(6) 空间索引：一种用于处理空间数据类型的特殊索引类型。它通过特定的数据结构和空间查询操作符，提高了空间查询的效率和性能。

(7) 数组索引：在一个只包含单个数组成员的对象列上创建的索引。

(8) 普通索引：除了唯一索引、函数索引、位图索引、位图连接索引、全文索引、空间索引、数组索引以外的索引。

3. 从虚实的角度来分类

从虚实角度来分，索引可分为虚索引和实索引。

(1) 虚索引：创建 PRIMARY KEY 主键约束或 UNIQUE 唯一约束时，系统自动创建的相关的唯一索引。因为不需要用户创建，所以称为虚索引。

(2) 实索引：虚索引以外的索引。

4. 从索引键值个数的角度分类

按索引键值的个数进行分类，索引可分为单列索引和复合索引。

(1) 单列索引：只有一个索引键的索引。

(2) 复合索引：含有多个索引键的索引。

5. 从分区的角度分类

从分区的角度来分，索引可分为全局索引和局部索引。全局索引和局部索引均为二级索引，专门用于水平分区表中。

(1) 全局索引：以整张表的数据为对象而建立的索引。

(2) 局部索引：在分区表的每个分区上创建的索引。

三、创建索引

若想在一个已经存在的数据表上创建索引，可以使用 CREATE INDEX 语句，其基本语法格式如下：

> CREATE [UNIQUE | FULLTEXT | SPATIAL | CLUSTER | BITMAP] INDEX 索引名
>
> ON 数据表名（字段列表）;

上述语法格式中，各选项的含义如下所示。

(1) 索引名是为创建的索引定义的名称，不使用该选项时，默认使用建立索引的字段表示，复合索引则使用第一个字段的名称作为索引名称。

(2) UNIQUE 表示唯一索引，FULLTEXT 表示全文索引，SPATIAL 表示空间索引，CLUSTER 表示聚集索引，BITMAP 表示位图索引。

需要注意的是，要在用户自己的模式中创建索引，至少要满足如下条件之一：

(1) 要被索引的表在用户自己的模式中。

(2) 在要被索引的表上有 CREATE INDEX 权限。

(3) 具有 CREATE ANY INDEX 数据库权限。

要在其他模式中创建索引，用户必须具有 CREATE ANY INDEX 数据库权限。

四、删除索引

因为索引会占用一定的磁盘空间，所以为了避免影响数据库的性能，应该及时删除不再使用的索引。如果要删除索引，则该索引必须包含在用户的模式中或用户必须具有 DROP ANY INDEX 数据库权限。索引删除之后，该索引的段的所有簇都返回包含它的表空间，并可用于表空间中的其他对象。

删除索引不会删除表中的任何数据，也不会改变表的使用方式，只会影响对表中数据的查询速度。其基本语法格式如下：

> DROP INDEX [< 模式名 >.]< 索引名 >;

【任务实施】

一、创建索引

(1) 在 STUDENTINFO 表的 Sname 列上创建一个普通索引 index_sname，操作步骤如下：

① 打开达梦管理工具，登录数据库 (本例中用户名和密码均为 SYSDBA)。

② 在 SQL 语句编辑区输入如下代码：

> CREATE INDEX index_sname ON "EMHR"."STUDENTINFO"("Sname");

创建普通索引

输入完成后单击执行按钮 ▶，如在消息框中看到"1 条语句执行成功"字样，则表示索引已经创建，执行结果如图 5-2-1 所示。

(2) 为 STUDENTINFO 表的 Sno 列和 Sname 列建立唯一索引，索引名称为 index_stu，操作步骤如下：

① 打开达梦管理工具，登录数据库 (本例中用户名和密码均为 SYSDBA)。

② 在 SQL 语句编辑区输入如下代码：

> CREATE UNIQUE INDEX index_stu
>
> ON "EMHR"."STUDENTINFO"("Sno", "Sname");

执行结果如图 5-2-2 所示。

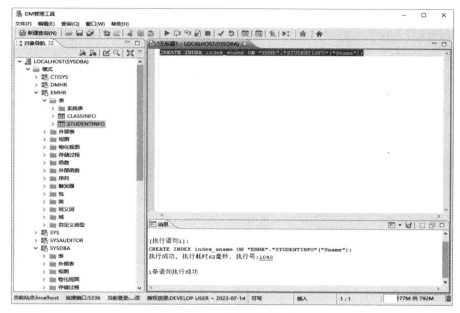

图 5-2-1　创建普通索引

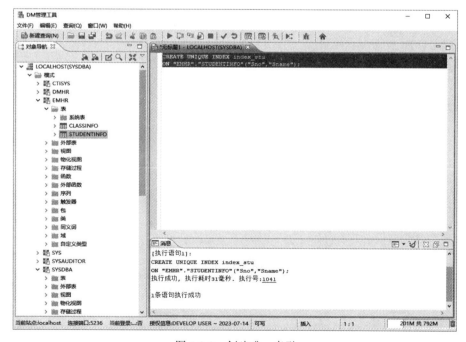

图 5-2-2　创建唯一索引

(3) 为 STUDENTINFO 表的 ClassID 列建立位图索引，索引名称为 index_StuID，操作步骤如下：

① 打开达梦管理工具，登录数据库 (本例中用户名和密码均为 SYSDBA)。

② 在 SQL 语句编辑区输入如下代码：

```
CREATE BITMAP INDEX index_StuID ON "EMHR"."STUDENTINFO"("ClassID");
```

位图索引主要针对含有大量相同值的列而创建。位图索引被广泛运用到数据仓库中，其创建方式和普通索引一致。对低基数的列创建位图索引，能够有效提高基于该列的查询效率，且当执行查询语句的 WHERE 子句中带有 AND 和 OR 谓词时，效率提升更加明显。例如，输入如下 SQL 语句：

SELECT "Sno", "Sname", "Ssex", "Sscore" FROM "EMHR"."STUDENTINFO"
WHERE "ClassID" = 01;

本案例的执行结果如图 5-2-3 和图 5-2-4 所示。

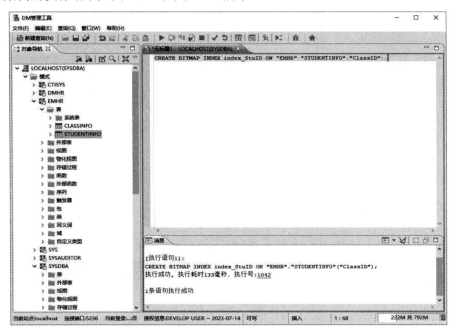

图 5-2-3　创建位图索引

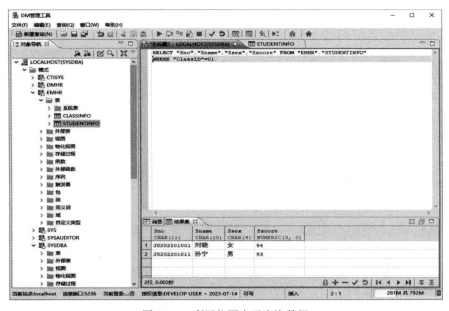

图 5-2-4　利用位图索引查询数据

二、删除索引

删除在 STUDENTINFO 表上的普通索引 index_sname，操作步骤如下：

(1) 打开达梦管理工具，登录数据库 (本例中用户名和密码均为 SYSDBA)。

删除索引

(2) 在 SQL 语句编辑区输入如下代码：

```
DROP INDEX "EMHR".index_sname;
```

执行结果如图 5-2-5 所示。

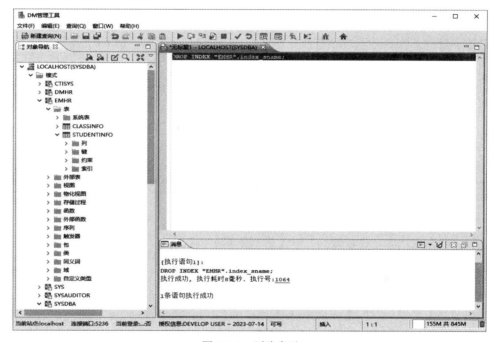

图 5-2-5　删除索引

【任务回顾】

■ 知识点总结

1. 索引是对数据库中一列或多列的值进行排序的一种结构。

2. 建立索引的目的是加快对表中记录的查找或排序。

3. 从索引功能角度来分，索引可分为唯一索引、函数索引、位图索引、位图连接索引、全文索引、空间索引、数组索引、普通索引。

4. 为表设置索引会增加数据库的存储空间，同时在插入和修改数据时要花费较多的时间 (因为索引也要随之变动)。

■ 思考与练习

1. 什么是索引？

2. 设置索引有哪些优缺点？

任务 3　优化操作的思维

⚙ 【任务描述】

花中成："对于数据库开发人员来说，经常会和数据打交道，所以数据库的优化很重要，下面我给大家介绍一下数据库优化操作的一些思维。"

⚙ 【知识学习】

随着应用程序的运行，系统规模不断增大，数据库中的数据越来越多，数据量和并发量也越来越大。系统的吞吐量瓶颈往往出现在数据库的访问速度上，此时处理时间会相应变慢，因此，数据库操作层面的优化就成了一个不可或缺的任务。

一、合理化表的设计

数据表的设计要遵循三范式原则：表的字段属性具有原子性，不可再分解（第一范式）；数据表中的记录有唯一标识，即实体的唯一性（第二范式）；数据表中的任何字段不能由其他字段派生出来，字段没有冗余（第三范式）。

二、合理设计 / 使用索引

索引是从数据库中获取数据的最高效的方式之一。95% 的数据库性能问题可以采用索引技术得到解决。在创建索引时，要注意以下几点：

(1) 对于包含数据较少的数据表而言，扫描表的成本并不高，所以一般不需要索引数据量不大的表。

(2) 因为创建索引需要额外的磁盘空间，所以不要设置过多索引。索引过多一是会消耗更大的磁盘空间，二是在修改数据时对索引的维护也是特别消耗性能的。

(3) 定义为主键和外键的数据列一定要建立索引，对于经常查询的数据列最好建立索引；但是对于那些查询中很少涉及的列、重复值比较多的列，则不需要建立索引。

(4) 经常用在 WHERE 子句中的数据列和经常出现在关键字 order by、group by、distinct 后面的字段，一般需要建立索引。

(5) 对于复合索引，索引的字段顺序要和这些关键字后面的字段顺序一致，否则索引不会被使用。只有复合索引的第一个字段出现在查询条件中，该索引才可能被使用，因此将应用频度高的字段放置在复合索引的前面，会使系统最大可能地使用此索引，发挥索引的作用。

思政融入

勇于面对问题

　　在应用程序不断运转、系统规模逐渐扩大的过程中，数据库中累积的数据愈发丰富，数据量与并发请求亦在稳步提升。然而，数据库的访问速度却时常成为系统吞吐量的制约因素，使得处理时间逐渐拉长。因此，优化数据库操作层面显得尤为关键，它成为提升系统性能的核心所在。随着年龄的增长，我们会面对来自学习、交友、择业就职、生活等方面的压力，这个时候我们也要学会"优化"，寻找造成压力的源头，学习自我调节压力，不要逃避，要勇于面对问题。

【任务实施】

　　我们可以在此案例中比较创建索引前后查询语句的执行速度。例如，查询 STUDENTINFO 表中 ClassID 为"01"的学生的学号、姓名、性别与成绩，在未建立索引之前，我们看到查询结果的执行的耗时为 2 毫秒，如图 5-3-1 所示。

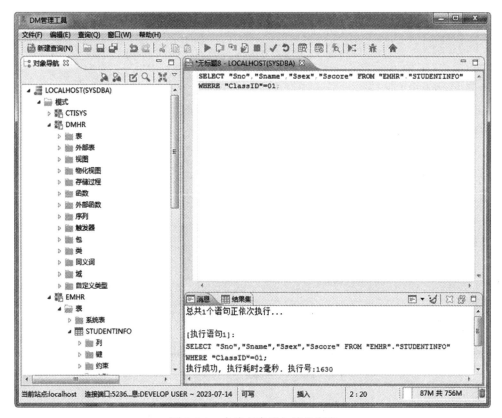

图 5-3-1　未建立索引之前的查询

　　在为 ClassID 列建立名为 index_StuID 的位图索引之后，我们看到查询结果的执行耗时为 1 毫秒，如图 5-3-2 所示。由此可以看到，索引是可以提高查询语句的执行速度的。

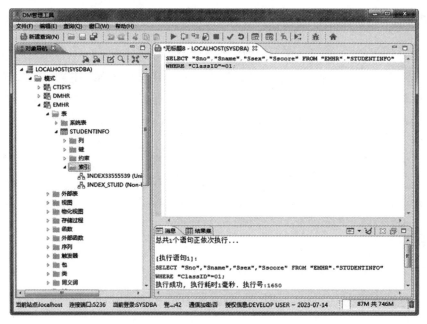

图 5-3-2　建立索引之后的查询

【任务回顾】

■ 知识点总结

1. 虽然索引大大提高了查询速度，但会降低更新表的速度，因为更新数据表时不仅要保存数据，还要保存索引文件。

2. 索引只是提高效率的一个因素，如果数据库中含有大数据量的表，就需要花时间研究并建立最优秀的索引，或者优化查询语句。

■ 思考与练习

1. 设计数据表需要遵循哪些规则？

2. 建立索引的原则有哪些？

项 目 总 结

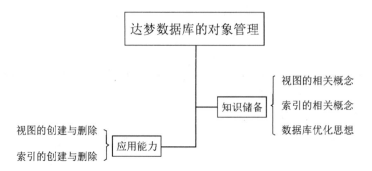

项 目 习 题

1. (选择题) 下列选项中，关于视图的优点的描述错误的是 (　　)。

A. 实现了数据的逻辑独立性　　　　B. 提高了安全性

C. 简化了查询语句　　　　　　　　D. 表结构发生变化会影响视图的查询结果

2. (选择题) 下列选项可删除视图 V1 的是 (　　)。

A. CREATE VIEW V1　　　　　　B. ALTER VIEW V1

C. DELETE VIEW V1　　　　　　　D. DROP VIEW V1

3. (选择题) 下列 (　　) 属于不应该建立索引的字段。

A. WHERE 子句中出现频繁的字段

B. 最大值或最小值常被查询的字段

C. 唯一值个数很少的字段

D. 经常在 SQL 语句中作为多个表间连接出现的字段

4. (判断题) 视图是由基本表或其他视图导出的表，因此它对应实际存储的数据。(　　)

5. 使用 _____ 命令来创建一个索引。

6. 请简述视图和表的区别。

项目6 达梦数据库的安全管理

○ **项目引入**

    花中成："由于数据库存储着大量的重要信息和机密数据，而且在数据库系统中大量数据集中存放，供多用户共享，因此，必须加强对数据库访问的控制和数据安全防护，以确保数据的完整性、保密性、可用性、可控性和可审查性。为了保护存储在达梦数据库中的教务管理系统数据的机密性、完整性和可用性，可以采用用户管理、权限设置、角色管理、数据库审计等安全功能和技术手段，以防止对教务管理系统数据的非授权泄露、修改和破坏，并保证被授权用户能按其授权范围访问所需要的数据，满足各类型用户在安全管理方面不同层次的需求。小新，你今天就跟着我学习一下达梦数据库的安全管理吧！"

    花小新："好的。"

○ **知识图谱**

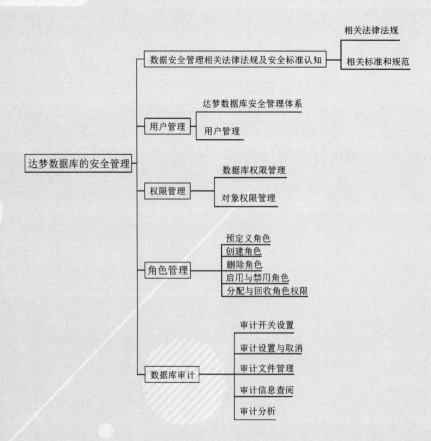

任务 1　数据安全管理相关法律法规及安全标准认知

【任务描述】

花中成："你可以学习一下《中华人民共和国数据安全法》《信息安全技术》等数据安全标准规范，了解开展数据处理活动的遵守准则，掌握开展数据处理活动遵照的技术规范。"

花小新："好的，没问题。"

【知识学习】

相关法律法规

一、相关法律法规

为保障网络安全，规范数据处理活动，保障数据安全，促进数据开发利用，保护个人、组织的合法权益，维护国家主权、安全和发展利益，国家先后出台了《中华人民共和国网络安全法》《中华人民共和国数据安全法》《网络安全审查办法》等法律法规，对网络行为、数据处理活动等进行规范，共同构成我国信息安全的法律框架。

1.《中华人民共和国网络安全法》

《中华人民共和国网络安全法》是为保障网络安全，维护网络空间主权和国家安全、社会公共利益，保护公民、法人和其他组织的合法权益，促进经济社会信息化健康发展而制定，由全国人民代表大会常务委员会于 2016 年 11 月 7 日发布，自 2017 年 6 月 1 日起施行。

《中华人民共和国网络安全法》有以下几个方面值得特别关注：一是确定网络空间主权原则、网络安全与信息化发展并重原则、网络空间安全共同治理原则；二是提出制定网络安全战略，明确网络空间治理目标，提高了我国网络安全政策的透明度；三是明确了网信部门与其他相关网络监管部门的职责分工，完善了网络安全监管体制；四是强化了网络运行安全，重点保护关键信息基础设施；五是完善了网络安全义务和责任，加大了违法惩处力度；六是将监测预警与应急处置措施制度化、法治化。

2.《中华人民共和国数据安全法》

《中华人民共和国数据安全法》于 2021 年 6 月 10 日第十三届全国人民代表大会常务委员会第二十九次会议通过，并于 2021 年 9 月 1 日起正式实施。

《中华人民共和国数据安全法》作为我国第一部专门规定"数据"安全的法律，明确了对"数据"的规制原则。一是明确将数据安全上升到国家安全范畴，明确"维护数据安全，应当坚持总体国家安全观"，并将"维护国家主权、安全和发展利益"写入立法目的条款中；二是建立重要数据和数据分级分类管理制度，"根据数据在经济社会发展中的重要程度，以及一旦遭到篡改、破坏、泄露或者非法获取、非法利用，对国家安全、公共利益或者个人、组织合法权益造成的危害程度，对数据实行分类分级保护"；三是完善数据出境风险管理；四是明确规定数据安全保护义务，建立健全全流程数据安全管理制度，组织开展教育培训。重要数据的处理者应当明确数据安全负责人和管理机构，进一步落实数据安全保护责任主体。对出现缺陷、漏洞等风险，要采取补救措施；发生数据安全事件，应当立即采取处置措施，并按规定上报。并要求企业定期开展风险评估并上报风评报告。针对数据服务商或交易机构，要求其提供并说明数据来源证据，要审核相关人员身份并留存记录。数据服务经营者应当取得行政许可的，服务提供者应当依法取得许可。《中华人民共和国数据安全法》还明确要求企业依法配合公安、安全等部门进行犯罪调查。境外执法机构要调取存储在中国的数据，未经批准，不得提供。

3.《网络安全审查办法》

《网络安全审查办法》于 2021 年 11 月 16 日经国家互联网信息办公室 2021 年第 20 次室务会议审议通过，自 2022 年 2 月 15 日起施行。

《网络安全审查办法》将网络平台运营者开展数据处理活动影响或可能影响国家安全等情形纳入网络安全审查，《网络安全审查办法》第十条明确规定，对网络平台运营者赴国外上市审查时，重点评估企业上市可能带来的核心数据、重要数据或者大量个人信息被窃取、泄露、毁损以及非法利用、非法出境的风险；关键信息基础设施、核心数据、重要数据或者大量个人信息被外国政府影响、控制、恶意利用的风险，以及网络信息安全风险等因素。

二、相关标准和规范

为了指导数据处理活动，相关部门制定了 100 余项技术标准和规范，主要涉及数据技术、安全技术、安全管理和重点领域等，下面列出一些涉及数据安全的技术标准和规范：

相关标准和规范

1. 信息系统风险评估

《信息安全技术 信息安全风险评估方法》(GB/T 20984—2022)。

《信息安全技术 信息安全风险评估实施指南》(GB/T 31509—2015)。

《信息安全技术 信息安全风险处理实施指南》(GB/T 33132—2016)。

2. 信息系统安全工程

《信息安全技术 信息系统通用安全技术要求》(GB/T 20271—2006)。

《信息安全技术 系统安全工程能力成熟度模型》(GB/T 20261—2020)。

3. 信息系统风险管理

《信息安全技术 信息安全风险管理实施指南》(GB/Z 24364—2023)。

《信息技术 安全技术 信息安全治理》(GB/T 32923—2016)。

4. 信息安全管理体系

《信息技术 安全技术 信息安全管理体系 要求》(GB/T 22080—2016)。

《信息技术 安全技术 信息安全管理实用规则》(GB/T 22081—2008)。

《信息安全技术 信息安全控制评估指南》(GB/Z 32916—2023)。

《信息技术 安全技术 信息安全管理体系审核和认证机构要求》(GB/T 25067—2020)。

《信息技术 安全技术 信息安全控制实践指南》(GB/T 22081—2016)。

《信息安全技术 信息系统安全管理评估要求》(GB/T 28453—2012)。

5. 信息系统等级保护测评

《计算机信息系统 安全保护等级划分准则》(GB/T 17859—1999)。

《信息安全技术 网络安全等级保护基本要求》(GB/T 22239—2019)。

《信息安全技术 网络安全等级保护实施指南》(GB/T 25058—2019)。

《信息安全技术 网络安全等级保护安全设计技术要求》(GB/T 25070—2019)。

《信息安全技术 网络安全等级保护测评要求》(GB/T 28448—2019)。

《信息安全技术 网络安全等级保护测评过程指南》(GB/T 28449—2018)。

《信息安全技术 网络安全等级保护定级指南》(GB/T 22240—2020)。

《信息安全技术 网络安全等级保护测试评估技术指南》(GB/T 36627—2018)。

《信息安全技术 网络安全等级保护测评机构能力要求和评估规范》(GB/T 36959—2018)。

6. 安全保障评估

《信息安全技术 信息系统安全保障评估框架 第 1 部分：简介和一般模型》(GB/T 20274.1—2023)。

《信息安全技术 信息系统安全保障评估框架 第 2 部分：技术保障》(GB/T 20274.2—2008)。

《信息安全技术 信息系统安全保障评估框架 第 3 部分：管理保障》(GB/T 20274.3—2008)。

《信息安全技术 信息系统安全保障评估框架 第 4 部分：工程保障》(GB/T 20274.4—2008)。

7. 应急响应

《信息安全技术 信息安全应急响应计划规范》(GB/T 24363—2009)。

《信息技术 安全技术 信息安全事件管理 第 2 部分：事件响应规划和准备指南》(GB/T 20985.2—2020)。

《信息安全技术 网络安全事件分类分级指南》(GB/T 20986—2023)。

8. 数据安全

《数据安全技术 大数据服务安全能力要求》(GB/T 35274—2023)。

《信息安全技术 数据安全能力成熟度模型》(GB/T 37988—2019)。

《信息安全技术 大数据安全管理指南》(GB/T 37973—2019)。

《数据管理能力成熟度评估模型》(GB/T 36073—2018)。

9. 业务连续性 / 灾难恢复

《安全与韧性 业务连续性管理体系 要求》(GB/T 30146—2023)。

《信息安全技术 信息系统灾难恢复规范》(GB/T 20988—2007)。

《信息安全技术 灾难恢复服务能力评估准则》(GB/T 37046—2018)。

《信息安全技术 灾难恢复服务要求》(GB/T 36957—2018)。

了解数据安全管理相关法律法规及安全标准，有利于我们规范数据处理活动，建立数据安全意识，为保障数据安全贡献自己一份力量。

数据库安全
管理规范实例

一、目的

为保障数据的保密性、完整性、可用性，规范操作和管理行为，降低数据安全风险，实现教务管理系统数据中心安全管理，制定本规范。

二、适用范围

本规范中所定义的数据管理内容，特指存放在信息系统数据库中的各类非涉密数据，涉密数据库应按照国家保密部门的相关规定和标准进行管理。

本规范适用于非涉密信息系统数据库建设与运维，旨在明确数据库管理员 (DBA) 的工作职责及数据库系统中的安全配置项及运行维护要求，指导数据库系统的安装、配置及日常管理，提高数据的安全水平。

三、数据库管理员职责

数据库管理员职责：负责数据库配置、账户、监控、备份、日志等数据库全生命周期的运行维护管理。主要职责包括：

(1) 配置管理：负责数据库的安装 (升级、卸载)、服务启停、数据空间管理、数据迁移、版本控制，通过对数据库进行合理配置、测试、调整，对所有数据库系统的配置进行可用性、可靠性、性能以及安全检查。

(2) 账户管理：建立、删除、修改数据库账户。在数据库安全员授权下，对数据库的账户及其口令进行变更。

(3) 运行监控：监测数据库运行状况，及时处理解决运行过程中的问题，负责数据库调优，定期编制数据库运行报告。

(4) 数据备份管理：定期对数据进行备份和恢复测试。

(5) 日志管理：负责数据库日志的设置、检查和分析 (如数据库故障事件记录情况、数据库资源增长超限情况、违规使用应用系统账户、大量无效 SQL 语句等)。

(6) 应急处理：对发生的数据库故障，开展数据分析和数据恢复，并调查数据故障事件发生原因。

四、数据库安全员职责

数据库安全员负责制订数据库安全策略，进行日常安全巡查、日志分析和权限管理。主要职责包括：

(1) 日常检查：定期查看数据库配置，检查数据库常见的安全问题，如账户权限过大、口令过期等，并将安全问题提交相关人员，负责检查核实处理结果。

(2) 安全策略设置：设置 IP、时间、应用等访问权限，确定设置敏感数据和数据访问策略。

(3) 账户授权：对数据库管理员创建的数据库账户进行访问授权。

(4) 检查分析违规安全事件和行为。

五、数据库审计员职责

数据库审计员负责对数据库管理员、数据库安全员的操作行为进行审计、跟踪、分析和监督检查，及时发现违规行为和异常行为，进行数据库日志和审计日志分析、安全事件的分析和取证。主要职责包括：

(1) 变更审核：对数据库管理员、数据库安全员制订和更改数据库的安全策略、账户权限以及参数设置等进行审核和监督，定期检查操作记录。

(2) 日志审计：对数据库管理员、数据库安全员的认证登录审计，对数据库的关键配置变更审计 (包括增 / 删账户和授权，数据库的删除、复制、卸载，数据库对象的增加、编辑和删除等)，并定期编制安全审计报告。

(3) 日志管理：对审计后的日志进行定期清除。

六、安全管理

1. 环境安全

(1) 云服务器应安置在可信的云服务商处，组织自用数据库服务器应置于单独的服务器区域，区域遵照相关标准建设，保障这些数据库服务器的物理访问均受到有效控制。

(2) 数据库服务器所在的服务器区域边界部署防火墙、入侵检测等相关设施。

2. 服务器安全

(1) 数据库服务器除提供数据访问服务外，不提供任何其他服务，如 Web、FTP 等。

(2) 数据库专用账户，赋予账户除运行数据库服务之外的最小权限，SA 或是 SYSDBA 等权限不对外开放。

(3) 文件访问权限控制，非管理员不能访问数据库服务器上任何目录，如禁止用户访问脚本存放目录。

(4) 操作系统升级，跟踪厂商发布的操作系统补丁情况，涉及安全漏洞的补丁应及时升级，非安全补丁可以统筹考虑。

3. 数据库安全

(1) 使用正版数据库系统，及时升级数据库补丁，并在每次升级前做好数据库备份。

(2) 正式生产数据库系统与开发测试数据库系统物理隔离，保持两个系统配置环境一致性。

(3) 保持数据库冗余设计。

(4) 依据数据需要设置数据库保密措施。

4. 账户管理

(1) 规划设置数据库管理员、数据库审计员、数据库安全员角色，并设置相关用户，基于最小化赋权原则进行授权。

(2) 根据业务需要的权限设置应用系统访问账号，便于用户隔离、区分责任，提高系统的安全性。

(3) 账户口令应为无意义的字符组，长度至少八位，并且至少包括数字、英文字母两类字符。可设置相应的策略强制复杂的口令，数据库管理系统的密码策略需根据业务系统需要进行设置和调整，以确保口令安全健壮。

5.访问控制

(1) 在防火墙或其他访问隔离设施上控制从互联网到数据库系统的直接访问。

(2) 修改数据库系统默认监听端口，应用程序的数据库连接字符串中不能出现数据库账户口令明文。

(3) 禁止未授权的数据库系统远程管理访问，对于已经批准的远程管理访问，应采取安全措施增强远程管理访问安全。

七、备份与恢复

1.统筹建设灾难备份系统

制订灾难恢复预案，搭建测试环境，定期进行灾难恢复演练，确保数据安全和核心应用系统连续运行。

2.建立数据备份机制

(1) 设置数据备份岗位，加强对各类数据存储和备份的管理，保障应用系统的正常运行，保存完整的历史数据。

(2) 根据数据存储需要，数据备份采取在线存储与脱机介质两种形式进行，也可同时使用两种方式。

(3) 根据应用系统（数据）的特性和安全保护等级，设置备份周期和备份策略。在数据库补丁安装、版本升级、配置变更或数据有较大变动前，必须先行备份。

(4) 重要应用系统要实现数据每日增量、每周全量备份，建立异地应用级灾备系统，备份介质异地存放，其他应用系统数据按需备份。

3.备份文件保管

(1) 编目存放和管理：备份文件应存放在非本机磁盘的其他介质中，备份文件存储介质放置地点应防盗、防火、防潮、防尘、防磁，保证温度、湿度在规定范围内。

(2) 备份文件存储介质要严格管理、严格保密，不得外借，备份介质应能防止信息拷贝泄露。

(3) 备份数据应严格保证其真实性、完整性，不得更改，备份存储介质应在删除数据后及时销毁。

4.数据恢复

(1) 备份数据需要进行定期校验、检查，保障备份文件的可用性。

(2) 需要定期进行备份数据恢复演练，演练必须覆盖所有数据。

(3) 建立数据恢复文档，便于数据事件安全事件发生时快速恢复数据。

(4) 数据恢复后，要进行事件分析，查找原因，完善备份恢复策略。

⚙ 【任务回顾】

■ 知识点总结

1. 开展数据处理活动遵守的准则包括《中华人民共和国网络安全法》《中华人民共和国数据安全法》《网络安全审查办法》等法律，以及涉及数据技术、安全技术、安全管理和重点领域等的技术标准和规范。

2. 数据库安全管理的内容包括数据环境安全、服务器安全、数据库安全、账户管理、访问控制、数据备份与恢复。

■ 思考与练习

1. 开展数据处理活动应遵守哪些法律法规？

2. 制订数据库安全管理规范应包含哪些方面的内容？

任务 2 用 户 管 理

⚙ 【任务描述】

花小新：“花工，为什么要创建用户呀？”

花中成：“教务系统管理员、教师、学生要访问教务管理系统数据库，首先必须拥有连接达梦数据库服务器的用户名和口令。登录到服务器后，达梦数据库允许管理员、教师、学生在其权限内使用教务管理系统数据库资源。你可以自己尝试着创建用户，设置用户的口令策略以及用户身份验证模式，让不同用户能够使用教务管理系统资源并进行相应操作。”

花小新：“好的，明白了。”

⚙ 【知识学习】

一、达梦数据库安全管理体系

达梦数据库安全措施非常严密，提供了包括用户标识与鉴别、自主与强制访问控制、通信与存储加密、审计等丰富的安全功能，且各安全功能都可以进行配置，满足各类型用户在安全管理方面不同层次的需求。

达梦数据库的安全管理功能体系结构如图 6-2-1 所示。

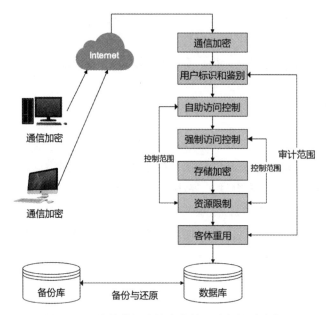

图 6-2-1   达梦数据库的安全管理功能体系结构

从图 6-2-1 可以看出，达梦数据库的安全管理功能非常完善。各安全功能的简介如表 6-2-1 所示。

表 6-2-1   达梦数据库安全管理功能表

安全功能	安全功能说明
用户标识与鉴别	可以通过登录账户区别各用户，并通过口令方式防止用户被冒充
自主访问控制	通过权限管理，使用户只能访问自己权限内的数据对象
强制访问控制	通过安全标记，使用户只能访问与自己安全级别相符的数据对象
审计	审计人员可以查看所有用户的操作记录，为明确事故责任提供证据支持
通信、存储加密	用户可以自主地将数据以密文的形式存储在数据库中，也可以对在网络上传输的数据进行加密
加密引擎	用户可以用自定义的加密算法来加密自己的核心数据
资源限制	可以对网络资源和磁盘资源进行配额设置，防止恶意资源抢占
客体重用	实现了内存与磁盘空间的释放清理，防止信息数据的泄露

二、用户管理

达梦数据库安全管理系统结构中用户标识与鉴别功能，就是通过登录账户区别各用户，并通过口令方式防止用户被冒充。

达梦数据库用户管理是其安全管理的核心和基础，当用户连接达梦数据库时，需要进行标识与鉴别，对试图登录数据库的用户进行身份验证，以确认此用户是否能与某一数据库用户进行关联，并根据关联的数据库用户的权限对此用户在数据库中的数据访问活动进行安全控制。

达梦数据库用户包括数据库的管理者和使用者，达梦数据库通过设置用户及其安全参数来控制对数据库的访问和操作。

1. 达梦数据库初始用户

达梦数据库在创建数据库时会自动创建一些用户，如 DBA、SSO、AUDITOR 等，这些用户用于数据库的管理。

1) 数据库管理员

每个数据库至少需要一个数据库管理员 (DBA) 来管理，DBA 可以是一个人，也可以是一个团队。在不同的数据库系统中，数据库管理员的职责可能也会有较大的区别。达梦数据库初始化时创建的数据库管理员为 SYSDBA，缺省口令为 SYSDBA。

数据库管理员的职责主要包括：

(1) 评估数据库服务器所需的软硬件运行环境。

(2) 安装和升级达梦服务器。

(3) 数据库结构设计。

(4) 监控和优化数据库的性能。

(5) 计划和实施备份与故障恢复。

2) 数据库安全员

有些应用对于安全性有很高的要求，传统的由 DBA 一人拥有所有权限并且承担所有职责的安全机制可能无法满足企业实际需要，此时数据库安全员 (SSO) 和数据库审计员两类管理用户就显得异常重要，他们对于限制和监控数据库管理员的所有行为都起着至关重要的作用。

数据库安全员的主要职责是制订并应用安全策略，强化系统安全机制。数据库安全员 SYSSSO 是达梦数据库初始化的时候就已经创建好的，缺省口令为 SYSSSO。该用户登录到达梦数据库来创建新的数据库安全员。

数据库安全员用户 SYSSSO 或者新的数据库安全员都可以制订自己的安全策略，在安全策略中定义安全级别、范围和组，然后基于定义的安全级别、范围和组来创建安全标记，并将安全标记分别应用到主体 (用户) 和客体 (各种数据库对象，如表、索引等)，以便启用强制访问控制功能。

数据库安全员不能对用户数据进行增、删、改、查操作，也不能执行普通的 DDL 操作，如创建表、视图等。他们只负责制订安全机制，将合适的安全标记应用到主体和客体，通过这种方式可以有效地对 DBA 的权限进行限制。DBA 此后就不能直接访问添加有安全标记的数据，除非安全员给 DBA 也设定了与之匹配的安全标记，DBA 的权限受到了有效的约束。数据库安全员也可以创建和删除新的安全用户，向这些用户授予和回收安全相关的权限。

3) 数据库审计员

达梦数据库审计员 (AUDITOR) 的主要职责就是创建和删除数据库审计员，设置 / 取消对数据库对象和操作的审计设置，查看和分析审计记录等。达梦数据库初始化时创建的数据库审计员为 SYSAUDITOR，缺省口令为 SYSAUDITOR。

为了能够及时找到 DBA 或者其他用户的非法操作，在达梦数据库系统建设初期，就

由数据库审计员 (SYSAUDITOR 或者其他由 SYSAUDITOR 创建的审计员) 来设置审计策略 (包括审计对象和操作)，在需要时，数据库审计员可以查看审计记录，及时分析并查找出非法操作者。

4) 数据库对象操作员

数据库对象操作员 (DBO) 是达梦安全版本提供的一类用户，使用安全版本时，可在创建达梦数据库时通过建库参数"PRIV_FLAG"设置使用"三权分立"或"四权分立"安全机制，0 表示"三权分立"，1 表示"四权分立"(该参数仅安全版本提供)。

采用"四权分立"安全机制新增的数据库对象操作员账户 SYSDBO，其缺省口令为 SYSDBO。数据库对象操作员可以创建数据库对象，并对自己拥有的数据库对象 (表、视图、存储过程、序列、包、外部链接等) 具有所有的对象权限并可以授予与回收，但其无法管理与维护数据库对象。

2. 创建用户

数据库系统在运行的过程中，往往需要根据实际需求创建用户，然后为用户指定适当的权限。创建用户的操作一般只能由系统预设用户 SYSDBA、SYSSSO 或 SYSAUDITOR 完成，如果普通用户需要创建用户，必须具有 CREATE USER 权限。

创建用户

创建用户包括为用户指定用户名、认证模式、口令、口令策略、空间限制、只读属性以及资源限制。其中用户名是代表用户账号的标识符，长度为 1~128 个字符。

1) SQL 命令创建用户

创建用户的 SQL 命令是 CREATE USER，语法格式如下：

CREATE USER ＜用户名＞ IDENTIFIED ＜身份验证模式＞ [PASSWORD_POLICY ＜密码策略＞][＜锁定子句＞][＜存储加密密钥＞][＜空间限制子句＞][＜只读标志＞][＜资源限制子句＞][＜允许 IP 子句＞][＜禁止 IP 子句＞][＜允许时间子句＞][＜禁止时间子句＞][＜TABLESPACE 子句＞][＜INDEX_TABLESPACE 子句＞];

各子句使用说明如下：

• ＜用户名＞ ::= 长度为 1~128 个字符。用户名可以用双引号括起来，也可以不用，但如果用户名以数字开头，必须用双引号括起来。

　　＜身份验证模式＞ ::= ＜数据库身份验证模式＞ | ＜外部身份验证模式＞

• ＜数据库身份验证模式＞ ::= BY ＜密码＞[＜散列选项＞]

　　＜密码＞ ::= 用户密码最长为 48 字节

　　＜散列选项＞ ::= HASH WITH [＜密码引擎名＞.]＜散列算法＞[＜加盐选项＞]

　　＜散列算法＞ ::= MD5 | SHA1 | SHA224 | SHA256 | SHA384 | SHA512

　　＜加盐选项＞ ::= [NO] SALT

　　＜外部身份验证模式＞ ::= EXTERNALLY | EXTERNALLY AS ＜用户 DN＞

外部身份验证仅在达梦安全版本中才提供支持。外部身份验证模式支持基于操作系统 (OS) 的身份验证、LDAP 身份验证和 KERBEROS 身份验证。

• ＜密码策略＞ ::= 密码策略项的任意组合，系统支持的口令策略有：

0 无限制，但总长度不得超过 48 字节。

1 禁止与用户名相同。

2 口令长度不小于 9 字节。

4 至少包含一个大写字母 (A~Z)。

8 至少包含一个数字 (0~9)。

16 至少包含一个标点符号 (英文输入法状态下，除 "'" 和空格外的所有符号)。

密码策略可以单独应用，也可组合应用。组合应用时，如需要应用策略 2 和 4，则设置密码策略为 2 + 4 = 6 即可。若在创建用户时没有使用 PASSWORD_POLICY < 口令策略 > 子句指定用户的密码策略，则使用系统的默认口令策略 2。

系统管理员可通过查询 V$PARAMETER 动态视图查询 PWD_POLICY 的当前值。

```
SQL> SELECT * FROM V$PARAMETER WHERE NAME = 'PWD_POLICY';
行号 ID  NAME  TYPE VALUE SYS_VALUE FILE_VALUE DESCRIPTION
DEFAULT_ VALUE ISDEFAULT
---------- ----------- ---------- ---- ----- -------- --------- ----------------------- ------------- ------------
1   463   PWD_POLICY SYS  2   2   2          Flag of password policy 2          1
已用时间 : 31.549( 毫秒 ). 执行号 : 702.
```

注意：

DM8 版本的 dm.ini 中，没有了 PWD_POLICY 这个参数。可以通过 DM 管理工具设置或修改用户的密码策略。方法如下：

使用 SYSDBA 用户登录 DM 管理工具，选中【用户】→【管理用户】节点，在需要设置或修改密码策略的用户上右键单击【修改】选项，在打开的 "修改用户" 窗口设置或修改密码策略，如图 6-2-2 所示。

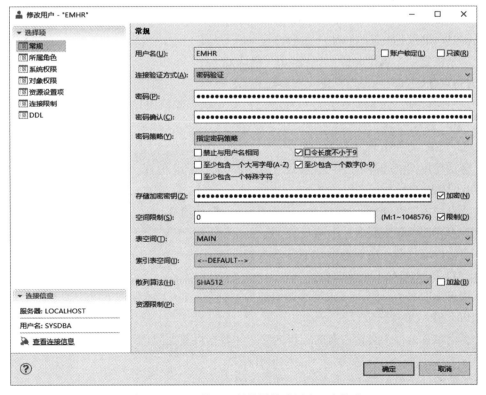

图 6-2-2   DM 管理工具设置修改用户口令策略

- < 锁定子句 > ::= ACCOUNT LOCK | ACCOUNT UNLOCK。
- < 存储加密密钥 > ::= ENCRYPT BY < 口令 >。
- < 空间限制子句 > ::= DISKSPACE LIMIT < 空间大小 > | DISKSPACE UNLIMITED。
- < 只读标志 > ::= READ ONLY | NOT READ ONLY。
- < 资源限制子句 > ::= LIMIT < 资源设置项 >{, < 资源设置项 >}。
  < 资源设置项 > ::=

SESSION_PER_USER < 参数设置 >|
最大会话数：1～32 768，默认值 0。

CONNECT_TIME < 参数设置 >|
会话空闲期：会话最大空闲时间，单位分钟，1～1440，默认值 0。

CONNECT_IDLE_TIME < 参数设置 >|
会话持续期：一个会话访问数据库的时间上限，单位分钟，1～1440，默认值 0。

FAILED_LOGIN_ATTEMPS < 参数设置 >|
登录失败次数：最大允许登录失败次数，单位次，1～100，默认值 3。

PASSWORD_LIFE_TIME < 参数设置 >|
口令有效期：一个口令在其终止前可以使用的天数，单位天，1～365，默认值 0。

PASSWORD_REUSE_TIME < 参数设置 >|
口令等待期：口令在可以重新使用前须等待的天数，单位天，1～365，默认值 0。

PASSWORD_REUSE_MAX < 参数设置 >|
口令变更次数，单位次，1～32 768，默认值 0。

PASSWORD_LOCK_TIME < 参数设置 >|
口令锁定期，单位分钟，1～1440，默认值 1。

PASSWORD_GRACE_TIME < 参数设置 >
口令宽限期：过期口令超过该期限后，禁止执行除修改口令以外的其他操作，单位天，1～30，默认值 0。

CPU_PER_SESSION < 参数设置 >|
会话使用 CPU 时间，单位秒，1～31 536 000，默认值 0。

CPU_PER_CALL < 参数设置 >|
请求使用 CPU 时间，单位秒，1～86 400，默认值 0。

READ_PER_SESSION < 参数设置 >|
会话读取页数：会话能够读取的总数据页数上限，1～2 147 483 646，默认值 0。

READ_PER_CALL < 参数设置 >|
请求读取页数：每个请求能够读取的数据页数，1～2 147 483 646，默认值 0。

MEM_SPACE < 参数设置 >|
会话私有内存：会话占有的私有内存空间数据页数上限，1～2 147 483 646，默认值 0。
  < 参数设置 > ::=< 参数值 >| UNLIMITED
参数值最小值都是 1，默认值 0 表示无限制。

- < 允许 IP 子句 > ::= ALLOW_IP <IP 项 >{, <IP 项 >}。

- < 禁止 IP 子句 > ::= NOT_ALLOW_IP <IP 项 >{, <IP 项 >}

  <IP 项 > ::= < 具体 IP>|< 网段 >。
- < 允许时间子句 > ::= ALLOW_DATETIME < 时间项 >{,< 时间项 >}。
- < 禁止时间子句 > ::= NOT_ALLOW_DATETIME < 时间项 >{,< 时间项 >}

  < 时间项 > ::= < 具体时间段 > | < 规则时间段 >

  < 具体时间段 > ::= < 具体日期 >< 具体时间 > TO < 具体日期 >< 具体时间 >

  < 规则时间段 > ::= < 规则时间标志 >< 具体时间 > TO < 规则时间标志 >< 具体时间 >

  < 规则时间标志 > ::= MON | TUE | WED | THURS | FRI | SAT | SUN。
- <TABLESPACE 子句 > ::= DEFAULT TABLESPACE < 表空间名 >。
- <INDEX_TABLESPACE 子句 > ::= DEFAULT INDEX TABLESPACE < 表空间名 >。

2) 使用 DM 管理工具创建用户

除了使用 SQL 语句创建用户，也可以使用 DM 管理工具创建用户。方法如下：

使用 SYSDBA 用户登录 DM 管理工具，展开用户模块，右键单击【管理用户】，选择【新建用户】，在打开的"新建用户"窗口，在【常规】选项卡输入用户名、密码信息，选择验证方式，设置密码策略，并关联相应表空间，如图 6-2-3 所示。

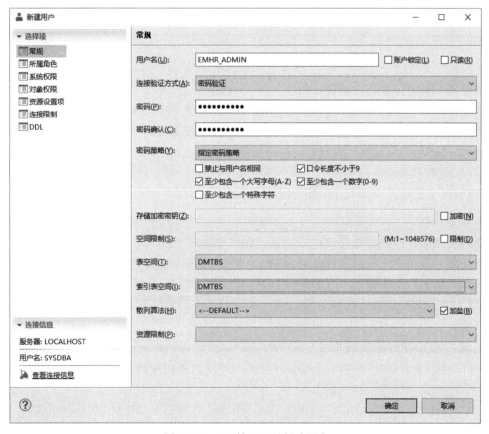

图 6-2-3　DM 管理工具新建用户

在【资源设置项】选项卡输入相应资源设置项的参数值，如图 6-2-4 所示。

图 6-2-4   DM 管理工具用户资源设置项

在管理工具中，默认设置情况如下：

(1) 用户名、密码、表空间名可以带双引号，也可以不带。

(2) 表空间名不带双引号的时候，会被管理工具转换为大写。

(3) 表空间名带上双引号的时候，会保持原来的大小写。

(4) 用户名不管是否加双引号，都会转换成大写。

(5) 密码不管是否加双引号，都会保持原来的大小写。

3. 修改用户

实际应用中，经常需要修改用户信息，如修改用户密码、变更用户权限等。修改用户密码的操作一般由用户自己完成，SYSDBA、SYSSSO、SYSAUDITOR 可以无条件修改同类型的用户的密码；普通用户只能修改自己的密码；如果需要修改其他用户的密码，必须具有 ALTER USER 数据库权限。修改用户密码时，密码策略应符合创建该用户时指定的密码策略。

1) 使用 SQL 语句修改用户

使用 ALTER USER 语句可修改用户密码、用户的密码策略、空间限制、只读属性以及资源限制等。具体语法格式如下：

ALTER USER < 用户名 > [IDENTIFIED < 身份验证模式 >][PASSWORD_POLICY < 口令策略 >][< 锁定子句 >][< 存储加密密钥 >][< 空间限制子句 >][< 只读标志 >][< 资源限制子句 >][< 允许 IP 子句 >][< 禁止 IP 子句 >][< 允许时间子句 >][< 禁止时间子句 >][<TABLESPACE 子句 >][<SCHEMA 子句 >];

每个子句的具体语法与创建用户的语法一致。

2) 使用 DM 管理工具修改用户

除了使用 SQL 语句修改用户，也可以使用 DM 管理工具修改用户。方法如下：使用 SYSDBA 用户登录 DM 管理工具，展开【用户】→【管理用户】节点，在需要修改的用户上右键单击【修改】选项，在打开的"修改用户"窗口修改用户信息，见图 6-2-5 所示。

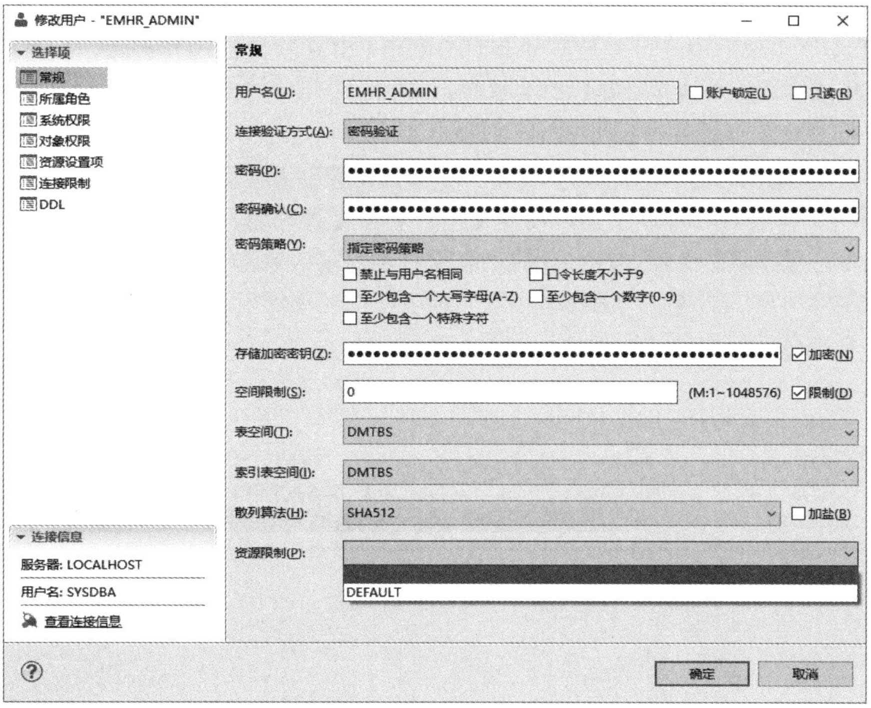

图 6-2-5　DM 管理工具修改用户

4. 删除用户

删除用户的操作一般由 SYSDBA、SYSSSO、SYSAUDITOR 用户完成，他们可以删除同类型的其他用户；普通用户要删除其他用户，需要具有 DROP USER 权限。

1) 使用 SQL 语句删除用户

可以使用 DROP USER 语句删除用户，语法格式如下：

DROP USER [IF EXISTS] < 用户名 > [RESTRICT | CASCADE];

使用说明：

(1) 一个用户被删除后，这个用户本身的信息以及他所拥有的数据库对象的信息都将从数据字典中被删除。

(2) [IF EXISTS] 选项，指定该关键字删除不存在的用户时不会报错，否则会报错。

(3) [RESTRICT | CASCADE] 选项，缺省使用 RESTRICT 选项。如果在删除用户时未使用 CASCADE 选项，若该用户建立了数据库对象，达梦数据库将返回错误信息，而不删除此用户。如果在删除用户时使用了 CASCADE 选项，除数据库中该用户及其创建的所有对象被删除外，若其他用户创建的对象引用了该用户的对象，达梦数据库还将自动删除相应的引用完整性约束及依赖关系。

例如，删除用户 TEST。

假设用户 TEST 建立了自己的表或其他数据库对象，执行下面的语句：

DROP USER TEST;

将提示错误信息"试图删除被依赖对象 TEST"。

下面的语句则能成功执行，会将 TEST 所建立的数据库对象一并删除。

DROP USER TEST CASCADE;

(4) 正在使用中的用户可以被其他具有 DROP USER 权限的用户删除，被删除的用户继续做操作或尝试重新连接数据库时会报错。

2) 使用 DM 管理工具删除用户

除了使用 SQL 语句删除用户，也可以使用 DM 管理工具删除用户。方法如下：使用 SYSDBA 用户登录 DM 管理工具，展开【用户】→【管理用户】节点，在需要删除的用户上右键单击【删除】选项，在打开的"删除对象"窗口中选中要删除的用户，单击【确定】按钮删除用户。若选中"☑级联删除"选项，相当于使用 DROP USER 语句删除用户时应用了 CASCADE 选项。删除操作如图 6-2-6 所示。

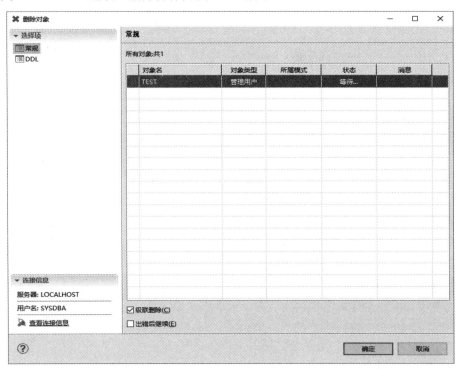

图 6-2-6　DM 管理工具删除用户

⚙ 【任务实施】

一、使用 SQL 语句进行用户管理

1. 创建并管理管理员用户、教师用户和学生用户

管理用户

创建管理员用户、教师用户和学生用户，并对其进行管理，具体要求如下：

(1) 创建管理员用户：用户名为 EMHR_ADMIN，密码为 EMHR_ADMIN，默认表空间 DMTBS，最大会话数为 256，会话空闲期为 30 分钟，口令锁定期为 10 分钟。

(2) 创建教师用户：用户名为 T001，密码为 88888888，默认表空间 DMTBS，口令有效期为 365 天，会话空闲期无限制，最大会话数为 10。

(3) 创建两个学生用户：用户名分别为 JS202201001 和 GG202202013，初始密码为学号，默认表空间 DMTBS，口令有效期为 180 天。

(4) 将学生用户 JS202201001 的密码改为 202201001，登录失败次数改为 4 次。

(5) 学号为 GG202202013 的学生已退学，将该用户删除，并级联删除其所拥有的数据库对象信息。

2. 实施方法

实施方法如下：

(1) 创建管理员用户 EMHR_ADMIN：

```
SQL>CREATE USER EMHR_ADMIN IDENTIFIED BY EMHR_ADMIN LIMIT SESSION_PER_USER
256 CONNECT_IDLE_TIME 30 PASSWORD_LOCK_TIME 10 DEFAULT TABLESPACE DMTBS;
    操作已执行
    已用时间 : 37.226( 毫秒 ). 执行号 : 704.
```

(2) 创建教师用户 T001：

```
SQL>CREATE USER T001 IDENTIFIED BY "88888888" LIMIT SESSION_PER_USER 10 PASSWORD_
LIFE_TIME 365 CONNECT_IDLE_TIME UNLIMITED  DEFAULT TABLESPACE DMTBS;
    操作已执行
    已用时间 : 37.224( 毫秒 ). 执行号 : 705.
```

(3) 创建学生用户 JS202201001 和 GG202202013：

```
SQL>CREATE USER JS202201001 IDENTIFIED BY "JS202201001" LIMIT PASSWORD_ LIFE_TIME
180 DEFAULT TABLESPACE DMTBS;
    操作已执行
    已用时间 : 36.123( 毫秒 ). 执行号 : 706.
SQL>CREATE USER GG202202013 IDENTIFIED BY "GG202202013" LIMIT PASSWORD_ LIFE_TIME
180 DEFAULT TABLESPACE DMTBS;
    操作已执行
    已用时间 : 36.224( 毫秒 ). 执行号 : 707.
```

(4) 修改学生用户 JS202201001：

```
SQL>ALTER  USER  JS202201001  IDENTIFIED  BY  " 202201001"  LIMIT FAILED_ LOGIN_ATTEMPS 4 ;
    操作已执行
    已用时间 : 55.312( 毫秒 ). 执行号 : 708.
```

(5) 删除学生用户 GG202202013：

```
SQL> DROP USER GG202202013 CASCADE ;
    操作已执行
    已用时间 : 55.312( 毫秒 ). 执行号 : 709.
```

二、使用 DM 管理工具进行用户管理

1. 创建并管理教师用户和学生用户

创建教师用户和学生用户，并对其进行管理，具体要求如下：

(1) 创建教师用户：用户名为 T002，密码为 88888888，默认表空间 DMTBS，口令有效期为 365 天，会话空闲期为 30 分钟，最大会话数为 256，口令锁定期为 10 分钟。

(2) 创建学生用户：用户名为 JS202201011，初始密码为学号 JS202201011。

(3) 修改学生用户 JS202201011：密码改为 202201011，默认表空间 DMTBS，口令有效期为 180 天，口令变更次数为 10 次。

(4) 将学生用户 JS202201011 删除，并级联删除其所拥有的数据库对象信息。

2. 实施方法

实施方法如下：

(1) 使用 SYSDBA 用户登录 DM 管理工具，展开【用户】节点，右键单击【管理用户】，选择【新建用户】，打开的"新建用户"窗口，选择【常规】选项卡，在【用户名】输入框输入用户名"T002"，【连接验证方式】下拉框选择"密码验证"，在【密码】框和【确认密码】框输入密码"88888888"，【表空间】下拉框选择"DMTBS"，关联表空间，如图 6-2-7 所示。

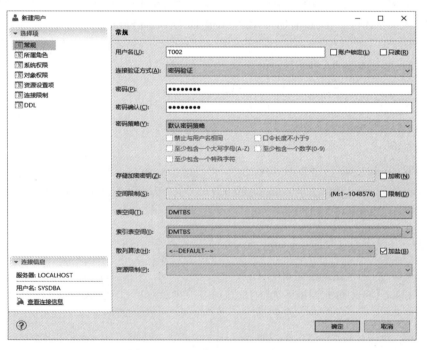

图 6-2-7　DM 管理工具新建用户

在"新建用户"窗口，选择【资源设置项】选项卡，在"最大会话数"输入框输入"256"，在"会话空闲期"输入框输入"30"，在"口令有效期"输入框输入"365"，在"口令锁定期"输入框输入"10"，单击【确定】按钮，如图 6-2-8 所示。

图 6-2-8　DM 管理工具为用户设置资源项

(2) 用同样方法创建学生用户 JS202201011，密码为 JS202201001。

(3) 修改学生用户 JS202201011。使用 SYSDBA 用户登录 DM 管理工具，展开【用户】→【管理用户】节点，在用户"JS202201011"上右键单击，在快捷菜单中选择【修改…】，打开的"修改用户"窗口，选择【常规】选项卡，在【密码】框和【确认密码】框输入密码"202201011"，"表空间"下拉框选择 DMTBS，如图 6-2-9 所示。

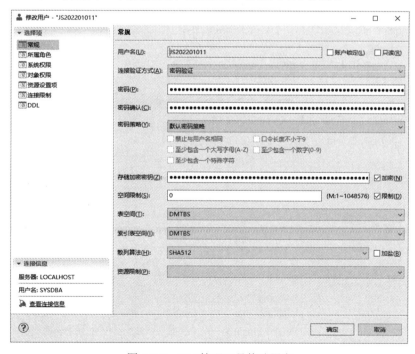

图 6-2-9　DM 管理工具修改用户

在"修改用户"窗口，选择【资源设置项】选项卡，在"口令变更次数"输入框输入"10"，在"口令有效期"输入框输入"180"，单击【确定】按钮，如图 6-2-10 所示。

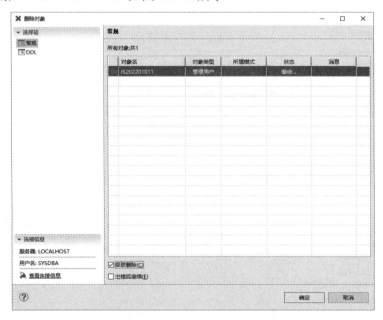

图 6-2-10　修改用户 JS202201011 资源设置项

(4) 删除学生用户 JS202201011，步骤如下：

使用 SYSDBA 用户登录 DM 管理工具，展开【用户】→【管理用户】节点，在用户"JS202201011"上右键单击，在快捷菜单中选择【删除】，打开"删除对象"窗口，选择【常规】选项卡，在对象名列表中选中"JS202201011"，勾选"级联删除"选项，单击【确定】按钮，删除用户"JS202201011"，如图 6-2-11 所示。

图 6-2-11　DM 管理工具删除用户

{☼}【任务回顾】

■ 知识点总结

1. 达梦数据库安全管理体系包括用户标识与鉴别、自主与强制访问控制、通信与存储加密、审计等安全功能，且各安全功能都可以进行配置。

2. 达梦数据库初始化时会生成的初始用户有：数据库管理员 SYSDBA，缺省口令为 SYSDBA；数据库安全员 SYSSSO，缺省口令为 SYSSSO；数据库审计员为 SYSAUDITOR，缺省口令为 SYSAUDITOR；如果安装的是达梦数据库安全版本，还会创建数据库对象操作员 SYSDBO，缺省口令为 SYSDBO。

3. 创建用户由系统预设用户 SYSDBA、SYSSSO 和 SYSAUDITOR 完成，如果普通用户需要创建用户，必须具有 CREATE USER 的数据库权限。创建用户时可以为用户指定用户名、认证模式、口令、口令策略、空间限制、只读属性以及资源限制。

4. 用户信息可以修改，SYSDBA、SYSSSO、SYSAUDITOR 可以无条件修改同类型的用户的口令；普通用户只能修改自己的口令，如果需要修改其他用户的口令，必须具有 ALTER USER 数据库权限。修改用户口令时，口令策略应符合创建该用户时指定的口令策略。

5. 删除用户由 SYSDBA、SYSSSO、SYSAUDITOR 用户完成，他们可以删除同类型的其他用户；普通用户要删除其他用户，需要具有 DROP USER 权限。

■ 思考与练习

1. 使用 SQL 语句创建学生用户，用户名：GL202201003，密码：GL202201003，口令有效期：180 天，关联表空间：DMTBS。

2. 使用 DM 管理工具创建学生用户，用户名：SX202203001，密码：SX202203001，口令有效期：180 天，关联表空间：DMTBS。

3. 使用 SQL 语句修改用户 GL202201003，将密码修改为 GL_202201003，口令有效期：365 天，登录失败次数为 4 次。

4. 删除用户 SX202203001，删除时进行级联删除。

任务3 权 限 管 理

{☼}【任务描述】

花中成："用户登录后，达梦数据库允许用户在其权限内使用数据库资源。达梦数据库的安全系统允许用户设置或变更权限。小新，给你安排个任务，将访问数据库的权限授权给有资格的用户，同时令所有未被授权的用户无法接近数据，让用户按照自己的权限使用教务管理系统数据完成相应工作。"

花小新："收到，花工。"

【知识学习】

达梦数据库安全管理系统结构中的自主访问控制 (Discretionary Access Control，DAC) 是由数据库对象的拥有者自主决定是否将自己拥有的对象的部分或全部访问权限授予其他用户。也就是说，在自主访问控制下，用户可以按照自己的意愿，有选择地与其他用户共享他所拥有的数据库对象。

达梦数据库对用户的权限管理有着严密的规定，如果没有权限，用户将无法完成任何操作。用户权限有两类：数据库权限和对象权限。数据库权限主要是指针对数据库对象的创建、删除和修改的权限，对数据库备份的权限等，数据库权限一般由 SYSDBA、SYSAUDITOR 和 SYSSSO 指定，也可以由具有特权的其他用户授予。对象权限主要是指对数据库对象中的数据的访问权限，对象权限一般由数据库对象的所有者授予用户，也可由 SYSDBA 用户指定，或者由具有该对象权限的其他用户授予。

一、数据库权限管理

数据库权限是与数据库安全相关的权限，其权限范围比对象权限更加广泛，因而一般被授予数据库管理员或者一些具有管理功能的角色。数据库权限与达梦预定义角色有着重要的联系，一些数据库权限由于权力较大，只集中在几个达梦系统预定义角色中，且不能转授。

数据库审计

达梦数据库提供了 100 余种数据库权限，表 6-3-1 列出了最常用的几种数据库权限。

不同类型的数据库对象，其相关的数据库权限也不相同。例如，对于表对象，相关的数据库权限如表 6-3-2 所示。

表 6-3-1　达梦数据库常用的几种数据库权限

数据库权限	说　　明
CREATE TABLE	在自己的模式中创建表的权限
CREATE VIEW	在自己的模式中创建视图的权限
CREATE USER	创建用户的权限
CREATE TRIGGER	在自己的模式中创建触发器的权限
ALTER USER	修改用户的权限
ALTER DATABASE	修改数据库的权限
CREATE PROCEDURE	在自己的模式中创建存储程序的权限

表 6-3-2　与达梦数据库表对象相关的数据库权限

数据库权限	说　　明
CREATE TABLE	创建表的权限
CREATE ANY TABLE	在任意模式下创建表的权限
ALTER ANY TABLE	修改任意表的权限
DROP ANY TABLE	删除任意表的权限
INSERT TABLE	插入表记录的权限
INSERT ANY TABLE	向任意表插入记录的权限
UPDATE TABLE	更新表记录的权限
UPDATE ANY TABLE	更新任意表记录的权限
DELETE TABLE	删除表记录的权限
DELETE ANY TABLE	删除任意表记录的权限
SELECT TABLE	查询表记录的权限
SELECT ANY TABLE	查询任意表记录的权限
REFERENCES TABLE	引用表的权限
REFERENCES ANY TABLE	引用任意表的权限
DUMP TABLE	导出表的权限
DUMP ANY TABLE	导出任意表的权限
GRANT TABLE	向其他用户进行表上权限授予的权限
GRANT ANY TABLE	向其他用户进行任意表上权限授予的权限

对于存储程序对象，其相关的数据库权限如表 6-3-3 所示。

表 6-3-3　与达梦数据库存储程序对象相关的数据库权限

数据库权限	说　　明
CREATE PROCEDURE	创建存储程序的权限
CREATE ANY PROCEDURE	在任意模式下创建存储程序的权限
DROP PROCEDURE	删除存储程序的权限
DROP ANY PROCEDURE	删除任意存储程序的权限
EXECUTE PROCEDURE	执行存储程序的权限
EXECUTE ANY PROCEDURE	执行任意存储程序的权限
GRANT PROCEDURE	向其他用户进行存储程序上权限授予的权限
GRANT ANY PROCEDURE	向其他用户进行任意存储程序上权限授予的权限

需要说明的是，表、视图、触发器、存储程序等对象都是模式对象，在默认情况下对这些对象的操作都是在当前用户自己的模式下进行的。如果需要在其他用户的模式下操作

这些类型的对象，需要具有相应的 ANY 权限。例如，如果能够在其他用户的模式下创建表，当前用户必须具有 CREATE ANY TABLE 数据库权限；如果希望能够在其他用户的模式下删除表，必须具有 DROP ANY TABLE 数据库权限。

达梦数据库中有一个比较特殊的数据库权限 "CREATE SESSION"，表示创建会话连接数据库的权限。系统预设的管理员用户都具备此权限，新建用户缺省也具备此权限，管理员可根据实际需要回收指定用户的 CREATE SESSION 权限，以限制该用户连接数据库。

1. 使用 SQL 语句进行数据库权限操作

1) 数据库权限的授予

使用 GRANT 语句可以为用户和角色授予数据库权限，语法格式为

GRANT < 特权 > TO < 用户或角色 >{,< 用户或角色 >} [WITH ADMIN OPTION];

各子句的使用说明如下：

< 特权 > ::= < 数据库权限 >{,< 数据库权限 >};

< 用户或角色 >::= < 用户名 >|< 角色名 >

说明：

(1) 授权者必须具有对应的数据库权限以及其转授权。

(2) 接受者必须与授权者用户类型一致。

(3) 如果有 WITH ADMIN OPTION 选项，接受者可以再把这些权限转授给其他用户 / 角色。

2) 数据库权限的回收

可以使用 REVOKE 语句回收授出的指定数据库权限，语法格式为

REVOKE [ADMIN OPTION FOR]< 特权 > FROM < 用户或角色 >{,< 用户或角色 >} ;

各子句的使用说明如下：

< 特权 >::= < 数据库权限 >{,< 数据库权限 >};

< 用户或角色 >::= < 用户名 >|< 角色名 >

说明：

(1) 权限回收者必须是具有回收相应数据库权限以及转授权的用户。

(2) ADMIN OPTION FOR 选项的含义是取消用户或角色的转授权限，但是权限不回收。

2. 使用 DM 管理工具进行数据库权限操作

数据库权限的授予与回收也可以使用 DM 管理工具进行。操作方法如下：

登录 DM 管理工具，展开【用户】→【管理用户】节点，在需要设置权限的用户上右键单击【修改】选项，在打开的 "修改用户" 窗口左侧，选择 "系统权限" 选项，在右侧的 "系统权限" 列表中，在对应的 "权限" 名称上，勾选或取消 "授予" 和 "转授" 的权限操作，如图 6-3-1 所示。

DM 管理工具中对数据库系统权限授予与回收操作的各选项含义，与对应的 SQL 语句各子句使用说明一致，此处不再重复介绍。

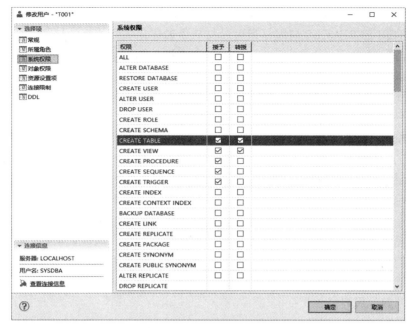

图 6-3-1　DM 管理工具对用户数据库系统权限的操作

二、对象权限管理

对象权限主要是指对数据库对象中的数据的访问权限，主要授予需要对某个数据库对象的数据进行操作的普通用户。

达梦数据库常用的数据库对象权限如表 6-3-4 所示。

数据库权限管理

表 6-3-4　与达梦数据库存储程序对象相关的数据库权限

数据库对象类型 对象权限	表	视图	存储 程序	包	类	类型	序列	目录	域
SELECT	√	√					√		
INSERT	√	√							
DELETE	√	√							
UPDATE	√	√							
REFERENCES	√								
DUMP	√								
EXECUTE			√	√	√	√		√	
READ								√	
WRITE								√	
USAGE									√

INSERT、DELETE、UPDATE 和 SELECT 权限是分别针对数据库对象中的数据的插入、删除、修改和查询的权限。对于表和视图来说，删除操作是整行进行的，而查询、插入和修改却可以在一行的某个列上进行，所以在指定权限时，DELETE 权限只要指定所要访问

的行就可以了，而 SELECT、INSERT 和 UPDATE 权限还可以进一步指定是对哪个列的权限。

表对象的 REFERENCES 权限是指可以与一个表建立关联关系的权限，如果具有了这个权限，当前用户就可以通过自己的一个表中的外键，与对方的表建立关联。关联关系是通过主键和外键进行的，所以在授予这个权限时，可以指定表中的列，也可以不指定。

存储程序等对象的 EXECUTE 权限是指可以执行这些对象的权限。有了 EXECUTE 权限，一个用户就可以执行另一个用户的存储程序、包和类等。

目录对象的 READ 权限和 WRITE 权限指可以读或写访问某个目录对象的权限。

域对象的 USAGE 权限指可以使用某个域对象的权限。拥有某个域的 USAGE 权限的用户可以在定义或修改表时为表列声明使用这个域。

当一个用户获得另一个用户的某个对象的访问权限后，可以以"模式名.对象名"的形式访问这个数据库对象。一个用户所拥有的对象和可以访问的对象是不同的，这一点在数据字典视图中有所反映。在默认情况下用户可以直接访问自己模式中的数据库对象，但是要访问其他用户所拥有的对象，就必须具有相应的对象权限。

对象权限一般由数据库对象的所有者授予，也可由 SYSDBA 用户指定，或者由具有该对象权限的其他用户授予。

1. 使用 SQL 语句进行对象权限操作

1) 对象权限的授予

与数据库权限管理类似，也可以使用 GRANT 语句将对象权限授予用户和角色。语法格式为

```
GRANT <特权> ON [<对象类型>] <对象> TO <用户或角色>{,<用户或角色>} [WITH GRANT OPTION];
```

各子句的使用说明如下：

<特权>::= ALL [PRIVILEGES] | <动作> {,<动作>}

<动作>::= SELECT[(<列清单>)] |
    INSERT[(<列清单>)] |
    UPDATE[(<列清单>)] |
    DELETE |
    REFERENCES[(<列清单>)] |
    EXECUTE |
    READ |
    WRITE |
    USAGE |
    INDEX |
    ALTER

<列清单>::= <列名> {,<列名>}

<对象类型>::= TABLE | VIEW | PROCEDURE | PACKAGE | CLASS | TYPE | SEQUENCE | DIRECTORY | DOMAIN

<对象> ::= [<模式名>.]<对象名>

<对象名>::= <表名> | <视图名> | <存储过程/函数名> | <包名> | <类名> | <类型名> | <序列名> | <目录名> | <域名>

< 用户或角色 >::= < 用户名 > | < 角色名 >

说明：

(1) 授权者必须是具有对应对象的权限以及其转授权的用户。

(2) 如未指定对象的 < 模式名 >，模式为授权者所在的模式。DIRECTORY 为非模式对象，没有模式。

(3) 如设定了对象类型，则该类型必须与对象的实际类型一致，否则会报错。

(4) 将带 WITH GRANT OPTION 授予权限给用户，则接受权限的用户可转授此权限。

(5) 不带列清单授权时，如果对象上存在同类型的列权限，会全部自动合并。

(6) 对于用户所在的模式的表，用户具有所有权限而不需要特别指定。

(7) INDEX 动作是向其他用户授予指定表的创建和删除索引 (包含全文索引) 的权限。

(8) ALTER 动作仅支持向其他用户授予指定表的修改权限。

当授权语句中使用了 ALL PRIVILEGES 时，会将指定的数据库对象上所有的对象权限都授予被授权者。

2) 对象权限的回收

可以使用 REVOKE 语句回收授出的指定数据库对象的指定权限。语法格式为

REVOKE [GRANT OPTION FOR] < 特权 > ON [< 对象类型 >]< 对象 > FROM < 用户或角色 > {, < 用户或角色 >} [< 回收选项 >];

各子句的使用说明如下：

< 特权 >::= ALL [PRIVILEGES] | < 动作 > {, < 动作 >}

< 动作 >::= SELECT |
    INSERT |
    UPDATE |
    DELETE |
    REFERENCES |
    EXECUTE |
    READ |
    WRITE |
    USAGE |
    INDEX |
    ALTER

< 对象类型 >::= TABLE | VIEW | PROCEDURE | PACKAGE | CLASS | TYPE | SEQUENCE | DIRECTORY | DOMAIN

< 对象 > ::= [< 模式名 >.]< 对象名 >

< 对象名 >::= < 表名 > | < 视图名 > | < 存储过程 / 函数名 > | < 包名 > | < 类名 > | < 类型名 > | < 序列名 > | < 目录名 > | < 域名 >

< 用户或角色 >::= < 用户名 > | < 角色名 >

< 回收选项 > ::= RESTRICT | CASCADE

说明：

(1) 权限回收者必须是具有回收相应对象权限以及转授权的用户。

（2）回收时不能带列清单，若对象上存在同类型的列权限，则一并被回收。

（3）使用 GRANT OPTION FOR 选项的目的是回收用户或角色权限转授的权利，而不回收用户或角色的权限；GRANT OPTION FOR 选项不能和 RESTRICT 一起使用，否则会报错。

（4）在回收权限时，设定不同的回收选项，其意义不同。具体如下：

① 若不设定回收选项，无法回收授予时带 WITH GRANT OPTION 的权限，但也不会检查要回收的权限是否存在限制。

② 若设定为 RESTRICT，无法回收授予时带 WITH GRANT OPTION 的权限，也无法回收存在限制的权限，如角色上的某权限被别的用户用于创建视图等。

③ 若设定为 CASCADE，可回收授予时带或不带 WITH GRANT OPTION 的权限，若带 WITH GRANT OPTION 还会引起级联回收。利用此选项时也不会检查权限是否存在限制。另外，利用此选项进行级联回收时，若被回收对象上存在另一条路径授予同样权限给该对象时，则仅需回收当前权限。

④ 若用户 A 给用户 B 授权且允许其转授，B 将权限转授给 C。当 A 回收 B 的权限的时候必须加 CASCADE 回收选项。

2. 使用 DM 管理工具进行对象权限操作

数据库对象权限的授予与回收也可以使用 DM 管理工具进行。操作方法如下：

登录 DM 管理工具，展开【用户】→【管理用户】节点，在需要设置对象权限的用户上右键单击【修改】选项，在打开的"修改用户"窗口左侧选择"对象权限"选项，在中间的"对象权限"列表部分选择要进行权限设置的对象，在窗口右侧对应的"权限"名称上勾选或取消"授予"和"转授"的权限操作，"权限回收方式"可以选择"级联"或者"受限"，如图 6-3-2 所示。

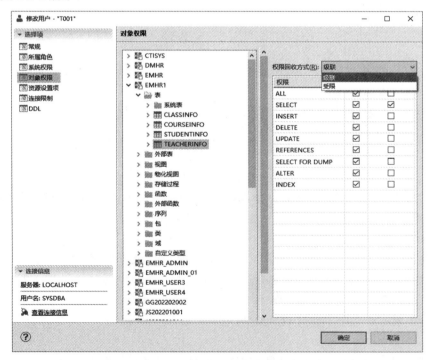

图 6-3-2　DM 管理工具对用户对象权限的操作

DM 管理工具中对对象权限授予与回收操作的各选项含义，与对应的 SQL 语句各子句使用说明一致，此处不再重复介绍。

【任务实施】

一、使用 SQL 语句进行权限管理

1. 任务要求

为管理员用户、教师用户和学生用户授予相应权限，并按照各自权限访问教务管理系统中的数据。

2. 具体要求及实施方法

(1) 由系统管理员 SYSDBA 把建表和建视图的权限授给用户 T001，并允许其转授：

SQL> GRANT CREATE TABLE, CREATE VIEW TO T001 WITH ADMIN OPTION;

操作已执行

已用时间 : 22.092(毫秒). 执行号 : 3600.

(2) 由系统管理员 SYSDBA 把存储过程 EMHR_ADMIN_PROC2(由用户 EMHR_ADMIN 创建) 的执行权 EXECUTE 授给教师用户 T002，并使其具有该权限的转授权：

SQL> GRANT EXECUTE ON PROCEDURE EMHR.EMHR_ADMIN_PROC2 TO T002 WITH GRANT OPTION;

操作已执行

已用时间 : 3.008(毫秒). 执行号 : 3601.

(3) 由系统管理员 SYSDBA 把表 EMHR.STUDENTINFO 的全部权限授予教师用户 T002，并使其具有该权限的转授权：

SQL> GRANT ALL PRIVILEGES ON EMHR.STUDENTINFO TO T002 WITH GRANT OPTION;

操作已执行

已用时间 : 5.805(毫秒). 执行号 : 3602.

(4) 由教师用户 T002 把表 EMHR.STUDENTINFO 的查询权限授予学生用户 JS202201001，使其具备该权限的转授权；把表 EMHR.STUDENTINFO 的查询权限授予学生用户 JS202201011，但不授予该权限的转授权；验证 JS202201001 和 JS202201011 查询权限转授行为。

① 以教师 T002 身份登录：

SQL> conn T002/ 88888888@LOCALHOST: 5236

服务器 [LOCALHOST:5236]: 处于普通打开状态

登录使用时间 : 7.364(ms)

SQL> GRANT SELECT ON EMHR.STUDENTINFO TO JS202201001 WITH GRANT OPTION;

操作已执行

已用时间 : 4.560(毫秒). 执行号 : 3700.

SQL> GRANT SELECT ON EMHR.STUDENTINFO TO JS202201011;

操作已执行

已用时间 : 2.804(毫秒). 执行号 : 3701.

② 以学生 JS202201001 身份登录，将表 EMHR.STUDENTINFO 的查询权限授予学生 GG202202002：

SQL> conn JS202201001/202201001@localhost:5236

服务器 [localhost:5236]: 处于普通打开状态

登录使用时间 : 7.833(ms)

SQL>GRANT SELECT ON EMHR.STUDENTINFO TO GG202202002;

操作已执行

已用时间 : 3.900(毫秒). 执行号 : 3800.

③ 以学生 JS202201011 身份登录，将表 EMHR.STUDENTINFO 的查询权限授予学生 GG202202002：

SQL> conn JS202201011/JS202201011@localhost:5236

服务器 [localhost:5236]: 处于普通打开状态

登录使用时间 : 7.430(ms)

SQL> GRANT SELECT ON EMHR.STUDENTINFO TO GG202202002;

GRANT SELECT ON EMHR.STUDENTINFO TO GG202202002;

第 1 行附近出现错误 [-5567]: 授权者没有此授权权限 .

已用时间 : 1.508(毫秒). 执行号 : 0.

SQL>

(5) 由系统管理员 SYSDBA 把表 EMHR.STUDENTINFO 的列 (Sno, Sname) 的更新权限授予用户 T001，T001 再将此更新权限转授给用户 T002：

SQL> conn SYSDBA/SYSDBA@localhost: 5236

服务器 [localhost:5236]: 处于普通打开状态

登录使用时间 : 7.065(ms)

SQL> GRANT UPDATE (Sno, Sname) ON EMHR.STUDENTINFO TO T001 WITH GRANT OPTION;

操作已执行

已用时间 : 3.705(毫秒). 执行号 : 3900.

SQL> conn T001/ 88888888@LOCALHOST: 5236

服务器 [LOCALHOST:5236]: 处于普通打开状态

登录使用时间 : 7.361(ms)

SQL> GRANT UPDATE (Sno, Sname) ON EMHR.STUDENTINFO TO T002;

操作已执行

已用时间 : 3.715(毫秒). 执行号 : 4000.

(6) 由系统管理员 SYSDBA 把用户 T001 创建视图的权限、创建表的转授权限回收：

SQL> conn SYSDBA/SYSDBA@localhost:5236

服务器 [localhost:5236]: 处于普通打开状态

登录使用时间 : 7.065(ms)

SQL> REVOKE CREATE VIEW FROM T001;

操作已执行

已用时间 : 3.595(毫秒). 执行号 : 4100.

SQL> REVOKE ADMIN OPTION FOR CREATE TABLE FROM T001;

操作已执行

已用时间 : 2.760(毫秒). 执行号 : 4101.

说明：T001 仍有 CREATE TABLE 权限，但是不能将 CREATE TABLE 权限转授给其他用户。

(7) SYSDBA 从用户 T002 处回收其授出的 EMHR.STUDENTINFO 表的全部权限：

SQL> REVOKE ALL PRIVILEGES ON EMHR.STUDENTINFO FROM T002 CASCADE;

操作已执行

已用时间 : 6.163(毫秒). 执行号 : 4102.

二、使用 DM 管理工具进行权限管理

1. 任务要求

为管理员用户、教师用户和学生用户授予相应权限，并按照各自权限访问教务管理系统中的数据。

2. 具体要求及实施方法

(1) 将教务系统 EMHR 模式下的所有表的操作权限授予用户 EMHR_ADMIN，并允许其转授。

在 DM 管理工具窗口左侧的【对象导航栏】，展开【用户】→【管理用户】节点，在用户 EMHR_ADMIN 上右键单击【修改】选项，在打开的"修改用户"窗口左侧选择"对象权限"选项，在中间的"对象权限"列表部分选择【EMHR】→【表】→【CLASSINFO】对象,在窗口右侧对应的"权限"名称上勾选"授予"和"转授"的权限,如图 6-3-3 所示。

使用同样的方法完成对表 EMHR.COURSEINFO、EMHR.STUDENTINFO、EMHR.TEACHERINFO 的授权操作。

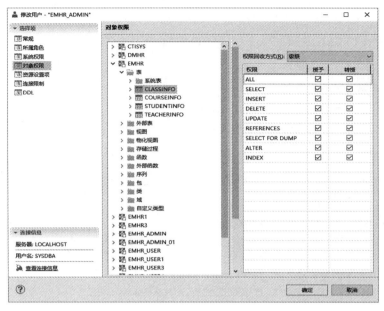

图 6-3-3　DM 管理工具对用户 EMHR_ADMIN 进行表对象授权

(2) 由系统管理员 SYSDBA 把教务系统 EMHR 模式下的所有表的增删改查权限授予用户 T002。

在 DM 管理工具窗口左侧的【对象导航栏】，展开【用户】→【管理用户】节点，在用户 T002 上右键单击【修改】选项，在打开的"修改用户"窗口左侧，选择"对象权限"选项，在中间的"对象权限"列表部分选择【EMHR】→【表】→【CLASSINFO】对象，在窗口右侧的"权限"列表 SELECT、INSERT、DELETE、UPDATE 上勾选"授予"选项，如图 6-3-4 所示。

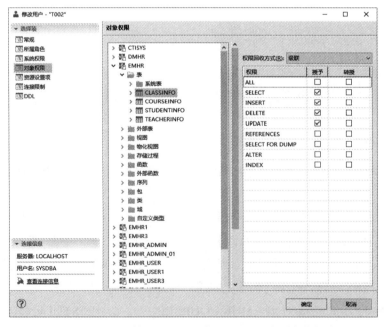

图 6-3-4　DM 管理工具对用户 T002 进行表对象授权

使用同样的方法完成对表 EMHR.COURSEINFO、EMHR.STUDENTINFO、EMHR. TEACHERINFO 的增删改查授权操作。

(3) 由系统管理员 SYSDBA 把教务系统 EMHR 模式下的所有表的查询权限授予用户 JS202201001。

在 DM 管理工具窗口左侧的【对象导航栏】，展开【用户】→【管理用户】节点，在用户 JS202201001 上右键单击【修改】选项，在打开的"修改用户"窗口左侧，选择"对象权限"选项，在中间的"对象权限"列表部分选择【EMHR】→【表】→【CLASSINFO】对象，在窗口右侧的"权限"列表 SELECT 上勾选"授予"选项，如图 6-3-5 所示。

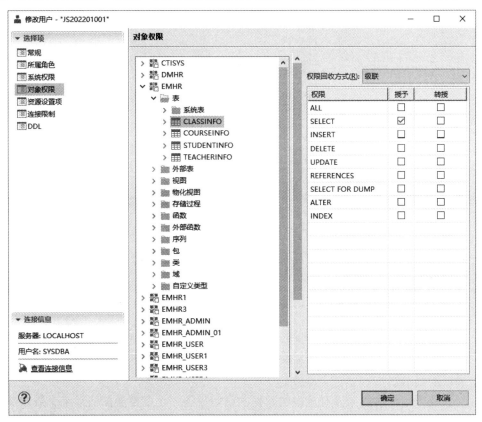

图 6-3-5　DM 管理工具对用户 JS202201001 进行表对象授权

使用同样的方法完成对表 EMHR.COURSEINFO、EMHR.STUDENTINFO、EMHR. TEACHERINFO 的查询授权操作。

(4) 将教师 T002 在教务系统 EMHR 模式下的所有表的增删改权限回收。

在 DM 管理工具窗口左侧的【对象导航栏】，展开【用户】→【管理用户】节点，在用户 T002 上右键单击【修改】选项，在打开的"修改用户"窗口左侧选择"对象权限"选项，在中间的"对象权限"列表部分选择【EMHR】→【表】→【CLASSINFO】对象，在窗口右侧的"权限"列表 INSERT、DELETE、UPDATE 上取消勾选"授予"选项，"权限回收方式"选择"级联"，如图 6-3-6 所示。

使用同样的方法完成对表 EMHR.COURSEINFO、EMHR.STUDENTINFO、EMHR. TEACHERINFO 的增删改权限的回收。

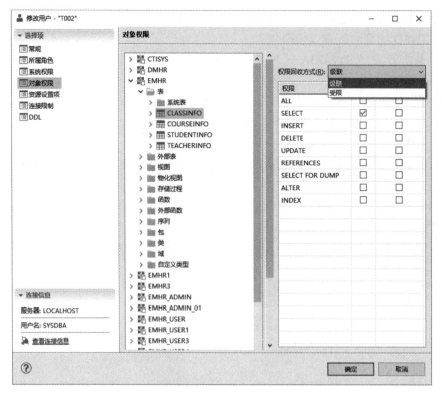

图 6-3-6　DM 管理工具回收用户 T002 表对象权限

【任务回顾】

■ 知识点总结

1. 达梦数据库权限管理包括数据库权限管理和对象权限管理两类。

2. 数据库权限是与数据库安全相关的权限，其管理内容包括为用户授予数据库系统权限以及系统权限的回收。

3. 对象权限是指对数据库对象中的数据的访问权限，主要授予需要对某个数据库对象的数据进行操作的普通用户，其管理内容包括为用户授予对象权限以及对象权限的回收。

4. 授予权限操作与回收权限操作可以使用 SQL 语句实现，也可以使用 DM 管理工具实现。

■ 思考与练习

1. 由系统管理员 SYSDBA 把所有系统权限授给用户 EMHR_ADMIN，并允许其转授。

2. 由系统管理员 SYSDBA 把对表 STUDENTINFO、COURSEINFO、TEACHERINFO、CLASSINFO 所有对象权限授给用户 T001、T002、T003，并允许其转授。

3. 由用户 T001 把对表 STUDENTINFO、COURSEINFO、TEACHERINFO、CLASSINFO 查询权限授给用户 JS202201001、JS202201011、GG202202002，不允许其转授。

4. 由系统管理员 SYSDBA 把对表 STUDENTINFO、COURSEINFO、TEACHERINFO、CLASSINFO 对象删除权限收回。

任务 4　角色管理

{∘} 【任务描述】

花小新："花工，有个问题请教您一下，实际应用中，访问数据库的用户往往比较多，这些用户为了访问数据库，至少拥有 CREATE TABLE、CREATE VIEW 等权限。如果将这些权限分别授予这些用户，那么需要进行的授权次数比较多。我怎样做才能减少授权次数呢？"

花中成："可以考虑集中进行授权操作，先把这些权限事先放在一起，然后作为一个整体授予这些用户，那么每个用户只需一次授权，授权的次数将大大减少，而且用户数越多，需要指定的权限越多，这种授权方式的优越性就越明显。"

花小新："你能给我演示一下吗？"

花中成："可以的，没问题。"

{∘} 【知识学习】

对象权限管理

达梦数据库中，角色是一组权限的组合，能够简化数据库的权限管理，使用角色的目的是使权限管理更加方便。基于权限的角色管理在用户和权限之间架起了一座桥梁。权限被赋予角色，数据库管理员通过指定特定的角色为用户授权。

一、预定义角色

在达梦数据库中有两类角色，一类是达梦数据库预设定的角色，一类是用户自定义的角色。达梦数据库提供了一系列的预定义角色以帮助用户进行数据库权限的管理。预定义角色在数据库被创建之后即存在，并且已经包含了一些权限，数据库管理员可以将这些角色直接授予用户。

在"三权分立"和"四权分立"(仅达梦安全版本提供)机制下，达梦数据库的预定义角色及其所具有的权限是不相同的。本部分只介绍"三权分立"机制下的预定义角色权限，如表 6-4-1 所示。

表 6-4-1　"三权分立"机制下常见的数据库预设定的角色

角色名称	角色简单说明
DBA	DM 数据库系统中对象与数据操作的最高权限集合，拥有构建数据库的全部特权，只有 DBA 角色才可以创建数据库结构
RESOURCE	可以创建数据库对象，对有权限的数据库对象进行数据操纵，不可以创建数据库结构
PUBLIC	不可以创建数据库对象，只能对有权限的数据库对象进行数据操纵

角色名称	角色简单说明
VTI	具有系统动态视图的查询权限，VTI 角色默认授权给 DBA 角色，且可转授
SOI	具有系统表的查询权限
SVI	具有基础 V 视图的查询权限
DB_AUDIT_ADMIN	数据库审计的最高权限集合，可以对数据库进行各种审计操作，并创建新的审计用户
DB_AUDIT_OPER	可以对数据库进行各种审计操作，但不能创建新的审计用户
DB_AUDIT_PUBLIC	不能进行审计设置，但可以查询审计相关的字典表
DB_AUDIT_VTI	具有系统动态视图的查询权限，DB_AUDIT_VTI 角色默认授权给 DB_AUDIT_ADMIN 角色，且可转授
DB_AUDIT_SOI	具有系统表的查询权限
DB_AUDIT_SVI	具有基础 V 视图和审计 V 视图的查询权限
DB_POLICY_ADMIN	数据库强制访问控制的最高权限集合，可以对数据库进行强制访问控制管理，并创建新的安全管理用户
DB_POLICY_OPER	可以对数据库进行强制访问控制管理，但不能创建新的安全管理用户
DB_POLICY_PUBLIC	不能进行强制访问控制管理，但可以查询强制访问控制相关的字典表
DB_POLICY_VTI	具有系统动态视图的查询权限，DB_POLICY_VTI 角色默认授权给 DB_POLICY_ADMIN 角色，且可转授
DB_POLICY_SOI	具有系统表的查询权限
DB_POLICY_SVI	具有基础 V 视图和安全 V 视图的查询权限

达梦数据库在创建数据库时自动创建了四种类型的用户，即 DBA、SSO、AUDITOR、DBO(安全版本创建)，每种类型又各对应几种预定义角色，如表 6-4-2 所示。

表 6-4-2　用户类型与预定义角色对应表

用户类型	预 定 义 角 色
DBA	DBA、RESOURCE、PUBLIC、VTI、SOI、SVI
SSO	DB_POLICY_ADMIN、DB_POLICY_OPER、DB_POLICY_PUBLIC、DB_POLICY_VTI、DB_POLICY_SOI、DB_POLICY_SVI
AUDITOR	DB_ADUTI_ADMIN、DB_AUDIT_OPER、DB_AUDIT_PUBLIC、DB_AUDIT_VTI、DB_AUDIT_SOI、DB_AUDIT_SVI
DBO	DB_OBJECT_ADMIN、DB_OBJECT_OPER、DB_OBJECT_PUBLIC、DB_OBJECT_VTI、DB_OBJECT_SOI、DB_OBJECT_SVI

初始时仅有管理员具有创建用户的权限，每种类型的管理员创建的用户缺省就拥有这种类型的 PUBLIC 和 SOI 预定义角色，如 SYSAUDITOR 新创建的用户缺省就具有 DB_AUDIT_PUBLIC 和 DB_AUDIT_SOI 角色。之后管理员可根据需要进一步授予新建用户其

他预定义角色。

管理员也可以将"CREATE USER"权限转授给其他用户，这些用户之后就可以创建新的用户了。他们创建的新用户缺省也具有与其创建者相同类型的 PUBLIC 和 SOI 预定义角色。

二、创建角色

1. 使用 SQL 语句创建角色

创建角色的命令是 CREATE ROLE，其语法格式如下：

CREATE ROLE <角色名>;

使用说明：

(1) 创建者必须具有 CREATE ROLE 数据库权限。

(2) 角色名的长度不能超过 128 个字符。

(3) 角色名不允许和系统已存在的用户名重名。

(4) 角色名不允许是达梦数据库保留字。

2. 使用 DM 管理工具创建角色

操作方法如下：打开 DM 管理工具，在窗口左侧的"对象导航栏"【角色】选项上点击右键，在打开的快捷菜单中选择"新建角色 (N)…"选项，在打开的"新建角色"窗口输入角色名，选择所属角色的"授予"或"转授"权，单击"确定"按钮，角色创建成功，如图 6-4-1 所示。

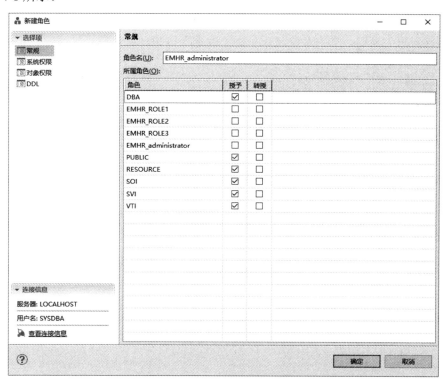

图 6-4-1　DM 管理工具创建角色

三、删除角色

1. 使用 SQL 语句删除角色

具有"DROP ROLE"权限的用户可以删除角色，其语法如下：

DROP ROLE [IF EXISTS] < 角色名 >;

即使已将角色授予了其他用户，删除这个角色的操作也将成功执行。此时，那些之前被授予该角色的用户将不再具有这个角色所拥有的权限，除非用户通过其他途径也获得了这个角色所具有的权限。

指定 IF EXISTS 关键字后，删除不存在的角色时不会报错，否则会报错。

例如：假如角色 EMHR_student 具有对表 EMHR.STUDENTINFO 进行 SELECT 操作的权限，将角色 EMHR_student 授予用户 JS202201001，则用户 JS202201001 具有了对表 EMHR.STUDENTINFO 进行 SELECT 操作的权限。此时删除角色 EMHR_student，那么用户 JS202201001 将不能再查询表 EMHR.STUDENTINFO。但是如果用户 JS202201001 从别的途径 (直接授权或通过别的角色授权) 重复获得了 SELECT 表 EMHR.STUDENTINFO 的权限，那么即使删除了角色 EMHR_student，用户 JS20220100 仍然具有 SELECT 表 EMHR.STUDENTINFO 的权限。

2. 使用 DM 管理工具删除角色

使用 DM 管理工具删除角色 EMHR_ROLE3。

操作方法如下：打开 DM 管理工具，将窗口左侧的"对象导航栏"→【角色】节点展开，在需要删除的角色上点击右键，在打开的快捷菜单中单击"删除 Delete"选项，打开"删除对象"窗口，选中对象名，单击"确定"按钮，将角色删除，如图 6-4-2 所示。

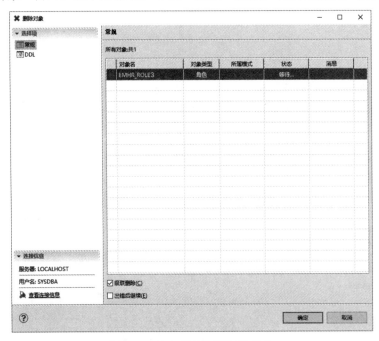

图 6-4-2　DM 管理工具删除角色

四、启用与禁用角色

某些时候，用户不愿意删除一个角色，但是却希望这个角色失效，此时可以使用达梦数据库系统过程 SP_SET_ROLE 来设置这个角色为可用或不可用，第二个参数为 0 表示禁用角色，1 表示启用角色。

使用说明：

(1) 只有拥有 ADMIN_ANY_ROLE 权限的用户才能启用和禁用角色，并且设置后立即生效。

(2) 凡是包含禁用角色 A 的角色 M，M 中禁用的角色 A 将无效，但是 M 仍有效。

(3) 系统预设的角色是不能设置的，如：DBA、PUBLIC、RESOURCE。

也可以使用 DM 管理工具将角色禁用或启用。操作方法如下：

打开 DM 管理工具，将窗口左侧的"对象导航栏"→【角色】节点展开，在需要启用或禁用的角色上点击右键，在打开的快捷菜单中单击"启用 (E)"或"禁用 (S)"选项，将启用或禁用，如图 6-4-3 所示。

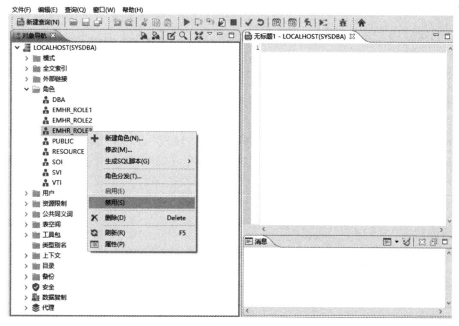

图 6-4-3 DM 管理工具禁用 / 启用角色

五、分配与回收角色权限

1. 使用 SQL 语句进行角色权限的分配与回收

1) 角色权限的分配

通常角色包含权限或其他角色，可以使用 GRANT 语句将一个角色授予用户或其他角色，这样用户和其他角色就继承了该角色所具有的权限。语法格式如下：

GRANT< 角色名 >{, < 角色名 >} TO < 用户或角色 >{, < 用户或角色 >} [WITH ADMIN OPTION];

使用说明：

(1) 角色的授予者必须是拥有相应的角色以及其转授权的用户。

(2) 权限接受者必须与授权者类型一致 (如不能把审计角色授予标记角色)。

(3) 支持角色的转授。

(4) 不支持角色的循环转授，如将 EMHR_ROLE1 授予 EMHR_ROLE2，EMHR_ROLE2 不能再授予 EMHR_ROLE1。

2) 角色权限的回收

可以使用 REVOKE 语句回收用户或其他角色从指定角色继承过来的权限。语法格式为

REVOKE [ADMIN OPTION FOR] < 角色名 >{, < 角色名 >} FROM < 角色名或用户名 >;

使用说明：

(1) 权限回收者必须是具有回收相应角色以及转授权的用户。

(2) 使用 ADMIN OPTION FOR 选项的目的是收回用户或角色权限转授的权利，而不回收用户或角色的权限。

2. 使用 DM 管理工具进行角色权限的分配与回收

数据库权限以及对象权限的授予与回收也可以使用 DM 管理工具进行。操作方法如下：

登录 DM 管理工具，将窗口左侧【对象导航】栏的【角色】节点展开，在需要设置权限的角色上右键单击"修改 (M)…"选项,在打开的"修改角色"窗口左侧选择"系统权限"或"对象权限"选项，进行系统权限和对象权限的设置。

1) 系统权限的操作

在"修改角色"窗口，选择左侧的"系统权限"选项，在右侧的"系统权限"列表，在对应的"权限"名称上，勾选或取消"授予"和"转授"的权限操作，如图 6-4-4 所示。

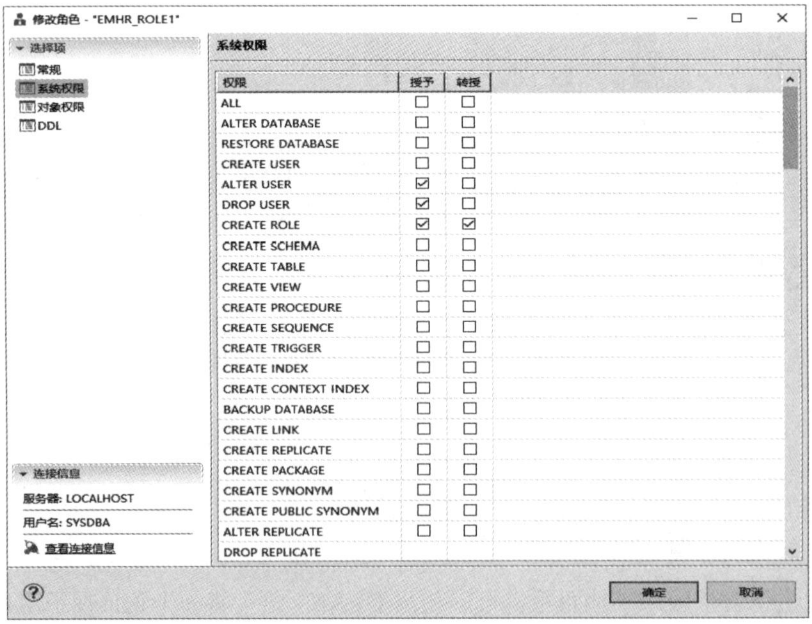

图 6-4-4　DM 管理工具角色系统权限的操作

2) 对象权限的操作

在"修改角色"窗口，选择左侧的"对象权限"选项，在中间"对象权限"列表部分将对象节点展开，选择需要授权或回收的对象，在右侧的权限列表部分"权限"名称上，勾选或取消"授予"和"转授"的权限操作，权限回收方式可以选择"级联"或"受限"，如图 6-4-5 所示。

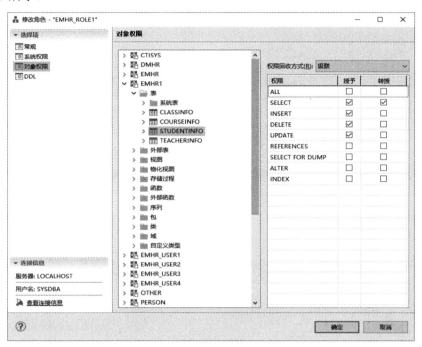

图 6-4-5　DM 管理工具角色对象权限的操作

⚙ 【任务实施】

一、创建角色并授予权限

(1) 使用 SQL 语句创建角色 EMHR_administrator，赋予其 EMHR.STUDENTINFO 表的所有权限：

```
SQL> CREATE ROLE EMHR_administrator;
操作已执行
已用时间 : 1.975( 毫秒 ). 执行号 : 3103.
SQL> GRANT ALL PRIVILEGES ON EMHR.STUDENTINFO TO EMHR_administrato;
操作已执行
已用时间 : 2.406( 毫秒 ). 执行号 : 3104.
```

(2) 使用 SQL 语句创建角色 EMHR_teacher，赋予其 EMHR.STUDENTINFO 表的增删改查权限：

```
SQL> CREATE ROLE EMHR_teacher;
```

操作已执行

已用时间 : 2.735(毫秒). 执行号 : 3105.

SQL> GRANT INSERT,DELETE,UPDATE,SELECT ON EMHR.STUDENTINFO TO EMHR_teacher

操作已执行

(3) 使用 DM 管理工具创建角色 EMHR_student，赋予其 EMHR.STUDENTINFO 表的查询权限，操作步骤如图 6-4-6、图 6-4-7 所示。

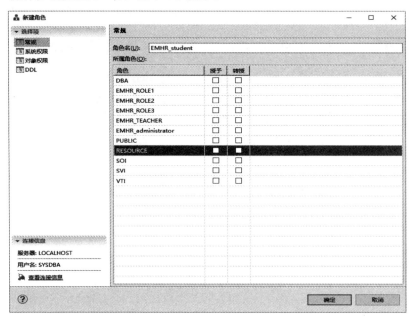

图 6-4-6　DM 管理工具创建角色 EMHR_student

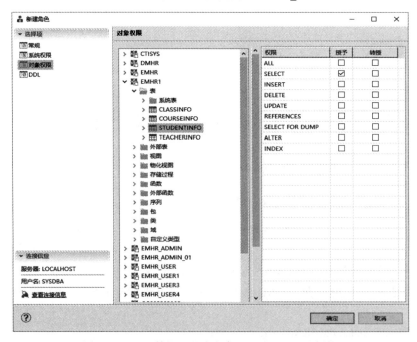

图 6-4-7　DM 管理工具为角色 EMHR_student 授权

二、利用角色进行权限管理

(1) 让用户 T001 继承角色 EMHR_teacher 的权限；让用户 JS202201001 继承角色 EMHR_student 的权限；让角色 EMHR_student 继承角色 EMHR_teacher 的权限：

```
SQL> GRANT EMHR_teacher TO T001;
操作已执行
已用时间 : 93.499( 毫秒 ). 执行号 : 3800.


SQL> GRANT EMHR_student TO JS202201001;
操作已执行
已用时间 : 2.336( 毫秒 ). 执行号 : 3801.


SQL> GRANT EMHR_teacher TO EMHR_student;
操作已执行
已用时间 : 2.336( 毫秒 ). 执行号 : 3802.
```

(2) 回收用户角色 EMHR_student 的 EMHR_teacher 角色：

```
SQL> REVOKE EMHR_teacher FROM EMHR_student;
操作已执行
已用时间 : 2.900( 毫秒 ). 执行号 : 3803.
```

三、对角色进行管理

(1) 将角色 EMHR_ROLE3 删除：

```
SQL> DROP ROLE IF EXISTS EMHR_ROLE3;
操作已执行
已用时间 : 5.191( 毫秒 ). 执行号 : 3106.
```

(2) 将角色 EMHR_student 禁用：

```
SQL> SP_SET_ROLE('EMHR_student', 0);
DMSQL 过程已成功完成
已用时间 : 20.822( 毫秒 ). 执行号 : 3107.
```

(3) 将角色 EMHR_student 启用：

```
SQL> SP_SET_ROLE('EMHR_student', 1);
DMSQL 过程已成功完成
已用时间 : 2.593( 毫秒 ). 执行号 : 3108.
```

【任务回顾】

■ 知识点总结

本任务主要讲述了怎样创建、删除角色，怎样启用、禁用角色，以及怎样对角色权限进行分配与回收，从而让学习者掌握如何通过特定的角色为用户授权，并根据需要进行角色转化，以简化授权管理，增强了可操作性与可管理性。

1. 达梦数据库存在两类角色：达梦数据库预设定的角色、用户自定义的角色。

2. 可以使用 SQL 语句或者 DM 管理工具创建角色。

3. 可以为角色授权，并将角色权限授予用户或其他角色。

4. 可以将授予的角色权限进行回收。

5. 可以对角色进行启用、禁用、修改、删除等操作。

■ 思考与练习

1. 为教务管理系统创建角色 ADMIN、TEACHER、STUDENT。

2. 将角色 DBA 授予角色 ADMIN。

3. 将表 STUDENTINFO、COURSEINFO、TEACHERINFO、CLASSINFO 的所有操作权限授予角色 TEACHER。

4. 将表 STUDENTINFO、COURSEINFO、TEACHERINFO、CLASSINFO 的查询权限授予角色 STUDENT。

5. 将角色 TEACHER 授予用户 T001、T002、T003。

6. 将角色 STUDENT 授予用户 JS202201001、JS202201011、GG202202002。

任务5　数据库审计

【任务描述】

花小新："数据库审计是指什么？"

花中成："数据库审计系统是对数据库访问行为进行监管的系统，多采用旁路部署的方式，通过镜像或探针的方式采集所有数据库的访问流量，并基于 SQL 语法、语义的解析技术，记录下数据库的所有访问和操作行为，例如访问数据的用户 (IP、账号、时间)、操作 (增、删、改、查)、对象 (表、字段) 等。数据库审计系统的主要作用：一是在发生数据库安全事件 (例如数据篡改、泄露) 后为事件的追责定责提供依据；二是针对数据库操作的风险行为进行实时告警。数据库审计系统会带来一定的系统开销，实施过程中要权衡安全与性能。审计机制是数据库管理系统安全管理的重要组成部分之一。"

花小新："那您能给介绍一下达梦数据库的审计系统吗？"

花中成："达梦数据库在提供数据安全保护措施的基础上，还提供对日常事件的事后审计监督。通过达梦数据库审计系统来记录系统级事件、个别用户的行为以及对数据库对象的访问。通过考察、跟踪审计信息，监视和记录用户对数据库所施加的各种操作，数据库审计员可以查看用户访问的形式以及曾试图对该系统进行的操作，从而采取积极、有效的应对措施。"

花小新："谢谢花工。"

角色管理

【知识学习】

从上面的介绍中我们也可以看出，达梦数据库中，数据库审计员的主要职责是以安全事件为中心，以全面审计和精确审计为基础，实时记录网络上的数据库活动，对数据库操作进行细粒度审计的合规性管理，对数据库遭受到的风险行为进行实时告警。数据库审计员通过规划、设置对数据库用户、对象的操作设置审计规则，对用户访问数据库的行为进行记录、分析和汇报，事后生成合规报告，事故追根溯源，定位事件原因，以便日后查询、分析、过滤，提高数据资产的安全性。

一、审计开关设置

达梦数据库安装后默认状态是关闭审计状态。需要启动审计功能，首先要设置审计开关。审计开关由过程 VOID SP_SET_ENABLE_AUDIT(param int); 控制，过程执行完后立即生效。param 有三种取值：

0：关闭审计。

1：打开普通审计。

2：打开普通审计和实时审计。

系统缺省值为 0。

执行数据库审计相关操作，需要具有数据库审计员的相关权限。审计开关必须由具有数据库审计员权限的管理员进行设置。

数据库审计员可通过查询 V$DM_INI 动态视图查询 ENABLE_AUDIT 的当前值，了解数据库当前审计系统状态。

以 SYSAUDITOR 用户登录，然后进行审计开关设置：

SQL> SP_SET_ENABLE_AUDIT (1);

DMSQL 过程已成功完成

已用时间 : 140.890(毫秒). 执行号 : 4004.

SQL> SELECT * FROM V$DM_INI WHERE PARA_NAME='ENABLE_AUDIT';

行号　PARA_NAME　PARA_VALUE MIN_VALUE MAX_VALUE DEFAULT_VALUE MPP_CHK SESS_VALUE FILE_VALUE

　　　DESCRIPTION　　　　　　　　　　　　　PARA_TYPE

---------- ------------ ---------- --------- --------- ------------- ------- ---------- ----------

--- ---------

1　ENABLE_AUDIT　1　0　2　0　N　1　0

Flag For Allowing Audit, 0: no audit 1: normal audit 2:normal audit and realtime audit READ ONLY

已用时间 : 5.196(毫秒). 执行号 : 4005.

二、审计设置与取消

数据库审计员指定被审计对象的活动称为审计设置，只有具有 AUDIT DATABASE 权限的审计员才能进行审计设置。达梦数据库 SYSAUDITOR 创建、修改审计用户，并赋予相应的权限，数据库管理员 SYSDBA 不能创建、修改审计用户。

达梦数据库提供审计设置系统过程来实现这种设置，被审计的对象可以是某类操作，也可以是某些用户在数据库中的全部行踪。只有预先设置的操作和用户才能被 DM 系统自动进行审计。

DM 允许在三个级别上进行审计设置，如表 6-5-1 所示。

表 6-5-1 审 计 级 别

审计级别	说 明
系统级	系统的启动与关闭，此级别的审计无法也无须由用户进行设置，只要审计开关打开就会自动生成对应审计记录
语句级	导致影响特定类型数据库对象的特殊 SQL 或语句组的审计。如 AUDIT TABLE 将审计 CREATE TABLE、ALTER TABLE 和 DROP TABLE 等语句
对象级	审计作用在特殊对象上的语句。如 test 表上的 INSERT 语句

审计设置存放于达梦数据库字典表 SYSAUDIT 中，进行一次审计设置就在 SYSAUDIT 中增加一条对应的记录，取消审计则删除 SYSAUDIT 中相应的记录。

达梦数据库审计主要分为语句级审计、对象级审计和语句序列审计。语句级审计监视一个、多个或者所有用户提交的 SQL 语句；对象级审计监视一个模式中一个或者多个对象（表、视图、索引、存储过程、函数、包等）上发生的行为；语句序列审计监视特定顺序的 SQL 语句执行情况。

1. 语句级审计

语句级审计的动作是全局性的，不对应具体的数据库对象。其审计选项如表 6-5-2 所示。

表 6-5-2 语句级审计选项

审计选项	审计的数据库操作	说 明
ALL	所有的语句级审计选项	所有可审计操作
USER	CREATE USER ALTER USER DROP USER	创建 / 修改 / 删除用户操作
ROLE	CREATE ROLE DROP ROLE	创建 / 删除角色操作
TABLESPACE	CREATE TABLESPACE ALTER TABLESPACE DROP TABLESPACE	创建 / 修改 / 删除表空间操作
SCHEMA	CREATE SCHEMA DROP SCHEMA SET SCHEMA	创建 / 删除 / 设置当前模式操作

审计选项	审计的数据库操作	说　明
TABLE	CREATE TABLE ALTER TABLE DROP TABLE TRUNCATE TABLE	创建 / 修改 / 删除 / 清空基表操作
VIEW	CREATE VIEW ALTER VIEW DROP VIEW	创建 / 修改 / 删除视图操作
INDEX	CREATE INDEX DROP INDEX	创建 / 删除索引操作
PROCEDURE	CREATE PROCEDURE ALTER PROCEDURE DROP PROCEDURE	创建 / 修改 / 删除存储模块操作
TRIGGER	CREATE TRIGGER ALTER TRIGGER DROP TRIGGER	创建 / 修改 / 删除触发器操作
SEQUENCE	CREATE SEQUENCE ALTER SEQUENCE DROP SEQUENCE	创建 / 修改 / 删除序列操作
CONTEXT	CREATE CONTEXT INDEX ALTER CONTEXT INDEX DROP CONTEXT INDEX	创建 / 修改 / 删除全文索引操作
SYNONYM	CREATE SYNONYM DROP SYNONYM	创建 / 删除同义词
GRANT	GRANT	授予权限操作
REVOKE	REVOKE	回收权限操作
AUDIT	AUDIT	设置审计操作
NOAUDIT	NOAUDIT	取消审计操作
INSERT TABLE	INSERT INTO TABLE	表上的插入操作
UPDATE TABLE	UPDATE TABLE	表上的修改操作
DELETE TABLE	DELETE FROM TABLE	表上的删除操作
SELECT TABLE	SELECT FROM TABLE	表上的查询操作
EXECUTE PROCEDURE	CALL PROCEDURE	调用存储过程或函数操作
PACKAGE	CREATE PACKAGE DROP PACKAGE	创建 / 删除包规范
PACKAGE BODY	CREATE PACKAGE BODY DROP PACKAGE BODY	创建 / 删除包体

续表二

审计选项	审计的数据库操作	说　明
MAC POLICY	CREATE POLICY ALTER POLICY DROP POLICY	创建 / 修改 / 删除策略
MAC LEVEL	CREATE LEVEL ALTER LEVEL DROP LEVEL	创建 / 修改 / 删除等级
MAC COMPARTMENT	CREATE COMPARTMENT ALTER COMPARTMENT DROP COMPARTMENT	创建 / 修改 / 删除范围
MAC GROUP	CREATE GROUP ALTER GROUP DROP GROUP ALTER GROUP PARENT	创建 / 修改 / 删除组，更新父组
MAC LABEL	CREATE LABEL ALTER LABEL DROP LABEL	创建 / 修改 / 删除标记
MAC USER	USER SET LEVELS USER SET COMPARTMENTS USER SET GROUPS USER SET PRIVS	设置用户等级 / 范围 / 组 / 特权
MAC TABLE	INSER TABLE POLICY REMOVE TABLE POLICY APPLY TABLE POLICY	插入 / 取消 / 应用表标记
MAC SESSION	SESSION LABEL SESSION ROW LABEL RESTORE DEFAULT LABELS SAVE DEFAULT LABELS	保存 / 取消会话标记，设置会话默认标记，设置会话行标记
CHECKPOINT	CHECKPOINT	检查点 (checkpoint)
SAVEPOINT	SAVEPOINT	保存点
EXPLAIN	EXPLAIN	显示执行计划
NOT EXIST		分析对象不存在导致的错误
DATABASE	ALTER DATABASE	修改当前数据库操作
CONNECT	LOGIN LOGOUT	登录 / 退出操作
COMMIT	COMMIT	提交操作
ROLLBACK	ROLLBACK	回滚操作
SET TRANSACTION	SET TRX ISOLATION SET TRX READ WRITE	设置事务的读写属性和隔离级别

续表三

审计选项	审计的数据库操作	说　明
BACKUP	BACKUP DATABASE BACKUP TABLESPACE BACKUP TABLE BACKUP ARCHIVE	库 / 表空间 / 表 / 归档备份操作
RESTORE	RESTORE TABLESPACE RESTORE TABLE	表空间 / 表还原操作
DIMP	DIMP FULL DIMP OWNER DIMP SCHEMA DIMP TABLE	逻辑导入：库级 / 用户级 / 模式级 / 表级
DEXP	DEXP FULL DEXP OWNER DEXP SCHEMA DEXP TABLE	逻辑导出：库级 / 用户级 / 模式级 / 表级
FLDR	FLDR IN FLDR OUT	FLDR 工具导入 / 导出
WARNING	AUD SPACE WARNING	审计剩余可用空间不足
KEY	CREATE KEY DESTROY KEY	生成 / 销毁密钥
CRYPT	ENCRYPT DECRYPT	数据加密 / 解密
DTS	DTS IN DTS OUT	DTS 工具迁入 / 迁出

(1) 设置语句级审计的系统过程：

```
VOID
SP_AUDIT_STMT
(
    TYPE VARCHAR(30),
    USERNAME VARCHAR (128),
    WHENEVER VARCHAR (20)
)
```

参数说明：

TYPE：语句级审计选项，即表 6-5-2 中的第一列。

USERNAME：用户名，NULL 表示不限制。

WHENEVER：审计时机，可选的取值为 ALL(所有的)、SUCCESSFUL(操作成功时)、FAIL(操作失败时)。

(2) 取消语句级审计的系统过程：

```
VOID
SP_NOAUDIT_STMT(
    TYPE VARCHAR(30),
    USERNAME VARCHAR (128),
    WHENEVER VARCHAR (20)
)
```

参数说明：

TYPE：语句级审计选项，即表 6-5-2 中的第一列。

USERNAME：用户名，NULL 表示不限制。

WHENEVER：审计时机，可选的取值为 ALL(所有的)、SUCCESSFUL(操作成功时)、FAIL(操作失败时)。

注意：取消审计语句必须和设置审计语句进行匹配，只有完全匹配的才可以取消审计，否则无法取消审计。

2. 对象级审计

对象级审计发生在具体的对象上，需要指定模式名以及对象名。其审计选项如表 6-5-3 所示。

表 6-5-3　对象级审计选项

审计选 (SYSAUDITRECORDS 表中 operation 字段对应内容)	TABLE	VIEW	COL	PROCEDURE FUNCTION	TRIGGER
INSERT	√	√	√		
UPDATE	√	√	√		
DELETE	√	√	√		
SELECT	√	√	√		
EXECUTE				√	
MERGE INTO	√	√			
EXECUTE TRIGGER					√
LOCK TABLE	√				
BACKUP TABLE	√				
RESTORE TABLE	√				
ALL(所有对象级审计选项)	√	√	√	√	

表 6-5-3 中，对于 UPDATE 和 DELETE 操作，因为也需要做 SELECT 操作，所以只要设置审计 SELECT 操作时，UPDATE 和 DELETE 也会作为 SELECT 操作被审计。

(1) 设置对象级审计的系统过程：

```
VOID
SP_AUDIT_OBJECT (
    TYPE VARCHAR(30),
```

```
        USERNAME VARCHAR (128),
        SCHNAME VARCHAR (128),
        TVNAME VARCHAR (128),
        WHENEVER VARCHAR (20)
)


VOID
SP_AUDIT_OBJECT (
        TYPE VARCHAR(30),
        USERNAME VARCHAR (128),
        SCHNAME VARCHAR (128),
        TVNAME VARCHAR (128),
        COLNAME VARCHAR (128),
        WHENEVER VARCHAR (20)
)
```

参数说明：

TYPE：对象级审计选项，即表 6-5-3 中的第一列。

USERNAME：用户名。

SCHNAME：模式名，为空时置"null"。

TVNAME：表、视图、存储过程名，不能为空。

COLNAME：列名。

WHENEVER：审计时机，可选的取值为 ALL(所有的)、SUCCESSFUL(操作成功时)、FAIL(操作失败时)。

(2) 取消对象级审计的系统过程：

```
VOID
SP_NOAUDIT_OBJECT (
        TYPE VARCHAR(30),
        USERNAME VARCHAR (128),
        SCHNAME VARCHAR (128),
        TVNAME VARCHAR (128),
        WHENEVER VARCHAR (20)
)


VOID
SP_NOAUDIT_OBJECT (
        TYPE VARCHAR(30),
        USERNAME VARCHAR (128),
        SCHNAME VARCHAR (128),
        TVNAME VARCHAR (128),
```

```
    COLNAME VARCHAR (128),
    WHENEVER VARCHAR (20)
)
```

参数说明：

TYPE：对象级审计选项，即表 6-5-3 中的第一列。

USERNAME：用户名。

SCHNAME：模式名，为空时置"null"。

TVNAME：表、视图、存储过程名，不能为空。

COLNAME：列名。

WHENEVER：审计时机，可选的取值为 ALL（所有的）、SUCCESSFUL（操作成功时）、FAIL（操作失败时）。

3. 语句序列审计

达梦数据库提供了语句序列审计功能，作为语句级审计和对象级审计的补充。语句序列审计需要审计员预先建立一个审计规则，包含 N 条 SQL 语句 (SQL1，SQL2，…)，如果某个会话依次执行了这些 SQL 语句，就会触发审计。

1) 建立语句序列审计规则

建立语句序列审计规则的过程包括下面三个系统过程。

```
VOID
    SP_AUDIT_SQLSEQ_START(
    NAME VARCHAR (128)
)

VOID
    SP_AUDIT_SQLSEQ_ADD(
    NAME VARCHAR (128),
    SQL VARCHAR (8188)
)

VOID
    SP_AUDIT_SQLSEQ_END(
    NAME VARCHAR (128)
)
```

参数说明：

NAME：语句序列审计规则名称。

SQL：需要审计的语句序列中的 SQL 语句。

使用说明：

建立语句序列审计规则需要先调用 SP_AUDIT_SQLSEQ_START，之后调用若干次 SP_AUDIT_SQLSEQ_ADD，每次加入一条 SQL 语句，审计规则中的 SQL 语句顺序根据加入 SQL 语句的顺序确定，最后调用 SP_AUDIT_SQLSEQ_END 完成规则的建立。

2) 取消语句序列审计规则

可使用下面的系统过程删除指定的语句序列审计规则。

```
VOID
    SP_AUDIT_SQLSEQ_DEL(
    NAME VARCHAR (128)
)
```

参数说明：

NAME：语句序列审计规则名。

相关说明：

(1) 只要审计功能被启用，系统级的审计记录就会产生，即系统级审计记录不需要设置。

(2) 在进行数据库审计时，审计员之间没有区别，都可以审计所有的数据库对象，也可以取消其他审计员的审计设置。

(3) 语句级审计不针对特定的对象，只针对用户 (默认针对特定用户，也可以指定用户)。

(4) 对象级审计针对指定的用户与指定的对象进行审计。

(5) 在设置审计时，审计选项不区分包含关系，都可以设置。

(6) 在设置审计时，审计时机不区分包含关系，都可以进行设置。

(7) 如果用户执行的一条语句与设置的若干审计项都匹配，只会在审计文件中生成一条审计记录。

三、审计文件管理

达梦数据库审计信息存储在审计文件中。审计文件默认存放在数据库的 SYSTEM_PATH 所指定的路径，即数据库所在路径。用户也可在 dm.ini 文件中添加参数 AUD_PATH 来指定审计文件的存放路径。例如：

```
CTL_PATH        = E:\dmdbms\data\DAMENG\dm.ctl          ##ctl file path
CTL_BAK_PATH    = E:\dmdbms\data\DAMENG\ctl_bak         ##dm.ctl backup path
CTL_BAK_NUM     = 10   ##backup number of dm.ctl, allowed to keep one more backup file besides
                          specified number.
SYSTEM_PATH     = E:\dmdbms\data\DAMENG                 ##system path
CONFIG_PATH     = E:\dmdbms\data\DAMENG                 ##config path
TEMP_PATH       = E:\dmdbms\data\DAMENG                 ##temporary file path
BAK_PATH        = E:\dmdbms\data\DAMENG\bak             ##backup file path
DFS_PATH        =                                      ##path of db_file in dfs
AUD_PATH        = E:\dmdbms\data\DAMENG\AUDIT_Log
```

审计文件命名格式为"AUDIT_GUID_ 创建时间 .log"，其中"GUID"为 DM 给定的一个唯一值。例如：

AUDIT_DMSERVER_B8AC51902A134640974FDDB96B21C20B_2022-11-6-18-6-18.log

审计文件的大小可以通过达梦数据库的 INI 参数 AUDIT_MAX_FILE_SIZE 指定。

当单个审计文件超过指定大小时，系统会自动切换审计文件，自动创建新的审计文件，审计记录将写入新的审计文件中。AUDIT_MAX_FILE_SIZE 为动态系统级参数，缺省值为 100 MB，DBA 用户可以通过系统过程 SP_SET_PARA_VALUE 对其进行动态修改，有效值范围为 1～4096 MB。

如果一直开启审计系统，随着数据库系统的运行，审计记录将会持续增长，审计文件也就需要更多的磁盘空间。如果不迁移或者删除，审计记录将有可能会因为磁盘空间不足导致无法写入审计文件，最终系统无法正常运行。

达梦数据库有两种策略处理这种情况。通过设置达梦数据库的 INI 参数 AUDIT_FILE_FULL_MODE 进行配置。当将 AUDIT_FILE_FULL_MODE 置为 1 时，将删除最老的审计文件，直至有足够的空间创建新审计文件。若将所有可以删除的审计文件都删除后空间仍旧不够，则数据库会挂起不再处理任何请求，直至磁盘空间被清理出足够创建新审计文件的空间；当将 AUDIT_FILE_FULL_MODE 置为 2 时，将不再写审计记录，默认值为 1。AUDIT_FILE_FULL_MODE 为静态参数，可以通过系统过程 SP_SET_PARA_VALUE 进行修改，但是修改需要重新启动达梦数据库服务器才能生效。

重要提示：两种策略都会导致审计记录的缺失，及时将审计文件进行迁移或者备份才是上策。

1. 删除特定时间点以前审计记录

若系统审计人员已对历史审计信息进行了充分分析，不再需要某个时间点之前的历史审计信息，可以使用系统过程删除指定时间点之前的审计文件，但是不会删除达梦数据库当前正在使用的审计文件。

```
VOID
    SP_DROP_AUDIT_FILE(
    TIME_STR VARCHAR(128),
    TYPE INT
);
```

参数说明：

TIME_STR：指定的时间字符串。

TYPE：审计文件类型，0 表示删除普通审计文件，1 表示删除实时审计文件。

2. 审计文件加密

为防止数据库审计文件泄露引起审计记录泄露，达梦数据库提供审计文件加密功能。审计管理员可使用系统过程设置审计文件加密。

```
VOID
    SP_AUDIT_SET_ENC(
    NAME VARCHAR(128),
    KEY VARCHAR(128)
)
```

参数说明：

NAME：加密算法名，可使用达梦数据库支持的加密算法，也支持用户自定义加密算法，具体支持的加密文档请参照相关技术文档。

KEY：加密密钥。

四、审计信息查阅

当使用达梦数据库提供的审计机制进行了审计设置后，这些审计设置信息都记录在数据字典表 SYSAUDITOR.SYSAUDIT 中，结构如表 6-5-4 所示。审计类型用户可以查看此数据字典表，查询审计设置信息。

表 6-5-4　SYSAUDITOR.SYSAUDIT 表结构

序号	列	数据类型	说　　明
1	LEVEL	SMALLINT	审计级别
2	UID	INTEGER	用户 ID
3	TVPID	INTEGER	表 / 视图 / 触发器 / 存储过程函数 ID
4	COLID	SMALLINT	列 ID
5	TYPE	SMALLINT	审计类型
6	WHENEVER	SMALLINT	审计情况

只要达梦数据库系统处于审计活动状态，系统会按审计设置进行审计活动，并将审计信息写入审计文件。审计记录内容包括操作者的用户名、所在站点、所进行的操作、操作的对象、操作时间、当前审计条件等。审计用户可以通过动态视图 SYSAUDITOR. V$AUDITRECORDS 查询系统默认路径下的审计文件的审计记录，动态视图的结构如表 6-5-5 所示。

表 6-5-5　SYSAUDITOR.V$AUDITRECORDS 结构

序号	列	数据类型	说　　明
1	USERID	INTEGER	用户 ID
2	USERNAME	VARCHAR(128)	用户名
3	ROLEID	INTEGER	角色 ID
4	ROLENAME	VARCHAR(128)	角色名
5	IP	VARCHAR(25)	IP 地址
6	SCHID	INTEGER	模式 ID
7	SCHNAME	VARCHAR(128)	模式名
8	OBJID	INTEGER	对象 ID
9	OBJNAME	VARCHAR(128)	对象名
10	OPERATION	VARCHAR(128)	操作类型名

续表

序号	列	数据类型	说　明
11	SUCC_FLAG	CHAR(1)	成功标记
12	SQL_TEXT	VARCHAR(8188)	SQL 文本
13	DESCRIPTION	VARCHAR(8188)	描述信息
14	OPTIME	DATETIME	操作时间
15	MAC	VARCHAR(25)	操作对应的 MAC 地址
16	SEQNO	TINYINT	DMDSC 环境下表示生成审计记录的节点号，非 DMDSC 环境下始终为 0

假如我们对"EMHR.CLASSINFO"表进行了插入和修改操作，审计文件将会查询到记录：

```
SQL> SELECT USERNAME,OBJNAME,SQL_TEXT, SUCC_FLAG  FROM SYSAUDITOR.
V$AUDITRECORDS WHERE USERNAME='SYSDBA';

行号 USERNAME OBJNAME   SQL_TEXT                        SUCC_FLAG
---------- --------- --------- ----------------------------------------------------------
    1 SYSDBA  CLASSINFO update "EMHR"."CLASSINFO" set "Cnum"= ? where rowid = ?         Y
    2 SYSDBA  CLASSINFO update "EMHR"."CLASSINFO" set "Classname"= ? where rowid = ?    Y
    3 SYSDBA  CLASSINFO insert into "EMHR"."CLASSINFO"("ClassID", "Classname", "Department",
"Cnum") values (?, ?, ?, ?)                                                            Y

已用时间 : 16.436( 毫秒 ). 执行号 : 4041.
```

达梦数据库还提供实时侵害检测功能。实时侵害检测系统用于实时分析当前用户的操作，并查找与该操作相匹配的实时审计分析规则。如果规则存在，则判断该用户的行为是否侵害行为，确定侵害等级，并根据侵害等级采取相应的响应措施。限于本书篇幅原因，不再赘述，相关功能请参阅达梦数据库技术文档。

五、审计分析

达梦数据库提供了图形界面的审计分析工具 Analyzer 以及通过命令行启动的审计分析工具 dmaudtool。本书重点介绍 Analyzer 分析工具。

Analyzer 分析工具实现对审计记录的分析功能，能够根据所制订的分析规则，对审计记录进行分析，判断系统中是否存在对系统安全构成危险的活动。只有审计用户才能使用审计分析工具 Analyzer。

审计用户登录 DM 审计分析工具后，可以通过 Analyzer 创建和删除审计规则，可以指定对某些审计文件应用某些规则，并将审计结果以表格的方式展现出来。需要注意的是，这里创建的规则，适用于对审计文件按照规则条件进行过滤，这和前面使用 SP_AUDIT_STMT 等设置审计规则部分不同，前面设置后将产生审计记录，这里设计的规则实际上是对已经生产的审计记录集进行过滤。

审计用户登录 Analyzer 后可看到工具主界面如图 6-5-1 所示。

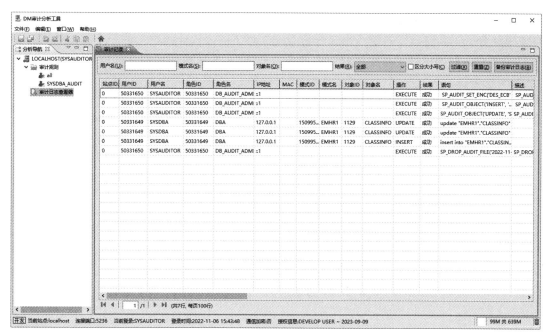

图 6-5-1　DM Analyzer 分析工具

1. 设置审计规则

右键单击导航树中的"审计规则"节点，在弹出的菜单中选择"新建审计分析规则"，打开新建审计分析规则窗口，如图 6-5-2 所示。

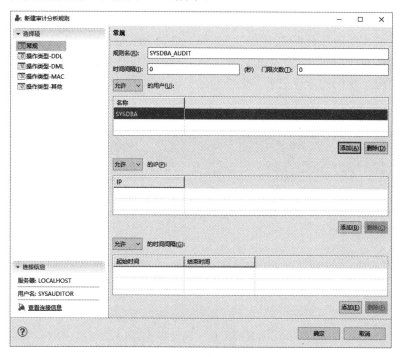

图 6-5-2　设置审计规则 (审计记录过滤规则)

图 6-5-2 中创建了一个名为 SYSDBA_AUDIT 的审计分析规则，对 SYSDBA 的所有审

计记录进行分析，之后我们就可以将这个审计分析规则应用于对审计记录文件的分析。在DM 审计分析工具窗口，右键点击"分析导航"栏下的"审计规则"或一个具体的审计分析规则节点，在弹出的菜单中选择"审计规则分析"，弹出审计规则分析窗口，如图 6-5-3所示。

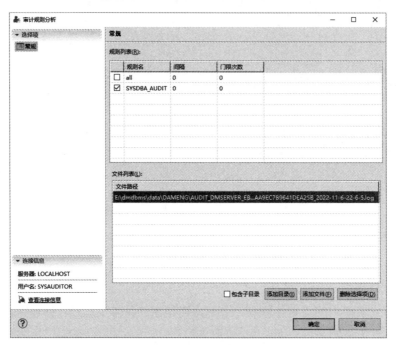

图 6-5-3　应用审计规则分析审计记录

　　选择需要应用的审计分析规则，可以选择一条或者多条，并在下面的文件列表中添加需要进行分析的审计记录文件，Analyzer 工具就会根据审计分析规则对文件中的审计记录进行分析，将满足规则的审计记录以表格的形式显示出来，如图 6-5-4 所示。

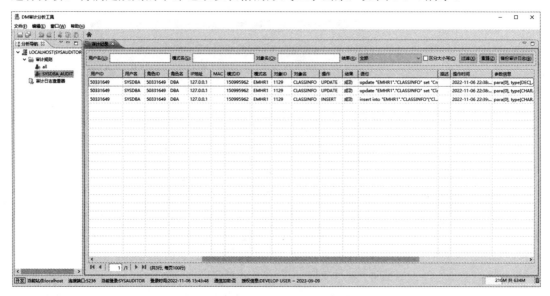

图 6-5-4　审计分析结果

2. 审计日志查看器

在 DM 审计分析工具窗口，双击"分析导航"栏下的"审计日志查看器"节点，或右键点击"审计日志查看器"，在打开的菜单中单击"审计日志查看"，打开条件设置窗口，如图 6-5-5 所示。

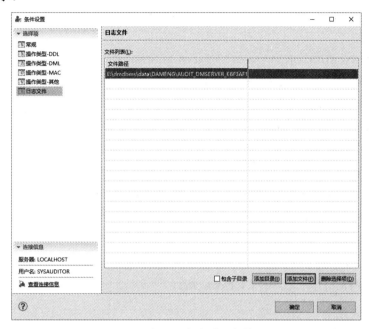

图 6-5-5　审计日志查看器条件设置

添加需要查看的审计记录文件，还可以在窗口左侧的"选择项"中设置各种过滤条件，单击"确定"按钮，将满足规则的审计记录以表格的形式显示出来，如图 6-5-6 所示。

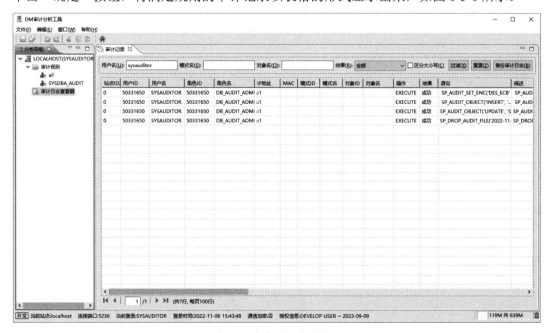

图 6-5-6　审计日志查看器查看审计分析结果

{ 任务实施 }

一、启动审计功能

以 SYSAUDITOR 用户登录，进行审计开关设置，将审计状态置为打开普通审计：

```
disql V8
SQL> CONN SYSAUDITOR/SYSAUDITOR@LOCALHOST: 5236
服务器 [LOCALHOST: 5236]: 处于普通打开状态
登录使用时间 : 11.156(ms)
SQL> SP_SET_ENABLE_AUDIT (1);
DMSQL 过程已成功完成
已用时间 : 140.890( 毫秒 ). 执行号 : 4004.
SQL> SELECT * FROM V$DM_INI WHERE PARA_NAME='ENABLE_AUDIT';
行号        PARA_NAME   PARA_VALUE MIN_VALUE MAX_VALUE DEFAULT_VALUE MPP_CHK
SESS_VALUE FILE_VALUE
---------- ------------ ---------- --------- --------- ------------- ------- ---------- ----------
     DESCRIPTION              PARA_TYPE
------------------------------------------------------------------------- ---------
1 ENABLE_AUDIT 1      0      2      0       N     1      0
    Flag For Allowing Audit, 0: no audit 1: normal audit 2:normal audit and realtime audit READ ONLY
已用时间 : 5.196( 毫秒 ). 执行号 : 4005.
```

二、设置审计内容

1. 语句审计

针对教务管理系统中表的 DDL 操作进行审计，具体审计事项如下：

(1) 对任何用户 (不指定用户) 进行的表的所有 DDL 操作，包括创建表 (CREATE TABLE)、修改表 (ALTER TABLE)、删除表 (DROP TABLE)、清空基表 (TRUNCATE TABLE)，无论成功还是失败，均进行审计：

```
SQL> SP_AUDIT_STMT('TABLE', 'NULL', 'ALL');
DMSQL 过程已成功完成
已用时间 : 89.315( 毫秒 ). 执行号 : 4006.
```

(2) PROCEDURE 审计选项含 CREATE PROCEDURE、ALTER PROCEDURE、DROP PROCEDURE 操作，仅对 SYSDBA 用户的成功操作进行审计：

```
SQL> SP_AUDIT_STMT('PROCEDURE', 'SYSDBA', 'SUCCESSFUL');
DMSQL 过程已成功完成
已用时间 : 32.410( 毫秒 ). 执行号 : 4007.
```

(3) 对用户 EMHR_ADMIN 进行的表上的增删改操作进行审计：

```
SQL> SP_AUDIT_STMT('INSERT TABLE', 'EMHR_ADMIN', 'ALL');
DMSQL 过程已成功完成
已用时间 : 33.085( 毫秒 ). 执行号 : 4008.
SQL> SP_AUDIT_STMT('DELETE TABLE', 'EMHR_ADMIN', 'ALL');
DMSQL 过程已成功完成
已用时间 : 33.088( 毫秒 ). 执行号 : 4009.
SQL> SP_AUDIT_STMT('UPDATE TABLE', 'EMHR_ADMIN', 'ALL');
DMSQL 过程已成功完成
已用时间 : 33.083( 毫秒 ). 执行号 : 4010.
```

2. 对象审计

(1) 对教师 T001 在表 EMHR.:CLASSINFO 进行的添加、修改和删除的成功操作进行审计：

```
SQL> SP_AUDIT_OBJECT('INSERT', 'T001', 'EMHR', 'CLASSINFO', 'SUCCESSFUL');
DMSQL 过程已成功完成
已用时间 : 30.885( 毫秒 ). 执行号 : 4018.
SQL> SP_AUDIT_OBJECT('UPDATE', 'T001', 'EMHR', 'CLASSINFO', 'SUCCESSFUL');
DMSQL 过程已成功完成
已用时间 : 30.744( 毫秒 ). 执行号 : 4019.
SQL> SP_AUDIT_OBJECT('DELETE', 'T001', 'EMHR', 'CLASSINFO', 'SUCCESSFUL');
DMSQL 过程已成功完成
已用时间 : 30.744( 毫秒 ). 执行号 : 4020.
```

(2) 对教师 T002 在表 EMHR.STUDENTINFO 的 Sscore 列进行的修改成功的操作进行审计：

```
SQL> SP_AUDIT_OBJECT('UPDATE', 'T002', 'EMHR', 'STUDENTINFO', 'Sscore', 'SUCCESSFUL');
DMSQL 过程已成功完成
已用时间 : 17.966( 毫秒 ). 执行号 : 4022.
```

三、分析审计结果

1. 审计文件管理

(1) 审计文件采取 DES_ECB 算法加密，密钥 12345678：

```
SQL> SP_AUDIT_SET_ENC('DES_ECB' , '12345678' );
DMSQL 过程已成功完成
已用时间 : 55.413( 毫秒 ). 执行号 : 4033.
```

(2) 指定删除 2022-12-10 23:59:59 以前的普通审计文件：

```
SQL> SP_DROP_AUDIT_FILE('2022-12-10 23:59:59',0);
DMSQL 过程已成功完成
已用时间 : 169.958( 毫秒 ). 执行号 : 4032.
```

2. 查询审计设置

查询审计设置如下：

```
SQL> SELECT * FROM SYSAUDITOR.SYSAUDIT;
```

行号	LEVEL	UID	TVPID	COLID	TYPE	WHENEVER
1	2	50331649	1129	-1	50	1
2	2	50331649	1129	-1	53	1
3	1	-1	-1	-1	15	3
4	1	50331649	-1	-1	18	1
5	1	50331756	-1	-1	30	3
6	1	50331756	-1	-1	32	3
7	1	50331756	-1	-1	33	3
8	2	50331763	1225	-1	50	1
9	2	50331763	1225	-1	53	1
10	2	50331763	1225	-1	52	1
11	2	50331764	1226	4	53	1

```
11  rows got
已用时间 : 0.815( 毫秒 ). 执行号 : 1012.
```

3. 查询审计记录

假如我们对 'EMHR.CLASSINFO' 表进行了插入和修改操作，审计文件将会查询到记录：

```
SQL> SELECT USERNAME,OBJNAME, SQL_TEXT, SUCC_FLAG FROM SYSAUDITOR.
V$AUDITRECORDS WHERE USERNAME = 'SYSDBA';
```

行号	USERNAME	OBJNAME	SQL_TEXT	SUCC_FLAG
1	SYSDBA	CLASSINFO	update "EMHR"."CLASSINFO" set "Cnum"= ? where rowid = ?	Y
2	SYSDBA	CLASSINFO	update "EMHR"."CLASSINFO" set "Classname"= ? where rowid = ?	Y
3	SYSDBA	CLASSINFO	insert into "EMHR"."CLASSINFO"("ClassID", "Classname", "Department", "Cnum") values (?, ?, ?, ?)	Y

```
已用时间 : 16.436( 毫秒 ). 执行号 : 4041.
```

四、取消设置的审计内容

将前面设置的所有审计内容取消。

(1) 取消审计表的创建、修改和删除：

```
SQL> SP_NOAUDIT_STMT('TABLE', 'NULL', 'ALL');
DMSQL 过程已成功完成
```

已用时间 : 37.436(毫秒). 执行号 : 1013.

(2) 取消对 SYSDBA 存储过程进行的审计：

SQL> SP_NOAUDIT_STMT('PROCEDURE', 'SYSDBA', 'SUCCESSFUL');

DMSQL 过程已成功完成

已用时间 : 29.419(毫秒). 执行号 : 1014.

(3) 取消用户在 EMHR_ADMIN 表上进行的增删改操作审计：

SQL> SP_NOAUDIT_STMT('INSERT TABLE', 'EMHR_ADMIN', 'ALL');

DMSQL 过程已成功完成

已用时间 : 41.273(毫秒). 执行号 : 1015.

SQL> SP_NOAUDIT_STMT('DELETE TABLE', 'EMHR_ADMIN', 'ALL');

DMSQL 过程已成功完成

已用时间 : 25.233(毫秒). 执行号 : 1016.

SQL> SP_NOAUDIT_STMT('UPDATE TABLE', 'EMHR_ADMIN', 'ALL');

DMSQL 过程已成功完成

已用时间 : 39.684(毫秒). 执行号 : 1017.

(4) 取消教师 T001 在表 EMHR. CLASSINFO 进行的添加、修改和删除的成功操作的审计：

SQL> SP_NOAUDIT_OBJECT('INSERT', 'T001', 'EMHR', 'CLASSINFO', 'SUCCESSFUL');

DMSQL 过程已成功完成

已用时间 : 2.288(毫秒). 执行号 : 1018.

SQL> SP_NOAUDIT_OBJECT('UPDATE', 'T001', 'EMHR', 'CLASSINFO', 'SUCCESSFUL');

DMSQL 过程已成功完成

已用时间 : 2.197(毫秒). 执行号 : 1019.

SQL> SP_NOAUDIT_OBJECT('DELETE', 'T001', 'EMHR', 'CLASSINFO', 'SUCCESSFUL');

DMSQL 过程已成功完成

已用时间 : 19.870(毫秒). 执行号 : 1020.

(5) 取消教师 T002 在表 EMHR.STUDENTINFO 的 Sscore 列进行的修改成功的审计：

SQL> SP_NOAUDIT_OBJECT('UPDATE', 'T002', 'EMHR', 'STUDENTINFO', 'Sscore', 'SUCCESSFUL');

DMSQL 过程已成功完成

已用时间 : 2.282(毫秒). 执行号 : 1021.

【任务回顾】

■ 知识点总结

1. 审计开关打开或关闭。

2. 设置或取消语句级、对象级、语句序列级不同级别的审计。

3. 对审计文件管理，以方便审计结果的查询。

4. 设置审计分析规则，进行审计分析，对审计信息进行查阅。

■ 思考与练习

1. 打开普通审计开关。

2. 对用户 SYSDBA 进行的表的修改和删除进行审计。

3. 对用户 T001 在表 EMHR.CLASSINFO 上实施的删除和修改的成功操作进行审计。

4. 对用户 T001 在表 EMHR.STUDENTINFO 的 Sscore 列上实施的修改成功的操作进行审计。

5. 取消对用户 SYSDBA 进行的表修改和删除进行的审计。

6. 建立一个语句序列审计规则 AUDIT_001，对以下查询语句进行审计：

'SELECT * FROM EMHR.CLASSINFO;'

'SELECT Cname FROM EMHR.COURSEINFO;'

'SELECT * FROM EMHR.STUDENTINFO;'

7. 查询用户 SYSDBA 的审计记录。

8. 取消对用户 SYSDBA 进行的表修改和删除进行的审计。

项 目 总 结

　　本项目的核心任务是在遵守国家安全相关法律法规及安全标准认知的前提下，为保护存储在达梦数据库中数据的机密性、完整性和可用性，而采取的各种安全措施和技术手段。主要技术措施和手段包括创建各类用户和角色，对用户和角色进行管理，并把数据库系统权限和对象权限分配给不同的用户和角色，或者将各类权限及时回收，保证各用户按照实际需要访问数据，以满足不同层次的需求。为保障数据安全，还可以对数据库进行审计，按照实际需要设置审计规则，监视和记录用户对数据库所施加的各种操作，从而采用积极有效的应对策略。

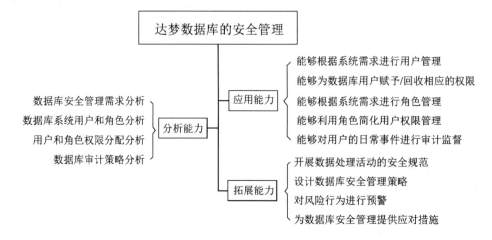

项 目 习 题

1. 为教务管理系统所有教师创建用户，用户名为教工号，初始密码为"88888888"。

2. 为教务管理系统所有学生创建用户，用户名为学号，初始密码为学号。

3. 创建角色 ADMIN、TEACHER、STUDENT。

4. 将角色 DBA 权限授予角色 ADMIN。

5. 将对表 STUDENTINFO、COURSEINFO、TEACHERINFO、CLASSINFO 增删改查的权限授予角色 TEACHER。

6. 将对表 STUDENTINFO、COURSEINFO、TEACHERINFO、CLASSINFO 查询的权限授予角色 STUDENT。

7. 将角色 TEACHER 授予所有教师用户。

8. 将角色 STUDENT 授予所有学生用户。

9. 对用户 SYSDBA 进行的表的修改和删除进行审计。

10. 对所有学生用户查询表 EMHR. STUDENTINFO 行为进行审计。

项目7 达梦数据库的备份与还原

⬡ 项目引入

花小新:"花工,数据库为什么需要备份和还原呢?"

花中成:"任何系统都不能保证永远不出错,数据库系统最重要的资源是系统中保存的各类数据(模式、表、存储过程等)。当系统出现问题时,需要恢复故障前的数据,避免数据丢失,以保障数据安全和业务的连续性。同时,数据库还存在系统(数据)迁移的需求。这些都需要通过数据库的备份和恢复来实现。"

花小新:"好的,明白了。"

⬡ 知识图谱

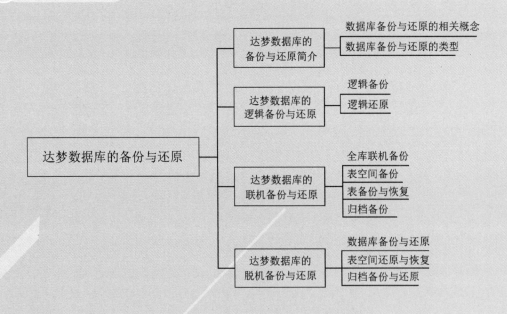

任务 1　达梦数据库的备份与还原简介

【任务描述】

花中成："数据库备份与还原是对数据库进行容灾操作，是数据库系统提升数据安全性的重要手段。科学、全面的数据库备份与还原策略能够保障数据库在发生故障时最大限度地恢复数据，减少数据丢失。下面我来为大家介绍一下数据库备份与还原的基本概念，以及达梦数据库主要的备份和还原工具。"

【知识学习】

达梦数据库备份
与还原简介 1

一、数据库备份与还原的相关概念

1. 表空间及数据文件

达梦数据库的表空间是数据库的逻辑划分，目的主要是方便进行数据库的管理工作。数据库的所有对象在逻辑上都存放在某一个表空间中，在物理上都存储在所属表空间的数据文件中。一个表空间由一个或多个数据文件组成。

数据文件是数据库中最重要的文件类型，是存储真实数据的地方。达梦数据库中数据文件的扩展名为 .DBF，可分为系统默认生成的数据文件和用户创建的数据文件。

在创建达梦数据库时，系统会自动创建 5 个表空间：SYSTEM 表空间、ROLL 表空间、MAIN 表空间、TEMP 表空间和 HMAIN 表空间。达梦数据库自动为这几个表空间分别生成默认的数据文件 SYSTEM.DBF、ROLL.DBF、MAIN.DBF 和 TEMP.DBF，HMAIN 表空间没有默认的数据文件。

用户也可以创建自己的表空间 (称之为自定义表空间)。在创建自定义表空间时，需要为表空间指定数据文件。用户可为已存在的表空间增加数据文件，也可以创建一个新的表空间，并在新的表空间里创建数据文件。

2. 重做日志 (REDO 日志)

重做日志，又叫 REDO 日志，详细记录了所有物理页的修改，其基本信息包括操作类型、表空间号、文件号、页号、页内偏移和实际数据等。数据库中 INSERT、DELETE、UPDATE 等 DML 操作以及 CREATE TABLE 等 DDL 操作最终都会转化为对数据文件中数据页的修改。如果系统发生故障，则在系统恢复时，可以通过重做 REDO 日志 (所有影响数据的操作重新做一遍) 将数据库恢复到故障刚刚发生时的状态。

达梦数据库默认包含两个扩展名为 LOG 的日志文件，用来保存 REDO 日志，称为联机重做日志文件，这两个文件交替循环使用。在任何数据页从内存缓冲区写入磁盘之前，必须保证其对应的 REDO 日志已经写入联机日志文件。

REDO 日志包 (RLOG_PKG) 是达梦数据库保存 REDO 日志的数据单元，一个日志包内可保存一个或多个 PTX 产生的 REDO 日志。日志包具有自描述的特性，包的大小不固定，采用固定包头和可变包头结合的方式，包头记录日志的控制信息，包括类型、长度、包序号、LSN 信息、产生日志的节点号、加密压缩信息和日志并行数等内容。

日志包生成时按照序号连续递增，相邻日志包的 LSN 顺序是总体递增的，但是在 DMDSC 集群环境下不一定连续。如果未开启并行日志，则 RLOG_PKG 包内日志的 LSN 是递增的。如果开启并行日志，则一个 RLOG_PKG 包内包含多路并行产生的日志，每一路并行日志的 LSN 是递增的，但是各路之间的 LSN 并不能保证 LSN 有序，因此并行日志包内 LSN 具有局部有序、整体无序的特点。

3. 归档日志

达梦数据库支持在归档和非归档两种模式下运行。系统在归档模式下运行将会更加安全。当介质发生故障（如磁盘损坏导致数据文件丢失、异常），或者出现某个误操作，从应用层面无法解决问题，需要数据库回滚时，就可以利用归档日志，将系统恢复至故障发生前的一刻或者指定的时间点。

从安全的角度，为了保证归档日志文件和数据文件不同时出现，强烈建议将归档目录与数据文件保存到不同的物理磁盘上（隔离度越高越好）。达梦数据库可以备份和还原数据库、表空间、表、归档日志。除了表备份与还原，其他类型的备份与还原必须运行在归档模式下。

达梦数据库定义了多种归档方式，包括本地归档、实时归档、即时归档、异步归档和远程归档，其中本地归档、远程归档与备份和还原密切相关。系统将 REDO 日志先写入联机日志文件，然后根据归档的配置情况，异步地将 REDO 日志写入本地归档日志文件；或者通过 MAL 系统发送到远程归档的目标实例，写入目标实例的远程归档日志文件中。

4. LSN 参数

LSN(Log Sequence Number) 是由系统自动维护的 Bigint 类型的数值，具有自动递增、全局唯一等特性，每一个 LSN 值代表着达梦数据库系统内部产生的一个物理事务。物理事务 (Physical Transaction，PTX) 是数据库内部一系列修改物理数据页操作的集合，与数据库管理系统中事务 (Transaction) 的概念相对应，具有原子性、有序性、无法撤销等特性。

可以通过查询 V\$rlog 和 V\$RAPPLY_PARALLEL_INFO 表来查询 LSN 信息。达梦数据库主要包括以下几种 LSN：

(1) CUR_LSN 是系统已经分配的最大 LSN 值。物理事务提交时，系统会为其分配一个唯一的 LSN 值 CUR_LSN + 1，然后修改 CUR_LSN = CUR_LSN + 1，每次事务 CUR_LSN 自动增加 1。

(2) FLUSH_LSN 是已经发起日志刷盘请求，但还没有真正写入联机 REDO 日志文件的最大 LSN 值。

(3) FILE_LSN 是已经写入联机 REDO 日志文件的最大 LSN 值。每次将 REDO 日志包 RLOG_PKG 写入联机 REDO 日志文件后，都要更新 FILE_LSN 值。

(4) CKPT_LSN 是检查点 LSN，所有 LSN≤CKPT_LSN 的物理事务 (PTX) 修改的数据页，都已经从 Buffer 缓冲区写入磁盘，CKPT_LSN 由检查点线程负责调整。

数据库发生故障需要重启时，CKPT_LSN 检查点之前的 REDO 日志不需要重做，只需要重做从 CKPT_LSN + 1 开始的 REDO 日志，就可以将系统恢复到故障前的状态。在联机重做日志文件中，LSN 值≤CKPT_LSN 的 REDO 日志都可以被覆盖。

(5) APPLY_LSN 是数据库还原恢复后已经写入联机 REDO 日志文件的日志包的原始最大 LSN 值。APPLY_LSN 取自源库的原始日志包中的最大 LSN 值。

(6) RPKG_LSN 是数据库还原恢复后已经重做日志的最大 LSN。DSC 集群的每一个节点独立维护 RPKG_LSN。

5. 备份

备份的初衷是当数据库遇到意外情况、遭到损坏时，可以依靠备份集 (备份文件组) 执行还原恢复操作，把数据库复原到意外发生前的某个时间点。生成备份集的过程就是备份。

备份就是从源库 (备份库) 中读取有效数据页、归档日志等相关信息，经过加密、压缩等处理后写入备份文件，并将相关备份信息写入备份元数据文件的过程。

数据库物理备份可以在联机或者脱机状态下进行。数据库处于运行状态并正常提供数据库服务的情况下进行的备份操作称为联机备份；数据库处于关闭状态时进行的备份操作称为脱机备份。二者使用的工具、操作方式、能够备份的对象不同。

6. 还原与恢复

还原是备份的逆过程，是从备份集中读取数据页，并将数据页写入目标数据库对应数据文件相应位置的过程。

当使用联机备份时，系统正常运行中可能存在一些处于活动状态的事务正在执行，不能保证备份集中的所有数据页处于一致性状态，即有些物理事务 (PTX) 只写入 REDO 日志，尚未写入数据文件 (数据页) 中。在脱机进行备份时，数据库是正常关闭的，数据页处于一致性状态；但是当数据库异常关闭、停止时，数据页不一定是正常关闭的，这也不能保证备份集中所有数据页处于一致性状态。因此，还原结束后，目标库有可能处于非一致性状态，这时候不能立即提供数据库服务，必须进行数据库恢复操作后，才能正常启动。

二、数据库备份与还原的类型

数据库备份是数据库管理员日常最重要的工作内容之一。备份的主要目的是生产数据对象副本 (还原备份集)，保证数据的安全性。达梦数据库备份与还原有两种类型：逻辑备份与还原和物理备份与还原。其中，物理备份与还原又分为联机备份与还原、脱机备份与还原两种形式。

达梦数据库备份
与还原简介 2

逻辑备份不涉及归档日志的备份与恢复，数据只能恢复至备份的时间点，无法恢复至意外事故发生的时间点。逻辑备份适用于有计划的备份与恢复，对发生意外情况的容灾能力弱。

不同的备份类型，能够备份还原的对象、数据库的工作状态、使用的工具等都有区别。达梦数据库备份与还原的类型如表 7-1-1 所示。

表 7-1-1　达梦数据库备份与还原的类型

类　　别	数据库状态	使用工具	备　　份	还　　原
逻辑备份与还原	在线状态（联机状态）	DEXP 导出DIMP 导入	数据库 (full)用户 (owner)模式 (schemas)表 (table)	数据库 (full)用户 (owner)模式 (schemas)表 (table)
物理备份与还原	在线状态（联机状态）	DM 管理工具	数据库表空间表归档	表
		DISQL 工具（命令行客户端）	数据库表空间表归档	表
	关闭状态（脱机状态）	DM 控制台工具	数据库归档	数据库表空间归档
		DMRMAN 工具	数据库归档	数据库表空间归档

1. 逻辑备份与还原

逻辑备份是将指定对象 (库、用户、模式、表) 的数据导出到数据文件的备份操作，在数据库在线状态 (OPEN) 下进行。逻辑备份针对的是数据对象的内容，其备份过程并不关注数据物理存储在什么位置、存储页面大小等，备份导出的文件内容与数据库保持一致，但文件存储格式等不一定一致。逻辑备份可以形象地理解为将一篇文章抄写一遍，抄写后的纸张大小等与原文不一定一致。达梦数据库的逻辑备份使用 DEXP 工具。

逻辑还原是逻辑备份的逆操作，就是将 DEXP 导出的备份文件重新导入目标数据库中，目标数据库既可以是原数据库，也可以是新数据库。利用这个功能，可以方便、快捷地跨平台迁移数据库 (目标数据库与原数据平台可以不同)。达梦数据库的逻辑还原使用 DIMP 工具。

2. 物理备份与还原

达梦数据库中的数据存储在数据库的物理数据文件中，数据文件按照页、簇和段的方式进行管理。其中，数据页是最小的数据存储单元。任何一个对达梦数据库的操作，最终都是对某个数据文件页进行的读写操作。

达梦数据库的物理备份，是从数据库文件中复制有效数据页到备份集中 (有效数据页包含数据文件的描述页和被分配使用的数据页)。在备份的过程中，如果数据库正在运行 (进行数据的插入、修改等)，则这期间不能保证所有操作都立即写入数据文件中。系统首先以日志的形式写到归档日志中，这时数据文件和归档文件会一并备份到备份集中。如果同时备份数据文件和归档日志，就能够保证用户将数据恢复到备份结束时间点的状态。

还原与恢复是备份的逆过程。还原是将备份集中的有效数据页重新写入目标数据文件的过程；恢复则是在还原的基础上，判定未写入数据库中的操作，通过重做归档日志，将数据库状态恢复到备份结束时间点的状态，也可以恢复到指定时间点用户指定的 LSN。恢复结束以后，数据库中可能还存在处于未提交状态的活动事务，这些活动事务在恢复结束后第一次数据库系统启动时，会由达梦数据库自动进行回滚。例如，数据库处于归档模式，在 LSN14000 处进行数据库备份，数据库在 LSN15500 处发生故障，这时数据恢复就会涉及数据库还原和恢复过程，通过数据库还原到 LSN14000 处的状态，然后利用归档文件恢复到 15500 处的位置，至此数据库数据实现了成功恢复。

数据库物理备份、还原与恢复的关系如图 7-1-1 所示。

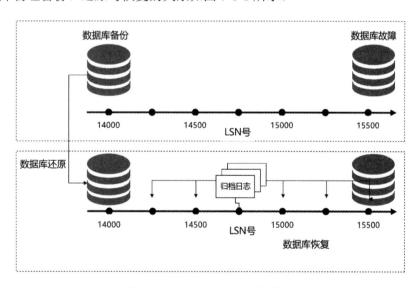

图 7-1-1 物理备份、还原与恢复

┃ 思政融入

居 安 思 危

数据库备份与还原是对数据库进行的容灾操作，是数据库系统提升数据安全性的重要手段。我们要学会居安思危，增强忧患意识，做到防患于未然。

【任务实施】

一、REDO 日志的相关操作

1. 通过 SQL 进行 REDO 日志的相关操作

(1) 查看当前 REDO 日志：

```
SQL> select file_id,rlog_size/1024/1024 as "SIZE" ,PATH from v$rlogfile;
行号        FILE_ID        SIZE              PATH
---------- ----------- -------------------- -----------------------------------
1          0           256               E:\dmdbms\data\DAMENG\DAMENG01.log
2          1           256               E:\dmdbms\data\DAMENG\DAMENG02.log

已用时间 : 0.765( 毫秒 ). 执行号 : 701.
```

(2) 查看当前正在使用的 REDO 日志：

```
SQL> select cur_file from v$rlog;
行号        CUR_FILE
---------- -----------
1        0
已用时间 : 0.396( 毫秒 ). 执行号 : 703.
```

(3) 添加日志文件。

REDO 日志文件最小为 4096 × 页大小，若页大小为 16 KB，则可以添加的文件最小为 4096 × 16 KB = 64 MB。添加日志文件的语句如下：

```
SQL> alter database add logfile 'E:\dmdbms\data\DAMENG\DAMENG03.log' size 256;
操作已执行
已用时间 : 529.567( 毫秒 ). 执行号 : 704.
SQL> select file_id, rlog_size/1024/1024 as "SIZE", PATH from v$rlogfile;
行号        FILE_ID        SIZE              PATH
---------- ----------- -------------------- -----------------------------------
1          0           256               E:\dmdbms\data\DAMENG\DAMENG01.log
2          1           256               E:\dmdbms\data\DAMENG\DAMENG02.log
3          2           256               E:\dmdbms\data\DAMENG\DAMENG03.log
已用时间 : 0.446( 毫秒 ). 执行号 : 705.
```

经查询，添加日志文件成功。

2. 通过 DM 管理工具进行 REDO 日志的相关操作

在 DM 管理工具中，可以查看并修改 REDO 日志信息。在 DM 管理工具左侧的"实例连接"上点击右键，打开"管理服务器"，选择左侧目录树中的"日志文件"，即可查看日志文件信息、活动文件标记，并可通过右下角的"添加""删除"按钮进行日志文件的添加、删除操作，如图 7-1-2 所示。

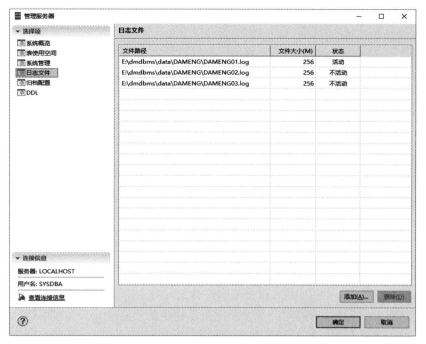

图 7-1-2　通过 DM 管理工具进行 REDO 日志的相关操作

二、数据库状态和归档模式的转换操作

达梦数据库可以在配置、打开和挂起三个状态下转换；数据库可以运行在归档和非归档模式。归档和非归档模式的转换必须在数据库配置模式下进行。

1. 通过 SQL 操作

(1) 将数据库切换为 MOUNT(配置) 的 SQL 语句如下：

SQL> alter database mount;

操作已执行

已用时间 : 225.985(毫秒). 执行号 : 0.

(2) 将数据库切换为归档模式的 SQL 语句如下：

SQL> alter database add archivelog

'dest = E:\dmdbms\data\DAMENG, type = local, file_size = 256, space_limit = 0';

操作已执行

已用时间 : 54.476(毫秒). 执行号 : 0. 已用时间 : 225.985(毫秒). 执行号 : 0.

(3) 将数据库打开的 SQL 语句如下：

SQL> alter database open;

操作已执行

已用时间 : 74.910(毫秒). 执行号 : 0.

(4) 查看归档日志信息的 SQL 语句如下：

```
SQL> select arch_name,arch_type,arch_dest,arch_file_size from v$dm_arch_ini;
行号          ARCH_NAME       ARCH_TYPE ARCH_DEST              ARCH_FILE_SIZE
---------- -------------- --------- ------------------------ --------------
1              ARCHIVE_LOCAL1 LOCAL                          E:\dmdbms\data\DAMENG\bak 64
2              ARCHIVE_LOCAL2 LOCAL                          E:\dmdbms\data\DAMENG         256
已用时间 : 0.927( 毫秒 ). 执行号 : 708.
```

(5) 关闭数据库归档的 SQL 语句如下：

```
SQL> alter database  mount;
操作已执行
已用时间 : 191.955( 毫秒 ). 执行号 : 0.
SQL> alter database noarchivelog;
操作已执行
已用时间 : 75.240( 毫秒 ). 执行号 : 0.
```

2. 通过 DM 管理工具操作

在 DM 管理工具中，可以启用和关闭归档模式。在 DM 管理工具左侧的 "实例连接" 上点击右键，打开 "管理服务器"，选择左侧目录树中的 "系统管理"，即可查看当前数据库的状态，并可以在配置、打开和挂起状态转换。

(1) 将数据库转换为 "配置" 模式。选中 "配置" 选项，并点击 "转换" 按钮，如图 7-1-3 所示。

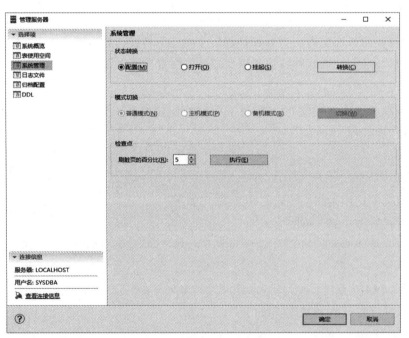

图 7-1-3　数据库的状态转换

(2) 将数据库转换为 "归档" 模式。打开 "管理服务器"，选择左侧目录树中的 "归档配置"，即可查看当前数据库的归档模式，选中 "归档" 或者 "非归档"，点击 "确定" 按钮即可完成转换，如图 7-1-4 所示。

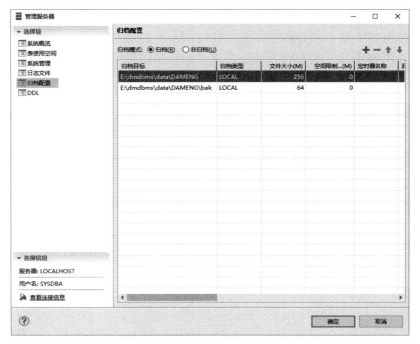

图 7-1-4　数据库的归档设置

在"非归档"模式下，可以添加或者删除归档文件，并且可以对归档文件的大小、空间限制等参数进行调整。在"归档"模式下，只能增加归档文件，不能删除归档文件。

(3) 将数据库转换为"打开"状态，转换步骤同 (1)。

【任务回顾】

■ 知识点总结

1. 达梦数据库的所有对象在逻辑上都存放在某一个表空间中，一个表空间由一个或多个数据文件组成。数据文件是数据库中最重要的文件类型，是存储真实数据的地方。

2. 重做日志又叫 REDO 日志，详细记录了所有物理页的修改。基本信息包括 DML 和 DDL 操作信息。

3. 归档日志是系统运行在归档模式下产生的，用于在介质发生故障时将系统恢复至故障发生的前一刻，或者指定的时间点。

4. LSN 是由系统自动维护的 Bigint 类型数值，具有自动递增、全局唯一特性，是数据备份与恢复的重要标志参数。

5. 备份用于产生备份集 (备份文件组)；还原用于在数据库遇到意外情况、遭到损坏的情况下，依靠备份集，把数据库复原到意外发生前的某个时间点，也可以将数据库迁移至其他服务器。

6. 达梦数据库备份与还原有两种类型：逻辑备份与还原和物理备份与还原。其中，物理备份与还原又分为联机和脱机两种形式。

■ 思考与练习

1. 分别使用 SQL 语句和 DM 管理工具查看当前 REDO 日志、当前正在使用的日志。

2. 分别使用 SQL 语句和 DM 管理工具添加、删除日志文件。

3. 分别使用 SQL 语句和 DM 管理工具进行数据库状态转换，并将数据库配置为归档模式。

任务 2　达梦数据库的逻辑备份与还原

【任务描述】

花小新："花工，您能给我介绍一下达梦数据库的逻辑备份与还原吗？"

花中成："在数据库在线运行的情况下，对数据库、用户、模式、表等数据对象执行计划性的数据导出、导入，以实现数据备份和还原的目的。你自己可以动手实践一下。"

花小新："好的。"

【知识学习】

逻辑导出 (DEXP) 和逻辑导入 (DIMP) 是达梦数据库的两个命令行工具，分别用来实现对达梦数据库的逻辑备份和逻辑还原。逻辑备份和逻辑还原都是在数据库联机方式 (Open 状态) 下完成的。只要安装了达梦数据库，就可以在安装目录 \dmdbms\bin 中找到。如果执行发生错误，找不到执行文件，则需将"\dmdbms\bin"配置到 PATH 和 LIB_RARY_PATH 中。

逻辑备份与还原 1

逻辑导出和逻辑导入的数据库对象分为四种级别：

(1) 数据库级 (FULL)：导出或导入整个数据库中的所有对象。

(2) 用户级 (OWNER)：导出或导入一个或多个用户所拥有的所有对象。

(3) 模式级 (SCHEMAS)：导出或导入一个或多个模式下的所有对象。

(4) 表级 (TABLES)：导出或导入一个或多个指定的表或表分区。

一、逻辑备份

DEXP 工具可以对本地或者远程数据库进行数据库级、用户级、模式级和表级的逻辑备份。备份的内容非常灵活，可以选择是否备份索引、数据行和权限，是否忽略各种约束 (外键约束、非空约束、唯一约束等)，在备份前还可以选择生成日志文件，记录备份的过程以供查看。DEXP 工具名称有两种写法 DEXP 和 DEXPDP，两者的语法完全相同。唯一的区别在于，DEXP 导出的文件必须存放在客户端，DEXPDP 导出的文件必须存放在服务器端。

1. DEXP 语法格式

逻辑备份 DEXP 工具需要安装在目录 \dmdbms\bin 下，以命令行方式启动，语法格式如下：

```
DEXP PARAMETER = <value> { PARAMETER = <value> }
```

例如：

DEXP USERID = SYSDBA/SYSDBA@localhost##/user/data FILE = db_str.dmp

DIRECTORY = E:\dmdbms\data\DEXP\data LOG = db_str.log FULL = Y

各相关参数含义与用法见表 7-2-1。当关键字为 "USER_ID =" 时，"USER_ID =" 可省略。

2. DEXP 参数一览表

DEXP 参数说明如表 7-2-1 所示。每个参数含义中的 (N) 表示该参数缺省为否，(Y) 表示缺省为是，"()" 内的值是参数的缺省值。

表 7-2-1　DEXP 参数说明

数	含　义	备　注
USERID	数据库的连接信息	必选
FILE	明确指定导出文件的名称	可选。如果缺省该参数，则导出的文件名为 DEXP. dmp
DIRECTORY	导出文件所在目录	可选
FULL	导出整个数据库 (N)	可选，四者中选其一。缺省为 SCHEMAS
OWNER	用户名列表，导出一个或多个用户所拥有的所有对象	
SCHEMAS	模式列表，导出一个或多个模式下的所有对象	
TABLES	表名列表，导出一个或多个指定的表或表分区	
FUZZY_MATCH	确定 TABLES 选项是否支持模糊匹配 (N)	可选
QUERY	用于指定对导出表的数据进行过滤的条件	可选
PARALLEL	用于指定导出的过程中所使用的线程数目	可选
TABLE_PARALLEL	用于指定导出每张表所使用的线程数，在 MPP 模式下会转换为单线程	可选
TABLE_POOL	用于设置导出过程中存储表的缓冲区个数	可选
EXCLUDE	批量设置导出内容中忽略的对象。 (1) EXCLUDE = [(]< 对象种类名 >{, < 对象种类名 >}[)] 对象种类可为 CONSTRAINTS、INDEXES、ROWS、TRIGGERS、GRANTS、VIEWS、PROCEDURE、PACKAGE、SEQUENCE、TABLES。 (2) EXCLUDE = TYPE:name1, name2 TYPE 可　为 SCHEMAS、TABLES、VIEWS、PROCEDURE、PACKAGE、SEQUENCE。 (3) EXCLUDE = TYPE:cond{, TYPE:cond} TYPE 的取值同上，cond 为 IN 或 LIKE 过滤条件	可选

续表一

数	含　义	备　注
INCLUDE	批量设置导出时只导出指定的对象种类或某个具体对象。 （1）INCLUDE = [()< 对象种类名 >{, < 对象种类名 >}[]] 对象种类可为 CONSTRAINTS、INDEXES、ROWS、TRIGGERS、GRANTS、VIEWS、PROCEDURE、PACKAGE、SEQUENCE、TABLES。 （2）INCLUDE = TYPE:name1, name2 TYPE 可　为 SCHEMAS、TABLES、VIEWS、PROCEDURE、PACKAGE、SEQUENCE。 （3）INCLUDE = TYPE:cond{, TYPE:cond} TYPE 的取值同上，cond 为 IN 或 LIKE 过滤条件	可选
CONSTRAINTS	导出约束 (Y)	可选
TABLESPACE	导出的对象定义是否包含表空间 (N)	此处单独设置与 EXCLUDE/INCLUDE 中批量设置其功能一样。二者设置一个即可
GRANTS	导出权限 (Y)	
INDEXES	导出索引 (Y)	
TRIGGERS	导出触发器 (Y)	
ROWS	导出数据行 (Y)	
LOG	明确指定日志文件的名称	可选。如果缺省该参数，则导出文件名为 DEXP.log
NOLOGFILE	不使用日志文件 (N)	可选
NOLOG	屏幕上不显示日志信息 (N)	可选
LOG_WRITE	将日志信息实时写入文件 (N)	可选
DUMMY	设置交互信息处理方式 (P：打印)。YES 处理 (Y)：打印交互信息；NO 处理 (N)：不打交互信息。默认为 NO	可选
PARFILE	参数文件名。如果 DEXP 的参数很多，则可以存成参数文件	可选
FEEDBACK	每 x 行显示进度 (0)	可选
COMPRESS	是否压缩导出数据文件 (N)	可选

续表二

数	含　义	备　注
ENCRYPT	导出数据是否加密 (N)	可选
ENCRYPT_PASSWORD	导出数据的加密密钥	和 ENCRYPT 同时使用
ENCRYPT_NAME	导出数据的加密算法	可选
		和 ENCRYPT、ENCRYPT_PASSWORD 同时使用。缺省为 RC4
FILESIZE	用于指定单个导出文件大小的上限，可以以 B、KB、MB、GB 指定大小	可选
FILENUM	多文件导出时一个模板可以生成的文件数，范围为 [1, 99]，默认为 99	可选
DROP	导出后删除原表，但不级联删除 (N)	可选
DESCRIBE	导出数据文件的描述信息，记录在数据文件中	可选
HELP	显示帮助信息	可选

二、逻辑还原

逻辑导入 DIMP 是利用 DEXP 工具生成的备份文件对本地或远程的数据库进行联机逻辑还原。DIMP 导入是 DEXP 导出的相反过程。还原的方式可以灵活选择，如是否忽略因对象存在而导致的创建错误、是否导入约束、是否导入索引、导入时是否需要编译、是否生成日志等。DIMP 工具的名称有两种写法 DIMP 和 DIMPDP，两者的语法完全相同，区别是：DIMP 导入的文件必须存放在客户端，DIMPDP 导入的文件必须存放在服务器端。

1. 语法格式

逻辑恢复 DIMP 工具需要在安装在目录 \dmdbms\bin 下以命令行方式启动，语法格式如下：

```
DIMP PARAMETER = value { PARAMETER = value }
```
例如：
```
DIMP USERID = SYSDBA/SYSDBA@127.0.0.1:5623 FILE = db_str.dmp DIRECTORY =/ E:\dmdbms\ data/
DEXP LOG = db_str.log FULL = Y
```

2. DIMP 参数一览表

DIMP 参数的含义与用法见表 7-2-2 DIMP 参数说明。当关键字为 "USERID=" 时，"USERID=" 可省略。每个参数含义后面的括号内为 (N) 表示该参数缺省为否，为 (Y) 表示缺省为是；"( )" 内的值表示参数的缺省值，"[ ]" 为可选参数值 (只能选其一)。

表 7-2-2　DIMP 参数说明

参　数	含　义	备　注
USERID	数据库的连接信息	必选
FILE	输入文件，即 DEXP 导出的文件	必选
DIRECTORY	导入文件所在目录	可选
FULL	导入整个数据库 (N)	可选，四者中选其一。缺省为 SCHEMAS
OWNER	导入指定的用户名下的模式	
SCHEMAS	导入的模式列表	
TABLES	表名列表，指定导入的 tables 名称。不支持对外部表进行导入	
PARALLEL	用于指定导入过程中所使用的线程数目	可选
TABLE_PARALLEL	用于指定导入过程中每个表所使用的子线程数目	可选。当 FAST_LOAD 为 Y 时有效
IGNORE	忽略创建错误 (N)。如果表已经存在，则向表中插入数据，否则报错表已经存在	可选
TABLE_EXISTS_ACTION	需要的导入表在目标库中存在时采取的操作 [SKIP | APPEND | TRUNCATE | REPLACE]	可选
FAST_LOAD	是否使用 dmfldr 进行数据导入 (N)	可选
FLDR_ORDER	使用 dmfldr 是否需要严格按顺序来导数据 (Y)	可选
COMMIT_ROWS	批量提交的行数 (5000)	可选
EXCLUDE	批量设置导入时忽略的对象种类。 (1) EXCLUDE = [(]< 对象种类名 >{, < 对象种类名 >}[ )] 对象种类可为 CONSTRAINTS、INDEXES、ROWS、TRIGGERS、GRANTS、VIEWS、PROCEDURE、PACKAGE、SEQUENCE、TABLES。 (2) EXCLUDE = TYPE:name1, name2 TYPE 可 为 SCHEMAS、TABLES、VIEWS、PROCEDURE、PACKAGE、SEQUENCE	可选
INCLUDE	批量设置导入时只导入指定的对象种类或某个具体对象。 (1) NCLUDE = [(]< 对象种类名 >{,< 对象种类名 >}[ )] 对象种类可为 CONSTRAINTS、INDEXES、ROWS、TRIGGERS、GRANTS、VIEWS、PROCEDURE、PACKAGE、SEQUENCE、TABLES。 (2) INCLUDE = TYPE:name1,name2 TYPE 可 为 SCHEMAS、TABLES、VIEWS、PROCEDURE、PACKAGE、SEQUENCE	可选

续表一

参　数	含　义	备　注
GRANTS	导入权限 (Y)	可选
CONSTRAINTS	导入约束 (Y)	可选
INDEXES	导入索引 (Y)	可选
TRIGGERS	导入触发器 (Y)	可选
ROWS	导入数据行 (Y)	可选
LOG	日志文件	可选
NOLOGFILE	不使用日志文件 (N)	可选
NOLOG	屏幕上不显示日志信息 (N)	可选
DUMMY	处理交互信息。 P：提供交互界面，缺省方式。当导出文件已存在的时候，提供是否覆盖交互界面。 Y：不提供交互界面，所有交互都按 YES 处理。 N：不提供交互界面，所有交互都按 NO 处理。	可选
LOG_WRITE	日志信息实时写入文件 (N)	可选
PARFILE	参数文件名，如果 DIMP 的参数很多，则可以存成参数文件	可选
FEEDBACK	显示每 x 行 (0) 的进度	可选
COMPILE	编译过程，程序包和函数 (Y)	可选
INDEXFILE	将表的索引 / 约束信息写入指定的文件	可选
INDEXFIRST	导入时先建索引 (N)	可选
REMAP_SCHEMA	SOURCE_SCHEMA：TARGET_SCHEMA 将 SOURCE_SCHEMA 中的数据导入 TARGET_SCHEMA 中	可选
ENCRYPT_PASSWORD	数据的加密密钥	可选。和 DEXP 中的 ENCRYPT_PASSWORD 设置的密钥相同
ENCRYPT_NAME	数据的加密算法的名称	可选。和 DEXP 中的 ENCRYPT_NAME 设置的加密算法相同
SHOW/DESCRIBE	只列出文件内容 (N)	可选
TASK_THREAD_NUMBER	设置 dmfldr 处理用户数据的线程数目	可选
BUFFER_NODE_SIZE	设置 dmfldr 读入文件缓冲区的大小	可选
TASK_SEND_NODE_NUMBER	设置 dmfldr 发送节点格式，范围为 [16, 65 535]	可选
LOB_NOT_FAST_LOAD	如果一个表含有大字段，那么不使用 dmfldr，因为 dmfldr 是一行一行提交的	可选

续表二

参 数	含 义	备 注
PRIMARY_CONFLICT	主键冲突的处理方式 [IGNORE | OVERWRITE | OVERWRITE2]， 默认报错	可选
TABLE_FIRST	是否强制先导入表 (默认为 N)，Y 表示先导入表，N 表示正常导入	可选
SHOW_SERVER_INFO	是否显示服务器信息 (默认为 N)，Y 表示显示导出文件对应的服务器信息，实际不导入，N 表示不显示导出文件对应服务器信息，正常导入	可选
IGNORE_INIT_PARA	指定源库和目标库之间忽略差异的建库参数。 0 表示不忽略建库参数差异； 1 表示忽略 CASE_SENSITIVE； 2 表示忽略 LENGTH_IN_CHAR； 3 表示忽略 CASE_SENSITIVE 和 LENGTH_IN_CHAR	可选
AUTO_FREE_KEY	导入数据完成后，是否释放密钥 (N)	可选
REMAP_TABLE	显示帮助信息	可选
REMAP_TABLESPACE	(SOURCE_SCHEMA.SOURCE_TABLE: TARGET_TABLE)，将 SOURCE_TABLE 中的数据导入 TARGET_TABLE 中	可选
HELP	(SOURCE_TABLESPACE: TARGET_TABLESPACE)，将 SOURCE_TABLESPACE 表空间映射到 TARGET_TABLESPACE 表空间中	可选

【任务实施】

一、数据库级导入 / 导出

逻辑备份与还原 2

1. 数据库导出

全库导出工具在数据库安装目录 \bin 下执行命令行。这里指定文件名为 DEXP_full_备份文件序列号，备份路径为 "E:\dmdbms\data\DAMENG\bak\DEXP"。导出语句如下：

E:\dmdbms\bin>DEXP SYSDBA/SYSDBA@localhost:5236 FILE = DEXP_full_%U.dmp LOG = DEXP_full_%U01.log DIRECTORY = E:\dmdbms\data\DAMENG\bak\DEXP FULL = Y

DEXP V8

导出第 1 个 SYSPACKAGE_DEF： SYSTEM_PACKAGES

导出第 2 个 SYSPACKAGE_DEF：　DBG_PKG

...

整个导出过程共花费　　　4.055 s

成功终止导出，没有出现警告

查看生成的文件：

E:\dmdbms\data\DAMENG\bak\DEXP 的目录

2022/11/12 20:00　　<DIR>　　　　.

2022/11/12 20:00　　<DIR>　　　　..

2022/11/12 20:00　　　　　144,611 DEXP_full_01.dmp

2022/11/12 20:00　　　　　23,495 DEXP_full_0101.log

　　　　　2 个文件　　　168,106 字节

　　　　　2 个目录　　222,504,476,672 可用字节

2. 数据库导入

(1) 级联删除模式 EMHR：

SQL> drop schema EMHR cascade;

操作已执行

已用时间 : 223.132(毫秒). 执行号 : 7002.

(2) 全库导入工具 DIMP 在数据库安装目录 \bin 下执行命令行，导入语句如下：

E:\dmdbms\bin>DIMP SYSDBA/SYSDBA@localhost:5236 FILE = DEXP_full_01.dmp LOG = DIMP_full_01.log DIRECTORY = E:\dmdbms\data\DAMENG\bak\DEXP

DIMPV8

本地编码：PG_GBK，导入文件编码：PG_UTF8

导入 GLOBAL 对象…

...

整个导入过程共花费　　　4.998 s

成功终止导入，但出现警告

为测试数据库能否成功恢复，待恢复操作完成后，可以查询能否恢复 EMHR(本处查询操作略)。

二、用户级导入 / 导出

1. 用户级数据导出

备份用户 EMHR，指定文件名为 DEXP_user_ 备份文件序列号，备份路径为 "E:\dmdbms\data\DAMENG\bak\DEXP"。

E:\dmdbms\bin>DEXP SYSDBA/SYSDBA@localhost:5236 FILE = DEXP_user_%U.dmp LOG = DEXP_user_%U.log DIRECTORY = E:\dmdbms\data\DAMENG\bak\DEXP owner = EMHR

DEXP V8

正在导出第 1 个 SCHEMA：EMHR

开始导出模式 [EMHR]…

导出第 1 个 PROCEDURE：EMHR_USER1_PROC1

导出第 2 个 PROCEDURE：EMHR_USER1_PROC2

…

共导出 2 个 SCHEMA

整个导出过程共花费   0.236 s

成功终止导出，没有出现警告

2. 用户级数据导入

(1) 为测试能否成功恢复，首先级联删除用户 EMHR 对象：

SQL> drop user EMHR cascade;

操作已执行

已用时间 : 155.237(毫秒). 执行号 : 7005.

(2) 重新创建用户 EMHR，并授予 public,resource 权限：

SQL> Create user EMHR identified by EMHR2345;

操作已执行

已用时间 : 5.155(毫秒). 执行号 : 7006.

SQL> Grant public,resource to EMHR;

操作已执行

已用时间 : 2.958(毫秒). 执行号 : 7007.

(3) 将 EMHR 用户数据导入数据库中：

E:\dmdbms\bin>DIMP SYSDBA/SYSDBA@localhost:5236 FILE = DEXP_user_01.dmp LOG = DIMP_
user_%U.log DIRECTORY = E:\dmdbms\data\DAMENG\bak\DEXP owner = EMHR

DIMPV8

本地编码：PG_GBK，导入文件编码：PG_UTF8

开始导入模式 [EMHR] …

导入模式中的 NECESSARY GLOBAL 对象…

...

整个导入过程共花费   0.375 s

成功终止导入，没有出现警告

通过查询，用户 ENHR 模式的对象已经成功恢复。

三、模式级导入 / 导出

1. 模式级数据导出

导出模式 EMHR：

E:\dmdbms\bin>DEXP SYSDBA/SYSDBA@localhost:5236 FILE = DEXP_schema_%U.dmp LOG = DEXP_
schema_%U.log DIRECTORY = E:\dmdbms\data\DAMENG\bak\DEXP schemas = EMHR

DEXP V8

正在导出第 1 个 SCHEMA：EMHR

开始导出模式 [EMHR] ...

...

共导出 1 个 SCHEMA

整个导出过程共花费   0.234 s

成功终止导出，没有出现警告

2. 模式级数据恢复

使用导出的数据进行恢复：

E:\dmdbms\bin>DIMP SYSDBA/SYSDBA@localhost:5236 FILE = DEXP_schema_01.dmp LOG = DIMP_

schema_%U.log DIRECTORY = E:\dmdbms\data\DAMENG\bak\DEXP schemas = EMHR

DIMPV8

本地编码：PG_GBK，导入文件编码：PG_UTF8

开始导入模式 [EMHR] ...

...

模式 [EMHR] 导入完成 ...

整个导入过程共花费   0.147 s

成功终止导入，但出现警告

3. 模式级数据导入

可以复制来自其他模式的数据，例如将 EMHR 模式数据导入 EMHR2：

E:\dmdbms\bin>DIMP SYSDBA/SYSDBA@localhost:5236 FILE = DEXP_schema_01.dmp LOG = DIMP_

schema_%U.log DIRECTORY = E:\dmdbms\data\DAMENG\bak\DEXP remap_schema = EMHR:EMHR2

四、表级数据导入 / 导出

1. 表级数据导出

将 EMHR 的两张表 CLASSINFO、STUDENTINFO 导出：

E:\dmdbms\bin>DEXP SYSDBA/SYSDBA@localhost:5236 FILE = table.dmp LOG = table.log

DIRECTORY = E:\dmdbms\data\DAMENG\bak\DEXP

Tables = EMHR.CLASSINFO,EMHR.STUDENTINFO

DEXP V8

----- [2022-11-12 21:28:37] 导出表：CLASSINFO -----

导出模式下的对象权限 ...

表 CLASSINFO 导出结束，共导出 8 行数据

----- [2022-11-12 21:28:38] 导出表：STUDENTINFO -----

导出模式下的对象权限 ...

表 STUDENTINFO 导出结束，共导出 11 行数据

整个导出过程共花费　　0.125 s

成功终止导出，没有出现警告

2. 表级数据导入

(1) 删除表 EMHR.CLASSINFO：

SQL> drop table EMHR.CLASSINFO cascade;

操作已执行

已用时间 : 134.481(毫秒). 执行号 : 7008.

SQL> drop table EMHR.STUDENTINFO cascade;

操作已执行

已用时间 : 15.718(毫秒). 执行号 : 7009.

(2) 将 EMHR 的两张表 CLASSINFO、STUDENTINFO 导入原数据库中：

E:\dmdbms\bin>DIMP SYSDBA/SYSDBA@localhost:5236　FILE = table.dmp LOG = table.log

DIRECTORY = E:\dmdbms\data\DAMENG\bak\DEXP

Tables = EMHR.CLASSINFO,EMHR.STUDENTINFO

DIMPV8

本地编码：PG_GBK，导入文件编码：PG_UTF8

----- [2022-11-12 21:36:42] 导入表：CLASSINFO -----

创建表 CLASSINFO …

…

整个导入过程共花费　　0.145 s

成功终止导入，但出现警告

【任务回顾】

■ 知识点总结

1. 逻辑导出 (DEXP) 和逻辑导入 (DIMP) 是达梦数据库的两个命令行工具，分别用来实现对达梦数据库的逻辑备份和逻辑还原。

2. 逻辑导出和逻辑导入数据库对象分为四种级别：数据库级 (FULL)、用户级 (OWNER)、模式级 (SCHEMAS)、表级 (TABLES)。

3. 数据库级导入 / 导出基本操作：使用 DEXP 导出数据库，删除数据库，再使用 DIMP 工具恢复备份数据库。

4. 用户级导入 / 导出基本操作：使用 DEXP 导出用户数据，删除相关用户，再使用 DIMP 工具恢复用户数据。

5. 模式级导入 / 导出基本操作：使用 DEXP 导出模式数据，删除相关模式，再使用 DIMP 工具恢复模式的数据。

6. 数据表级导出基本操作：使用 DEXP 导出表数据，删除相关表，再使用 DIMP 工具

恢复相关表的数据。

■ 思考与练习

1. 使用 DEXP 导出当前数据库，并在同一台 (或另一台) 电脑上使用 DIMP 导入该数据库。

2. 用 DEXP 导出用户 EMHR2，级联删除 EMHR2 用户对象；使用 DIMP 导入用户的 EMHR2 对象。

3. 用 DEXP 导出模式 EMHR，删除 EMHR 模式 (数据)；使用 DIMP 恢复 EMHR 模式 (数据)。

4. 用 DEXP 备份用户 EMHR 的两张表 CLASSINFO、TEACHERINFO 并导出；删除表 CLASSINFO、TEACHERINFO；使用 DIMP 恢复表 CLASSINFO、TEACHERINFO。

任务 3 达梦数据库的联机备份与还原

【任务描述】

花中成："小新，今天你通过联机执行 SQL 语句的方式和 DM 管理工具对数据库执行备份与还原操作。"

花小新："好的，没问题。"

【知识学习】

一、全库联机备份

联机备份与还原 1　　联机备份与还原 2

数据库级只支持联机备份，不支持联机恢复。数据库备份的语法如下：

BACKUP DATABASE [[FULL] [DDL_CLONE]] | INCREMENT [CUMULATIVE] [WITH BACKUPDIR '< 基备份搜索目录 >'{, '< 基备份搜索目录 >'}] | [BASE ON BACKUPSET '< 基备份目录 >']] [TO < 备份名 >]

　[BACKUPSET '< 备份集路径 >']

[DEVICE TYPE < 介质类型 > [PARMS '< 介质参数 >']]

[BACKUPINFO '< 备份描述 >'] [MAXPIECESIZE < 备份片限制大小 >]

[IDENTIFIED BY < 密码 > | "< 密码 >" [WITH ENCRYPTION <TYPE>][ENCRYPT WITH < 加密算法 >]]

[COMPRESSED [LEVEL < 压缩级别 >]] [WITHOUT LOG]

[TRACE FILE '<TRACE 文件名 >'] [TRACE LEVEL <TRACE 日志级别 >]

[TASK THREAD < 线程数 >] [PARALLEL [< 并行数 >] [READ SIZE < 拆分块大小 >]];

SQL 语句的主要参数的设置说明如下：

FULL：备份类型。FULL 表示完全备份，可不指定，默认为完全备份。

DDL_CLONE：数据库克隆。该参数只能用于完全备份中，表示仅拷贝所有的元数据，不拷贝数据。

INCREMENT：备份类型。INCREMENT 表示增量备份，若要执行增量备份，则必须指定该参数。

CUMULATIVE：用于增量备份中，指明为累积增量备份类型。若不指定，则缺省为差异增量备份类型。累计增量是指自上一个完全备份以来的变化数据；差异增量是上一次备份（可能是完全或者差异备份）以来的变化数据。

WITH BACKUPDIR：用于增量备份中，指定基备份的搜索目录。若不指定，则自动在默认备份目录和当前备份目录下搜索基备份。如果基备份不在默认的备份目录或当前备份目录下，则增量备份必须指定该参数。

BASE ON BACKUPSET：用于增量备份中指定基备份集的路径。

TO：指定生成备份的名称。若未指定，则系统随机生成备份名称，默认的备份名称格式为 DB_ 库名 _ 备份类型 _ 备份时间。其中，备份时间为开始备份时的系统时间。

BACKUPSET：指定当前备份集的生成路径。若指定为相对路径，则在默认备份路径中生成备份集。若不指定，则在默认备份路径中按约定规则生成默认备份集目录。

DEVICE TYPE：指存储备份集的介质类型，支持 DISK 和 TAPE，默认为 DISK。

PARMS：只在介质类型为 TAPE 时有效。

BACKUPINFO：备份的描述信息。最大不超过 256 字节。

MAXPIECESIZE：最大备份片文件大小的上限，以 MB 为单位。最小为 32 MB，最大 32 位系统为 2 GB、64 位系统为 128 GB。

IDENTIFIED BY：指定备份时的加密密码。密码可以用双引号括起来，这样可以避免一些特殊字符无法通过语法检测。密码的设置规则遵行用户管理时 pwd_policy 指定的口令策略。

WITH ENCRYPTION：指定加密类型。0 表示不加密，不对备份文件进行加密处理；1 表示简单加密，对备份文件设置口令，但文件内容仍以明文方式存储；2 表示完全数据加密，对备份文件进行完全加密，备份文件以密文方式存储。当不指定 WITH ENCRYPTION 子句时，缺省采用简单加密。

ENCRYPT WITH：指定加密算法。当不指定 ENCRYPT WITH 子句时，缺省使用 AES256_CFB 加密算法。

COMPRESSED：是否对备份数据进行压缩处理。LEVEL 表示压缩等级，取值范围为 0~9：0 表示不压缩；1 表示 1 级压缩；以此类推，9 表示 9 级压缩。压缩级别越高，压缩速度越慢，但压缩比越大。

WITHOUT LOG：联机数据库备份是否备份日志。如果使用，则表示不备份，否则表示备份。如果使用了 WITHOUT LOG 参数，则使用 DMRMAN 工具还原时必须指定 WITH ARCHIVEDIR 参数。

TRACE FILE：指定生成的 TRACE 文件。当启用 TRACE，但不指定 TRACE FILE 时，默认在 DM 数据库系统的 log 目录下生成 DM_SBTTRACE_ 年月 .log 文件；若使用相对路径，则生成在执行码的同级目录下；若用户指定 TRACE FILE，则指定的文件不能为已经存在的文件，否则报错。TRACE FILE 不可以为 ASM 文件。

PARALLEL：指定并行备份的并行数和拆分块大小。并行数的取值范围为 0～128。若不指定并行数，则默认为 4；若指定为 0 或者 1，则认为非并行备份。若未指定关键字 PARALLEL，则认为非并行备份。并行备份不支持介质为 TAPE 的备份。

更为详尽的参数说明，请参阅达梦数据库技术文档。

常见备份语句如下：

设置全库备份集名为"DB_DAMENG_FULL_2022_12_01"：

SQL> backup database full to "DB_DAMENG_FULL_2022_12_01" backupset 'DB_DAMENG_FULL_2022_12_01';

在上一个全库备份的基础上进行增量备份：

SQL> backup database increment base on backupset
'E:\dmdbms\data\DAMENG\bak\DB_DAMENG_FULL_2022_12_01' to
"DB_DAMENG_INCRE_2022_12_01" backupset 'DB_DAMENG_INCRE_2022_12_01';

二、表空间备份

表空间只支持联机备份，不支持联机恢复。

表空间备份就是拷贝表空间内所有数据文件中的有效数据的过程。与备份数据库相同，备份表同样需要服务器配置为归档模式。语法如下：

BACKUP TABLESPACE < 表空间名 > [FULL | INCREMENT [CUMULATIVE][WITH BACKUPDIR '< 基备份搜索目录 >'{,'< 基备份搜索目录 >'}] | [BASE ON BACKUPSET '< 基备份集目录 >']] [TO < 备份名 >] [BACKUPSET '< 备份集路径 >']

[DEVICE TYPE < 介质类型 > [PARMS '< 介质参数 >']]

[BACKUPINFO '< 备份描述 >'] [MAXPIECESIZE < 备份片限制大小 >]

[IDENTIFIED BY < 密码 > | "< 密码 >" [WITH ENCRYPTION<TYPE>][ENCRYPT WITH < 加密算法 >]] [COMPRESSED [LEVEL < 压缩级别 >]]

[TRACE FILE '<TRACE 文件名 >'] [TRACE LEVEL <TRACE 日志级别 >]

[TASK THREAD < 线程数 >][PARALLEL [< 并行数 >][READ SIZE < 拆分块大小 >]];

主要参数说明如下：

表空间名：指定备份的表空间名称 (除了 temp 表空间)。

FULL|INCREMENT：备份类型，FULL 表示完全备份，INCREMENT 表示增量备份。若不指定，则默认为完全备份。

CUMULATIVE：用于增量备份中，指明为累积增量备份类型，若不指定则缺省为差异增量备份类型。

WITH BACKUPDIR：用于增量备份中，指定备份目录，最大长度为 256 字节。若不指定，则自动在默认备份目录和当前备份目录下搜索基备份。如果基备份不在默认的备份目录或当前备份目录下，则增量备份必须指定该参数。

BASE ON BACKUPSET：用于增量备份中，指定基备份集路径。

TO：指定生成备份名称。若未指定，则系统随机生成备份名称。默认备份名称的格式为 DB_ 备份类型 _ 表空间名 _ 备份时间。其中，备份时间为开始备份的系统时间。

BACKUPSET：指定当前备份集的生成路径。若指定为相对路径，则在默认备份路径中生成备份集。若不指定，则在默认备份路径下以约定规则生成默认的表空间备份集目录。

此外，还有 DEVICE TYPE、PARMS、BACKUPINFO、MAXPIECESIZE、IDENTIFIED BY、WITH ENCRYPTION、ENCRYPT WITH、COMPRESSED、TRACE FILE、PARALLEL 等参数，其设置与数据库备份的参数设置相同。

常见表空间备份语句如下：

1. 表空间完全备份

备份表空间为 MAIN，路径为默认路径，备份路径为 "main_tablespace__bak_20221113_01" 的备份集目录 (文件夹)，文件夹下面有 MAIN 表空间备份文件和元数据文件。

```
SQL> BACKUP TABLESPACE MAIN  BACKUPSET 'main_tablespace__bak_20221113_01';
操作已执行
已用时间 : 00:00:04.115. 执行号 : 502.
```

2. 表空间增量备份

在上述完全备份的基础上进行增量备份，采用默认的差异增量备份，备份路径为 "increment_bak_20221113_01"，备份完成后文件夹下面有增量备份文件和元数据文件。

```
SQL>  BACKUP TABLESPACE MAIN INCREMENT   BACKUPSET 'main_tablespace_ increment_bak_20221113_01';
操作已执行
已用时间 : 00:00:08.553. 执行号 : 503.        3 个文件        567,296 字节
```

三、表备份与恢复

1. 表备份

与备份数据库和表空间不同，备份表不需要归档日志，服务器不需要配置为归档模式。表备份也没有增量备份。语法如下：

```
BACKUP TABLE < 表名 >
[TO < 备份名 >] [BACKUPSET '< 备份集路径 >'] [DEVICE TYPE < 介质类型 > [PARMS '
< 介质参数 >']]
[BACKUPINFO '< 备份集描述 >']
[MAXPIECESIZE < 备份片限制大小 >]
[IDENTIFIED BY < 密码 >|'< 密码 >" [WITH ENCRYPTION <TYPE>][ENCRYPT WITH < 加密算法 >]]
[COMPRESSED [LEVEL < 压缩级别 >]]
[TRACE FILE '<TRACE 文件名 >'] [TRACE LEVEL <TRACE 日志级别 >];
```

主要参数说明如下：

TABLE：指定备份的表，只能备份用户表。

TO：指定生成备份名称。若未指定，则系统随机生成备份名称。默认备份名称的格式为 DB_ 备份类型 _ 表名 _ 备份时间。其中，备份时间为开始备份的系统时间。

BACKUPSET：指定当前备份集的生成路径。若指定为相对路径，则在默认备份路径

中生成备份集。若不指定具体备份集路径，则在默认备份路径下以约定规则生成默认的表备份集目录。

DEVICE TYPE、PARMS、BACKUPINFO、MAXPIECESIZE、IDENTIFIED BY、WITH ENCRYPTION、ENCRYPT WITH 等参数的设置与数据库、表空间备份相同。

备份表为 EMHR.CLASSINFO BACKUPSET，默认的备份路径为"'tables_bak_20221113_01"，备份完成后文件夹下面有表备份文件和元数据文件。

常见备份语句如下：

SQL> BACKUP TABLE EMHR.CLASSINFO BACKUPSET 'tables_bak_20221113_01';

操作已执行

已用时间 : 00:00:03.433. 执行号 : 504. 已用时间 : 00:00:04.115. 执行号 : 502.

2. 表还原

使用达梦数据库 DIsql 工具中的 RESTORE 语句可还原已经备份的表，语法如下：

RESTORE TABLE [< 表名 >] [STRUCT] [KEEP TRXID]

FROM BACKUPSET'< 备份集路径 >' [DEVICE TYPE < 介质类型 > [PARMS '< 介质参数 >']]

[IDENTIFIED BY < 密码 >|"< 密码 >" [ENCRYPT WITH < 加密算法 >]]

[TRACE FILE '<TRACE 文件名 >'] [TRACE LEVEL <TRACE 日志级别 >];

表名：指定需要还原的表的名称。若指定表名，则还原时数据库中必须存在该表，否则报错，不会从备份集判断是否存在目标表。

STRUCT：执行表结构还原，若未指定，则认为是表中数据还原。表数据还原要求还原目标表结构与备份集完全一致，否则报错，所以表结构还原可以在表数据还原之前执行，以减少报错。

KEEP TRXID：指定还原后数据页上记录的 TRXID 保持不变。若发现备份时系统最大的 TRXID 大于等于当前系统的最大 TRXID，则将当前系统最大的事务 ID + 1000。调整后的副作用是：rec_id≥next_trxid 的记录或者 rec_id≤bak_max_trxid + 1000 的记录可能因为执行了表还原，导致查询结果不正确，原本不可见的数据变得可见了。

BACKUPSET：表备份时指定的备份集路径。若指定为相对路径，则会在默认备份目录下搜索备份集。

常见还原语句 (还原表为 EMHR.CLASSINFO) 如下：

SQL> RESTORE TABLE EMHR.CLASSINFO STRUCT FROM 'tables_bak_20221113_01';

操作已执行

已用时间 : 274.172(毫秒). 执行号 : 506.

四、归档备份

使用达梦数据库 DIsql 工具中的 BACKUP 语句可以备份归档日志。归档备份满足下列条件：

(1) 归档文件的 db_magic、permanent_magic 值和库的 db_magic、permanent_magic 值

一样。

(2) 服务器必须配置归档。

(3) 归档日志必须连续，如果出现不连续的情况，则前面的连续部分会忽略，仅备份最新的连续部分。如果未收集到指定范围内的归档，则不会备份。联机备份的时候经常会切换归档文件，最后一个归档总是空的，所以最后一个归档不会被备份。

归档备份的语法如下：

BACKUP <ARCHIVE LOG | ARCHIVELOG>

[ALL | [FROM LSN <lsn>] | [UNTIL LSN <lsn>] | [LSN BETWEEN <lsn> AND <lsn>] | [FROM TIME '<time>'] | [UNTIL TIME '<time>'] | [TIME BETWEEN'<time>'> AND '<time>']] [<notBackedUpSpec>] [DELETE INPUT] [TO < 备份名 >][< 备份集子句 >];

< 备份集子句 > ::= BACKUPSET ['< 备份集路径 >'][DEVICE TYPE < 介质类型 > [PARMS '< 介质参数 >']]

[BACKUPINFO '< 备份描述 >']

[MAXPIECESIZE < 备份片限制大小 >]

[IDENTIFIED BY < 密码 > | "< 密码 >" [WITH ENCRYPTION <TYPE>][ENCRYPT WITH < 加密算法 >]]

[COMPRESSED [LEVEL < 压缩级别 >]]

[WITHOUT LOG]

[TRACE FILE '<TRACE 文件名 >'] [TRACE LEVEL <TRACE 日志级别 >]

[TASK THREAD < 线程数 >][PARALLEL [< 并行数 >][READ SIZE < 拆分块大小 >]]

<notBackedUpSpec> ::= NOT BACKED UP [<num> TIMES] | [SINCE TIME '<datetime_string>']

主要参数说明：

ALL：备份所有的归档。若不指定，则默认为 ALL。

FROM LSN：指定备份的起始 LSN 值。

UNTIL LSN：指定备份的截止 LSN 值。

BETWEEN…AND…：指定备份的区间。指定区间后，只会备份指定区间内的归档文件。

DELETE INPUT：用于指定备份完成之后是否删除归档操作。

TO：指定生成备份的名称。若未指定，则系统随机生成。默认备份名的格式为 ARCH_备份时间。其中，备份时间为开始备份的系统时间。

(1) 常用日志备份命令如下：

SQL> BACKUP ARCHIVE LOG ALL BACKUPSET 'ARCH_log_bak_20221113_01';

操作已执行

已用时间 : 00:00:05.098. 执行号 : 505.

(2) 查看归档信息：

SQL> select arch_lsn,clsn,path from v$arch_file;

ARCH_LSN CLSN   PATH

-------------------- -------------------- --

329246   467920 E:\dmdbms\data\DAMENG\bak\ARCHIVE_LOCAL1_0x16D0F182_EP0

2022-11-12_19-37-38.log

  467921 473500 E:\dmdbms\data\DAMENG\bak\ARCHIVE_LOCAL1_0x16D0F182_EP0_

2022-11-13_07-24-49.log

  473500 473943 E:\dmdbms\data\DAMENG\bak\ARCHIVE_LOCAL1_0x16D0F182_EP0_

2022-11-13_09-46-27.log

  已用时间 : 39.739(毫秒). 执行号 : 509.

【任务实施】

一、数据库备份

1. 使用 Dlsql 工具导出数据库

1) 数据库完全备

在默认备份路径下备份数据库，备份集名为 db_bak_20221113_01，语句执行完后会在默认的备份路径下生成名为 "db_bak_20221113_01" 的备份集目录 (文件夹)，文件夹下面有备份文件和元数据文件。

SQL> BACKUP DATABASE BACKUPSET 'db_bak_20221113_01';

操作已执行

已用时间 : 00:00:10.466. 执行号 : 500.

查看可知备份数据已经生成。

E:\dmdbms\data\DAMENG\bak\db_bak_20221113_01 的目录

2022/11/13　08:16　　　136,194,560 db_bak_20221113_01.bak

2022/11/13　08:16　　　123,392 db_bak_20221113_01.meta

2022/11/13　08:16　　　16,896 db_bak_20221113_01_1.bak

   3 个文件　　136,334,848 字节

2) 数据库增量备份 (默认差异增量备份)

在上述默认路径完全备份的基础上进行增量备份，备份集名称为 "increment_bak_20221113_01"，备份任务完成后，文件夹下面有增量备份文件和元数据文件。

SQL> BACKUP DATABASE INCREMENT BACKUPSET 'increment_bak_20221113_01';

操作已执行

已用时间 : 00:00:12.238. 执行号 : 501.

查看可知增量备份文件已经生成。

E:\dmdbms\data\DAMENG\bak\increment_bak_20221113_01 的目录

2022/11/13　08:20　　　435,200 increment_bak_20221113_01.bak

2022/11/13　08:20　　　123,392 increment_bak_20221113_01.meta

2022/11/13　08:20　　　8,704 increment_bak_20221113_01_1.bak

   3 个文件　　567,296 字节

2. 使用 DM 管理工具备份数据库

在 **DM** 管理工具中，连接数据库实例后，使用左侧"备份"模块工具按需要进行操作。如图 7-3-1 所示。

图 7-3-1　DM 管理工具联机备份还原模块

从图 7-3-1 中可以发现，前面通过命令行进行的完全备份、增量备份都自动在列表中显示出来。

在"库备份"选项上点击右键，选择"新建备份"，即可打开"新建库备份"对话框，在其中输入相应参数即可。在该对话框中可以设置备份名、备份集目录、完全备份 / 增量备份、压缩选项、加密选项、跟踪日志、并行线程数等，设置完成后，点击"确定"即可备份。相关参数设置如图 7-3-2 所示。

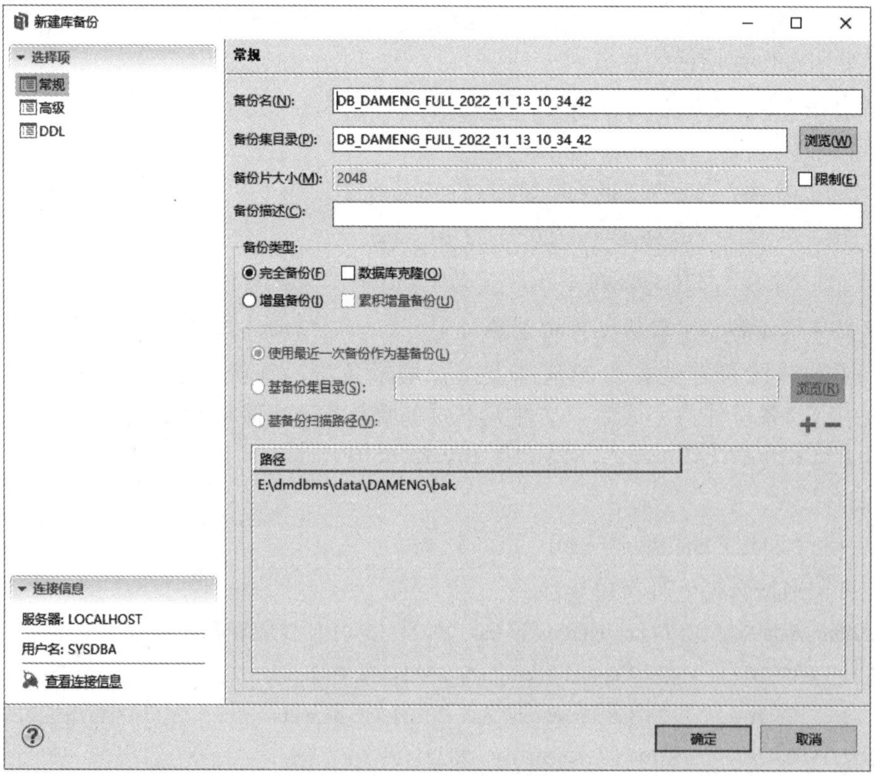

图 7-3-2　数据库备份选项

二、表空间备份

1. 使用 DIsql 工具备份表空间

1) 表空间完全备份

备份表空间 MAIN，备份路径为"main_tablespace__bak_20221113_01"，备份任务完成后，文件夹下面有 MAIN 表空间备份文件和元数据文件。

SQL> BACKUP TABLESPACE MAIN BACKUPSET 'main_tablespace_bak_20221113_01';

操作已执行

已用时间：00:00:04.115. 执行号：502.

2) 表空间增量备份

在上述完全备份的基础上进行增量备份，备份集名为"increment_bak_20221113_01"。备份任务完成后，文件夹下面有增量备份文件和元数据文件。

SQL> BACKUP TABLESPACE MAIN INCREMENT   BACKUPSET 'main_tablespace_ increment_bak_ 20221113_01';

操作已执行

已用时间：00:00:08.553. 执行号：503.　　　　3 个文件　　　　567,296 字节

2. 使用 DM 管理工具备份表空间

在 DM 管理工具中，连接数据库实例后，在"备份"选项的"表空间备份"选项上点击右键，选择"新建备份"，即可出现"新建表空间备份"对话框，在其中输入相应参数即可。在该对话框中可以设置备份名、备份集目录、完全备份 / 增量备份、压缩选项、加密选项、跟踪日志、并行线程数等，设置完成，点击"确定"即可备份。

相关备份参数如图 7-3-3 所示。

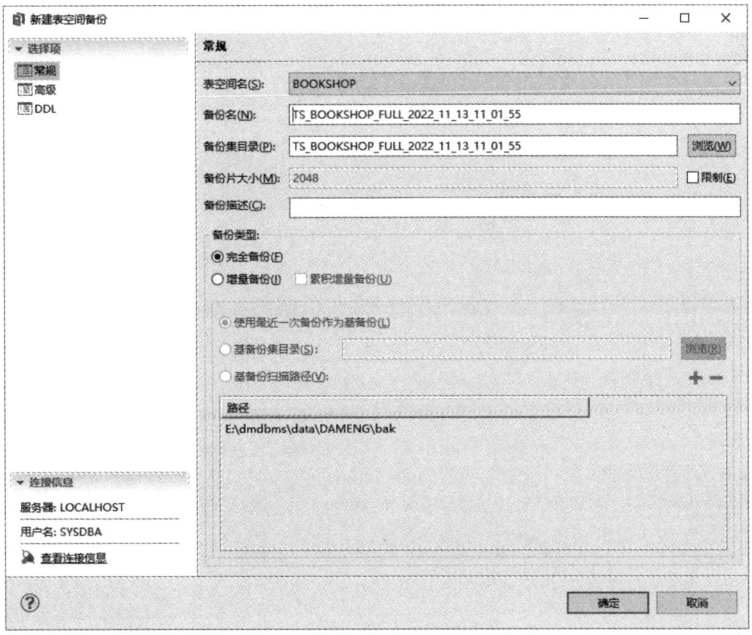

图 7-3-3　表空间备份

三、表备份与还原

1. 使用 Dlsql 工具备份与还原表

1) 表备份

备份表为 EMHR.CLASSINFO，指定默认备份路径，备份集名为"tables_bak_ 20221113_ 01"，备份完成后，文件夹下面有表备份文件和元数据文件。

```
SQL> BACKUP TABLE EMHR.CLASSINFO BACKUPSET 'tables_bak_20221113_01';
操作已执行
已用时间 : 00:00:03.433. 执行号 : 504. 已用时间 : 00:00:04.115. 执行号 : 502.
```

2) 表还原

使用刚才的备份文件，对表 EMHR.CLASSINFO 进行还原。可以在还原前先删除表，然后还原后验证表还原是否成功：

```
SQL> RESTORE TABLE EMHR.CLASSINFO STRUCT FROM 'tables_bak_20221113_01';
操作已执行
已用时间 : 274.172( 毫秒 ). 执行号 : 506.
```

2. 使用 DM 管理工具备份和还原表

1) 表备份

在 DM 管理工具中，连接数据库实例后，在"备份"选项的"表备份"选项上点击右键，选择"新建备份"，即可出现"新建表备份"对话框，在其中输入相应参数即可。注意，要先选择模式，才能选择模式下面的表。相关备份参数如图 7-3-4 所示。

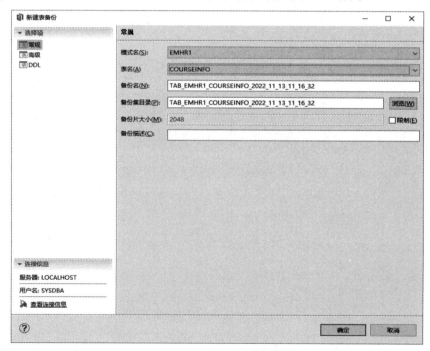

图 7-3-4　表备份设置

2) 表还原

在 DM 管理工具中，连接数据库实例后，在"备份"—"表备份"中，选择具体的备份文件，点击右键，选择"备份还原"，即可打开"表备份还原"对话框。该对话框中的还原选项可以设置表结构、索引、表数据、约束等选项。还原时，可将"表结构"选项勾选，则在还原时将表结构一并还原。相关备份参数如图 7-3-5 所示。

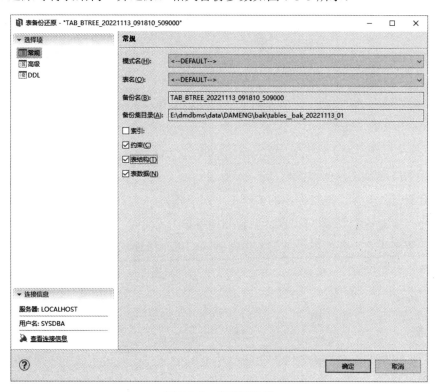

图 7-3-5　表还原设置

四、归档备份

1. 使用 DIsql 工具进行归档备份

1) 使用 DIsql 工具备份表空间

备份归档文件集"ARCH_log_bak_20221113_01"：

```
SQL> BACKUP ARCHIVE LOG ALL   BACKUPSET'ARCH_log_bak_20221113_01';
操作已执行
已用时间 : 00:00:05.098. 执行号 : 505.
E:\dmdbms\data\DAMENG\bak\ARCH_log_bak_20221113_01>dir
2022/11/13  09:46      27,958,272 ARCH_log_bak_20221113_01.bak
2022/11/13  09:46          82,432 ARCH_log_bak_20221113_01.meta
            2 个文件     28,040,704 字节
```

2) 查看归档信息

归档信息：

SQL> select arch_lsn,clsn,path from v$arch_file;

ARCH_LSN CLSN PATH

------------------- ------------------- ---

329246   467920 E:\dmdbms\data\DAMENG\bak\ARCHIVE_LOCAL1_0x16D0F182_EP0_
2022-11-12_19-37-38.log

467921   473500 E:\dmdbms\data\DAMENG\bak\ARCHIVE_LOCAL1_0x16D0F182_EP0_
2022-11-13_07-24-49.log

473500   473943 E:\dmdbms\data\DAMENG\bak\ARCHIVE_LOCAL1_0x16D0F182_EP0_
2022-11-13_09-46-27.log

已用时间：39.739(毫秒). 执行号：509.

2. 使用 DM 管理工具备份归档

在 DM 管理工具中，连接数据库实例后，在"备份"选项的"归档备份"选项上点击右键，选择"新建备份"，即可出现"新建归档备份"对话框，如图 7-3-6 所示。在该对话框中可以设置备份名、备份集目录、备份完删除归档、压缩选项等，设置完成，点击"确定"即可备份。

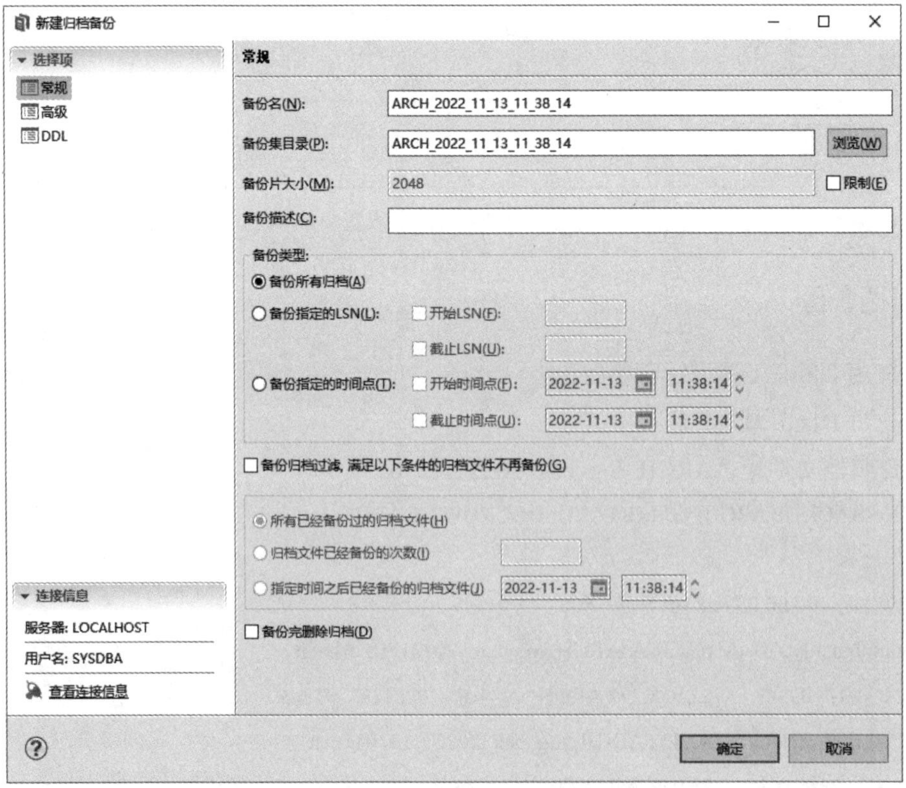

图 7-3-6　归档备份参数设置

【任务回顾】

■ 知识点总结

1. 联机备份支持数据库、用户表空间、用户表和归档四种对象备份，只支持用户表的联机还原；数据库、用户表空间和归档的联机备份集只能通过脱机方式还原。

2. 使用 SQL 语句和 DM 管理工具对数据库进行全库备份和增量备份。

3. 使用 SQL 语句和 DM 管理工具对数据库表空间进行全库备份和增量备份。

4. 使用 SQL 语句和 DM 管理工具对数据库表进行表备份和表还原 (数据库表无增量备份)。

5. 使用 SQL 语句和 DM 管理工具对归档数据进行全库备份和增量备份。

■ 思考与练习

1. 使用 SQL 语句和 DM 管理工具对当前数据库分别创建一个全库备份和一个差异增量备份。

2. 使用 SQL 语句和 DM 管理工具对表空间 MAIN 分别创建一个全库备份和一个差异增量备份。

3. 使用 SQL 语句和 DM 管理工具对数据表 CLASSINFO、COURSEINFO 创建备份，在数据库中删除表 CLASSINFO、COURSEINFO；利用备份进行数据表还原。

4. 使用 SQL 语句和 DM 管理工具对归档创建一个全库备份和一个差异增量备份。

任务 4　达梦数据库的脱机备份与还原

【任务描述】

花小新："前面已经学过了联机备份与还原，今天大家跟着我一起学习一下脱机备份与还原吧。"

【知识学习】

脱机备份与还原 1　　脱机备份与还原 2

DMRMAN 是达梦数据库的脱机备份还原管理工具，它统一负责数据库脱机备份、脱机还原、脱机恢复等相关操作，该工具支持命令行指定参数方式和控制台交互方式，降低了用户的操作难度。DMRMAN 在数据库安装文件 bin 下，在命令行状态下运行。

达梦数据库开发了 DM 控制台工具，该工具以图形化界面呈现，实现了数据库级的备份、脱机还原、脱机恢复等功能，与 DMRMAN 功能基本相同。

使用 DMRMAN 或者 DM 控制台工具进行备份还原，需要启动 DmAPService 服务，且服务器实例处于关闭状态。操作前，需要停止数据库服务。

可以使用 DM 控制台工具进行备份，数据库实例需要处于关闭状态。可使用 DM 服务查看器停止服务器实例，也可使用操作系统工具或者命令停止数据库实例服务，如图 7-4-1 所示。

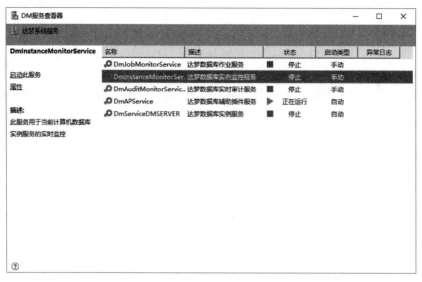

图 7-4-1　停止数据库实例服务

一、数据库备份与还原

1. 数据库备份

对数据库进行脱机备份，数据库可以配置归档也可以不配置。此处讲解使用 DMRMAN 工具进行操作的方法，使用 DM 控制台工具较为简单，将在任务实施部分进行讲解。

首先，在达梦数据库安装目录下运行 DMRMAN：

```
E:\>cd  E:\dmdbms\bin
E:\dmdbms\bin>DMRMAN
dmrman V8
RMAN>
```

在 DMRMAN 工具中使用 BACKUP 命令备份整个数据库。如果数据库实例正常退出，则脱机备份前不需要配置归档；如果是故障退出，则需要备份前先进行归档修复。一般建议在数据库发生故障后，立即进行归档修复。

备份数据库命令语法如下：

```
BACKUP DATABASE '<INI 文件路径>' [[[FULL][DDL_CLONE]] | INCREMENT [CUMULATIVE]
[WITH BACKUPDIR '< 基备份搜索目录 >'{, '< 基备份搜索目录 >'}] | [BASE ON BACKUPSET '< 基备份集
目录 >']]
    [TO < 备份名 >] [BACKUPSET '< 备份集路径 >'][DEVICE TYPE < 介质类型 >[PARMS '< 介质参数 >']
[BACKUPINFO '< 备份描述 >'] [MAXPIECESIZE < 备份片限制大小 >]
```

[IDENTIFIED BY < 密码 > | "< 密码 >" [WITH ENCRYPTION<TYPE>][ENCRYPT WITH < 加密算法 >]]
[COMPRESSED [LEVEL < 压缩级别 >]][WITHOUT LOG]
[TASK THREAD < 线程数 >][PARALLEL [< 并行数 >][READ SIZE < 拆分块大小 >]];

主要参数说明：

DATABASE：必选参数。指定备份源库的 INI 文件路径。

FULL：备份类型。FULL 表示完全备份，可不指定，DMRMAN 会默认为完全备份。

DDL_CLONE：数据库克隆。该参数只能用于完全备份中，表示仅拷贝所有的元数据，不拷贝数据。如对于数据库中的表来说，只备份表的定义，不备份表中数据。

INCREMENT：备份类型。INCREMENT 表示增量备份，若要执行增量备份必须指定该参数。

CUMULATIVE：用于增量备份中，指明为累积增量备份类型；若不指定，则缺省为差异增量备份类型。

WITH BACKUPDIR：用于增量备份中，指定基备份的搜索目录，最大长度为 256 字节。若不指定，自动在默认备份目录和当前备份目录下搜索基备份；如果基备份不在默认的备份目录或当前备份目录下，增量备份必须指定该参数。

BASE ON BACKUPSET：用于增量备份中，为增量备份指定基备份集路径。如果没有指定基备份集，则会自动搜索一个最近可用的备份集作为基备份集。

TO：指定生成备份名称。若未指定，系统随机生成备份名称，默认备份名称格式为DB_ 库名 _ 备份类型 _ 备份时间。其中，备份时间为开始备份时的系统时间。

BACKUPSET：指定当前备份集生成路径。若指定为相对路径，则在默认备份路径中生成备份集。若不指定，则在默认备份路径中按约定规则生成默认备份集目录。

另外，DEVICE TYPE、PARMS、BACKUPINFO、MAXPIECESIZE、IDENTIFIED BY 等参数与联机数据库备份参数一致。

备份数据库基本命令：

RMAN>BACKUP DATABASE '\dmdbms\data\DAMENG\dm.ini' WITH BACKUPDIR 'DB_ DAMENG_
FULL_20221113';

2. 数据库还原

脱机恢复数据库有三个阶段，还原 (restore)、恢复 (recover)、数据库更新 (update db_magic)。

1) 数据库还原

使用 RESTORE 命令完成脱机还原操作。在还原语句中指定库级备份集，可以是脱机库级备份集，也可以是联机库级备份集。数据库的还原包括数据库配置文件还原和数据文件还原。还原语法如下：

RESTORE DATABASE <restore_type> FROM BACKUPSET '< 备份集路径 >' [<device_type_stmt>]
[IDENTIFIED BY < 密码 > | "< 密码 >" [ENCRYPT WITH < 加密算法 >]]
[WITH BACKUPDIR '< 基备份搜索目录 >'{, '< 基备份搜索目录 >'}]

```
[MAPPED FILE '< 映射文件路径 >'][TASK THREAD < 任务线程数 >]
[RENAME TO '< 数据库名 >'];
<restore_type>::=<type1> | <type2>
<type1> ::= '<ini_path>' [WITH CHECK] [REUSE DMINI][OVERWRITE] [FORCE]
<type2> ::= TO '<system_dbf_dir>' [WITH CHECK] [OVERWRITE]
<device_type_stmt> ::= DEVICE TYPE < 介质类型 > [PARMS '< 介质参数 >']
```

主要参数说明：

DATABASE：指定还原目标库的 dm.ini 文件路径或 system.dbf 文件路径。

BACKUPSET：指定用于还原目标数据库的备份集路径。若指定为相对路径，会在默认备份目录下搜索备份集。

WITH BACKUPDIR：用于增量备份的还原中，指定基备份的搜索目录，最大长度为 256 字节。若不指定，自动在默认备份目录和当前备份目录下搜索基备份。如果基备份不在默认的备份目录或当前备份目录下，增量备份的还原必须指定该参数。

RENAME TO：指定还原数据库后是否更改库的名字，若指定该参数则将还原后的库改为指定的数据库名，默认使用备份集中的 db_name 作为还原后库的名称。

WITH CHECK：指定还原前校验备份集数据完整性。缺省不校验。

OVERWRITE：还原数据库时，对重名的数据文件指定是否覆盖重建，不指定则默认报错。

例如，使用备份集"DB_DAMENG_FULL_20221113_161004_227000"对数据库进行还原：

```
RMAN> RESTORE DATABASE  '\dmdbms\data\DAMENG\dm.ini' FROM BACKUPSET 'DB_ DAMENG_
FULL_20221113_161004_227000';
...
Normal of ROLL
[Percent:100.00%][Speed:0.00M/s][Cost:00:00:10][Remaining:00:00:00]
restore successfully.
time used: 00:00:11.728
```

2) 数据库恢复

在数据库还原之后，如果数据处于非一致性状态，则需要继续进行数据库的恢复工作（执行 recover 命令）。该项恢复可以基于备份集，也可以基于本地的归档体制，其功能是利用日志来恢复数据库的一致性。如果还原后数据已经处于一致性状态，则可以不进行恢复，直接使用 DB_MAGIC 方式更新数据库。

数据库恢复的语法如下：

```
RECOVER DATABASE '<ini_path>'[FORCE] WITH ARCHIVEDIR < 归档日志目录 >'{,'< 归档日志目录 >'}
[USE DB_MAGIC <db_magic>] [UNTIL TIME '< 时间串 >'] [UNTIL LSN <LSN>]; | RECOVER DATABASE
'<ini_path>' [FORCE] FROM BACKUPSET '< 备份集路径 >' [<device_type_stmt>] [IDENTIFIED BY < 密码 > |
"< 密码 >" [ENCRYPT WITH < 加密算法 >]];
    <device_type_stmt>::= DEVICE TYPE < 介质类型 > [PARMS '< 介质参数 >']
```

主要参数说明：

DATABASE：指定还原库目标的 dm.ini 文件路径。

FORCE：若恢复到 DMTDD 前端库，且恢复的 REDO 日志中包含创建表空间的记录，则可以指定该选项来强制创建表空间而忽略 REDO 日志中对该表空间的副本数和区块策略的严格限制。

WITH ARCHIVEDIR：本地归档日志搜索目录。

USE DB_MAGIC：指定本地归档日志对应数据库的 DB_MAGIC，若不指定，则默认使用目标数据库的 DB_MAGIC。

UNTIL TIME：恢复数据库到指定的时间点。如果指定的结束时间早于备份结束时间，忽略 UNTIL TIME 参数，重做所有小于备份结束 LSN(END_LSN) 的 REDO 日志，将系统恢复到备份结束时间点的状态。此时并不能精确恢复到 END_LSN，只能保证重演到 END_LSN 之后的第一个时间戳日志，该日志对应的 LSN 值略大于 END_LSN。

UNTIL LSN：恢复数据库到指定的 LSN。如果指定的 UNTIL LSN 小于备份结束 LSN (END_LSN)，则报错。

BACKUPSET：指定用于恢复目标数据库的备份集目录。

对上面刚还原的数据库进行恢复：

RMAN> RECOVER DATABASE '\dmdbms\data\DAMENG\dm.ini' FROM BACKUPSET 'DB_DAMENG_FULL_20221113_161004_227000';

…

recover successfully!

time used: 00:00:01.128

此外，还可以从归档恢复，详细用法可参阅达梦数据库产品手册。

3) 更新数据库

更新数据库 DB_MAGIC：

RMAN> RECOVER DATABASE '\dmdbms\data\DAMENG\dm.ini' UPDATE DB_MAGIC

…

recover successfully!

time used: 00:00:01.367

至此，数据库已经恢复完成，启动数据库实例即可。可使用 DM 服务查看器启动或启动服务器实例；也可使用操作系统工具或者命令启动或停止数据库实例服务。

二、表空间还原与恢复

达梦数据库联机可以备份表空间，脱机状态下不提供表空间备份。脱机状态下可以还原和恢复表空间，还原的备份集可以是联机或脱机生成的库备份集，也可以是联机生成的表空间备份集。脱机表空间还原仅涉及表空间数据文件的重建与数据页的拷贝，不需要事先置目标表空间为 OFFLINE 状态。

1. 表空间还原

当表空间被执行还原操作后，表空间的状态会被置为 RES_OFFLINE，并设置数据标记 FIL_TS_RECV_STATE_RESTORED，表示已经还原但数据不完整。

基本语法如下：

RESTORE DATABASE '<ini_path>' TABLESPACE < 表空间名 > [with check]

[DATAFILE < 文件编号 > {,< 文件编号 >} | '< 文件路径 >' {,'< 文件路径 >'}]

FROM BACKUPSET '< 备份集路径 >' [<device_type_stmt>]

[IDENTIFIED BY < 密码 > | "< 密码 >"] [ENCRYPT WITH < 加密算法 >]

[WITH BACKUPDIR '< 基备份搜索目录 >' {,'< 基备份搜索目录 >'}]

[MAPPED FILE '< 映射文件路径 >']

[TASK THREAD < 线程数 >];

<device_type_stmt> ::= DEVICE TYPE < 介质类型 > [PARMS '< 介质参数 >']

主要参数说明：

DATABASE：指定还原目标库的 dm.ini 文件路径。

TABLESPACE：指定还原的表空间，TEMP 表空间除外。

WITH CHECK：指定还原前校验备份集数据完整性。缺省不校验。

DATAFILE：还原指定的数据文件。可以指定数据文件编号或数据文件路径。文件编号，对应动态视图 VDATAFILE 中 ID 列的值。文件路径，对应动态视图 VDATAFILE 中 PATH 或者 MIRROR_PATH 列的值。也可以仅指定数据文件名称 (相对路径)，与表空间中数据文件匹配时，会使用 SYSTEM 目录补齐。

BACKUPSET：指定还原备份集的路径。若指定为相对路径，会在默认备份目录下搜索备份集。

使用全库备份集"dmba_full_20221113_02"还原其中的 MAIN 表空间：

RMAN> RESTORE DATABASE '\dmdbms\data\DAMENG\dm.ini' TABLESPACE MAIN FROM BACKUPSET ' dmba_full_20221113_02';

...

EP[0]'s cur_lsn[484650], file_lsn[484650]

[Percent:100.00%][Speed:0.00M/s][Cost:00:00:04][Remaining:00:00:00]

restore successfully.

time used: 00:00:05.691

2. 表空间恢复

表空间恢复通过 REDO 重做日志，将数据更新到一致状态。由于日志重做过程中，修改好的数据页首先存入缓冲区，缓冲区分批次将修改好的数据页写入磁盘。如果在此过程中发生异常中断，可能导致缓冲区中的数据页无法写入磁盘，造成数据的不一致，数据库启动时校验失败，所以表空间恢复过程中不允许异常中断。

语法如下：

RECOVER DATABASE '<ini_path>' TABLESPACE < 表空间名 > [WITH ARCHIVEDIR ' 归档日志目录 '

{, ' 归档日志目录 '}][USE DB_MAGIC <db_magic>];

主要参数说明：

DATABASE：指定还原目标库的 dm.ini 文件路径。

TABLESPACE：指定还原的表空间，TEMP 表空间除外。

WITH ARCHIVEDIR：归档日志搜索目录。缺省情况下在 dmarch.ini 中指定的归档目录中搜索。如果归档日志不在配置文件 dmarch.ini 中指定的目录下，或者归档日志分散在多个目录下，需要使用该参数指定归档日志搜索目录。

USE DB_MAGIC：指定本地归档日志对应数据库的 DB_MAGIC，若不指定，则默认使用目标恢复数据库的 DB_MAGIC。

恢复还原的表空间：

RMAN> RECOVER DATABASE '\dmdbms\data\DAMENG\dm.ini' TABLESPACE MAIN;

三、归档备份与还原

在 DMRMAN 工具中使用 BACKUP 命令可以备份库的归档。使用 DMRMAN 备份归档需要设置归档，否则会报错。也可以使用 DM 控制台工具进行归档的备份和还原。

1. 进行归档备份

设置备份归档的语法是：

BACKUP<ARCHIVE LOG | ARCHIVELOG>

[ALL | [FROM LSN <lsn>]|[UNTIL LSN <lsn>] | [LSN BETWEEN < lsn> AND < lsn>] | [FROM TIME '<time>'] | [UNTIL TIME '<time>'] | [TIME BETWEEN '<time>' AND '<time>']] [<notBackedUpSpec>] [DELETE INPUT]

DATABASE '<INI 文件路径 >'

[TO < 备份名 >] [< 备份集子句 >];

< 备份集子句 >：：= [BACKUPSET '< 备份集路径 >'] [DEVICE TYPE < 介质类型 >[PARMS '< 介质参数 >'] [BACKUPINFO '< 备份描述 >'] [MAXPIECESIZE < 备份片限制大小 >]

[IDENTIFIED BY < 密码 >|"< 密码 >" [WITH ENCRYPTION <TYPE>][ENCRYPT WITH < 加密算法 >]]

[COMPRESSED [LEVEL < 压缩级别 >]][TASK THREAD < 线程数 >][PARALLEL [< 并行数 >][READ SIZE < 拆分块大小 >]]

主要参数说明：

ALL：备份所有的归档。若不指定，则默认为 ALL。

FROM LSN，UNTIL LSN：备份的起始和截止 LSN。

FROM TIME：指定备份的开始时间点，如 '2021-12-10'。

UNTIL TIME：指定备份的截止时间点。

BETWEEN...AND...：指定备份的区间。指定区间后，只会备份指定区间内的归档文件。

<notBackedUpSpec>：搜索过滤。

DELETE INPUT：用于指定备份完成后，是否删除归档操作。

DATABASE：必选参数。指定备份源库的 INI 文件路径。

TO：指定生成备份名称。若未指定，系统随机生成备份名称，默认备份名称格式为 ARCH_ 备份时间。其中，备份时间为开始备份的系统时间。

BACKUPSET：指定当前备份集生成目录。若指定为相对路径，则在默认备份路径中生成备份集。若不指定具体备份集路径，则在默认备份路径下，以约定归档备份集命名规则生成默认的归档备份集目录。

(1) 备份所有的归档文件至"F:\DMDBA_BAKUP\LOG_BAKUP"：

```
RMAN> BACKUP ARCHIVE LOG ALL DATABASE  '\dmdbms\data\DAMENG\dm.ini'
BACKUPSET  'F:\DMDBA_BAKUP\LOG_BAKUP '
...
Processing backupset F:\DMDBA_BAKUP\LOG_BAKUP
[Percent:100.00%][Speed:0.00M/s][Cost:00:00:03][Remaining:00:00:00]
backup successfully!
time used: 00:00:04.902
F:\DMDBA_BAKUP\LOG_BAKUP 的目录
2022/11/13  19:52        1,209,344 LOG_BAKUP.bak
2022/11/13  19:52           86,528 LOG_BAKUP.meta
             2 个文件      1,295,872 字节
```

(2) 备份特定的归档文件。

① 查询归档文件：

```
SQL> select arch_lsn,clsn,path  from v$arch_file;
ARCH_LSN CLSN   PATH
-------------------- -------------------- --------------------------------------------------------------------------
    481665    484650  E:\dmdbms\data\DAMENG\bak\ARCHIVE_LOCAL1_0x72C5BE64_EP0_
2022-11-13_18-11-54.log
    484651    487901  E:\dmdbms\data\DAMENG\bak\ARCHIVE_LOCAL1_0x72C5BE64_EP0_
2022-11-13_18-38-31.log
    487902    490874  E:\dmdbms\data\DAMENG\bak\ARCHIVE_LOCAL1_0x72C5BE64_EP0_
2022-11-13_18-54-02.log
    490875    493648  E:\dmdbms\data\DAMENG\bak\ARCHIVE_LOCAL1_0x72C5BE64_EP0_
2022-11-13_20-00-07.log
已用时间 : 29.700( 毫秒 ). 执行号 : 702.
```

② 备份指定 LSN 区间的归档日志。

达梦数据库管理系统能够根据 LSN 或者时间点进行判断，选择备份特定的归档文件。先查询归档文件 LSN，再进行备份。语法如下：

```
RMAN> BACKUP ARCHIVE LOG lsn between 484651 AND 490874 DATABASE  '\dmdbms\ data\DAMENG\
dm.ini' BACKUPSET  'F:\DMDBA_BAKUP\LOG_BAKUP_02 '
```

...

Processing backupset F:\DMDBA_BAKUP\LOG_BACKUP_02

[Percent:100.00%][Speed:0.00M/s][Cost:00:00:02][Remaining:00:00:00]

backup successfully!

time used: 00:00:04.470 已用时间 : 29.700(毫秒). 执行号 : 702.

2. 进行归档还原

达梦数据库使用 RESTORE 命令进行脱机还原归档操作。其中，归档备份集既可以是脱机归档备份集，也可以是联机归档备份集。语法如下：

RESTORE <ARCHIVE LOG | ARCHIVELOG> [WITH CHECK] FROM BACKUPSET '< 备份集路径 >'
[<device_type_stmt>]

[IDENTIFIED BY < 密码 >|"< 密码 >" [ENCRYPT WITH < 加密算法 >]]

[TASK THREAD < 任务线程数 >] [NOT PARALLEL]

[ALL | [FROM LSN <lsn>] | [UNTIL LSN <lsn>] | [LSN BETWEEN <lsn> AND <lsn>] | [FROM TIME '<time>'] |
[UNTIL TIME '<time>'] | [TIME BETWEEN '<time>' AND '<time>']]

TO < 还原目录 > [OVERWRITE <level>];

<device_type_stmt>::= DEVICE TYPE < 介质类型 > [PARMS '< 介质参数 >']

< 还原目录 >::= ARCHIVEDIR '< 归档日志目录 >' | DATABASE '<ini_path>'

主要参数说明如下：

WITH CHECK：指定还原前校验备份集数据完整性。缺省不校验。

BACKUPSET：指定用于还原目标数据库的备份集路径。若指定为相对路径，会在默认备份目录下搜索备份集。

ALL：还原所有的归档。若不指定，则默认为 ALL。

FROM LSN，FROM TIME：指定还原的起始 LSN 或者开始的时间点。真正的起始点以该 LSN 或该时间点所在的整个归档日志文件作为起始点。例如，指定 FROM 10001，而归档日志文件 X 的 LSN 为 9000～12000，那么就会将该归档日志文件 X 作为起始归档日志文件。

UNTIL LSN，UNTIL TIME：指定还原的截止 LSN 或者截止的时间点。真正的截止点以该 LSN 或该时间点所在的整个归档日志文件作为截止归档日志文件。

BETWEEN ... AND ...：指定还原的区间。还原该区间内的所有归档日志文件。例如，指定还原区间为 BETWEEN 100 AND 200，归档日志文件 1 的 LSN 范围为 1～150，归档日志文件 2 的 LSN 范围为 150～180，归档日志文件 3 的 LSN 范围为 180～200，那么归档日志文件 1、2 和 3 都会被还原。

ARCHIVEDIR：指定还原的目标归档日志目录。

DATABASE：指定还原目标库的 dm.ini 文件路径，将归档日志还原到该库的归档日志目录中。

OVERWRITE：还原归档时，指定归档日志已经存在时的处理方式。可取值 1、2、3。1：跳过已存在的归档日志，继续其他日志的还原。跳过的日志信息会生成一条日志记录在安装目录的 log 目录中的 dm_BAKRES_ 年月 .log 日志文件中。2：直接报错返回。3：强制覆盖已存在的归档日志，缺省值为 1。

用刚刚备份的归档文件备份集恢复归档文件，强制覆盖已存在的归档文件：

> RESTORE ARCHIVE LOG FROM BACKUPSET 'F:\DMDBA_BAKUP\LOG_BAKUP ' TO DATABASE '\dmdbms\data\DAMENG\dm.ini' OVERWRITE 3;

【任务实施】

一、数据库备份

1. 使用 DMRMAN 工具备份

对数据库进行全库备份，备份至默认备份路径：

> RMAN> BACKUP DATABASE '\dmdbms\data\DAMENG\dm.ini';
>
> BACKUP DATABASE '\dmdbms\data\DAMENG\dm.ini';
>
> Database mode = 0, oguid = 0
>
> …
>
> E:\dmdbms\data\DAMENG\bak\DB_DAMENG_FULL_20221113_161004_227000
>
> [Percent:100.00%][Speed:0.00M/s][Cost:00:00:06][Remaining:00:00:00]
>
> backup successfully!
>
> time used: 00:00:08.310

2. 使用 DM 控制台工具进行备份

运行 DM 控制台工具，在 "控制导航" 中选中 "备份还原"，如图 7-4-2 所示。

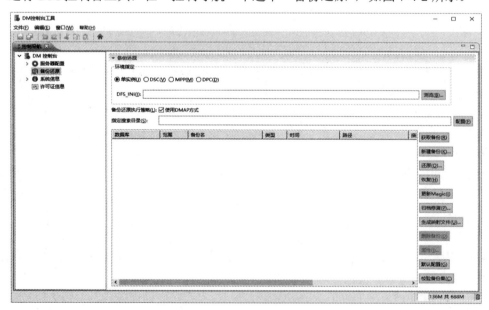

图 7-4-2　数据库备份

点击右侧"新建备份"选项，打开"新建备份"窗口，输入或选择新建备份的备份名、备份集目录、完全备份 / 增量备份 / 数据库克隆、备份描述等选项，在"高级"选项中，还可设置压缩等级、加密、介质等参数。设置完成，点击"确定"即可完成数据库备份，如图 7-4-3 所示。

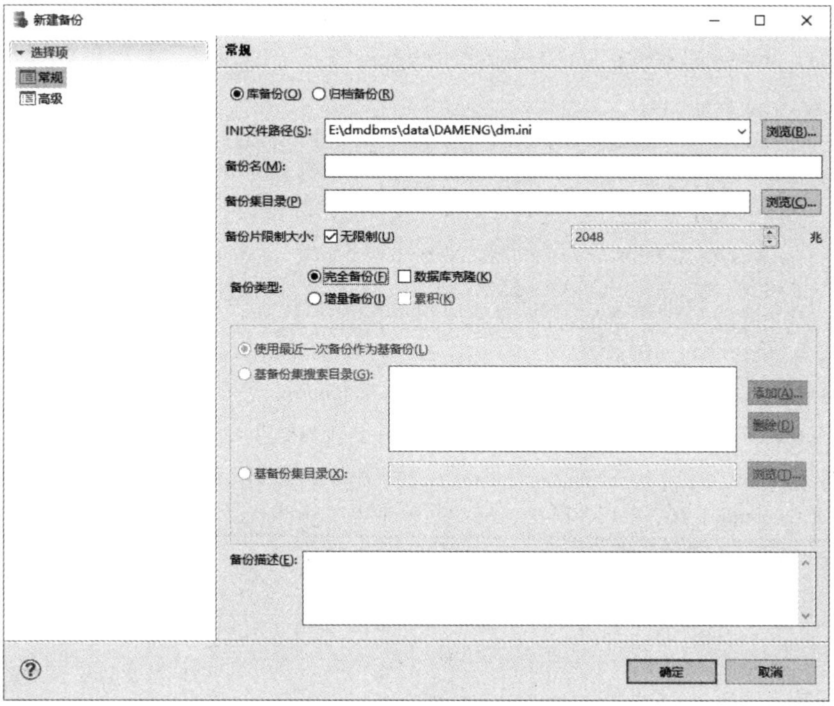

图 7-4-3 新建数据库备份

使用 DMRMAN 工具可以对数据库进行脱机备份，DMRMAN 可以针对整个数据库执行脱机完全备份和增量备份，数据库可以配置归档也可以不配置。

二、数据库还原与恢复

脱机恢复数据库有三个阶段，还原 (restore)、恢复 (recover)、数据库更新 (update db_magic)。

1. 使用 DMRMAN 工具恢复数据库

1) 数据库还原

使用"DB_DAMENG_FULL_20221113_161004_227000"备份集进行数据库还原：

```
RMAN> RESTORE DATABASE  '\dmdbms\data\DAMENG\dm.ini' FROM BACKUPSET 'DB_DAMENG_
FULL_20221113_161004_227000';
...
Normal of ROLL
[Percent:100.00%][Speed:0.00M/s][Cost:00:00:10][Remaining:00:00:00]
restore successfully.
time used: 00:00:11.728
```

"DB_DAMENG_FULL_20221113_161004_227000"为数据库备份时自动生成的备份集名称 (备份时未指定名称自动生成)。

2) 数据库恢复

使用生成的备份集恢复数据库：

RMAN> RECOVER DATABASE '\dmdbms\data\DAMENG\dm.ini' FROM BACKUPSET 'DB_DAMENG_
FULL_20221113_161004_227000';

…

备份集 [E:\dmdbms\data\DAMENG\bak\DB_DAMENG_FULL_20221113_161004_227000]

备份过程中未产生日志

recover successfully!

time used: 00:00:01.128

此外，还可以从归档恢复，详细用法可参阅达梦数据库产品手册。

3) 更新数据库 DB_MAGIC

RMAN> RECOVER DATABASE '\dmdbms\data\DAMENG\dm.ini' UPDATE DB_MAGIC

RECOVER DATABASE '\dmdbms\data\DAMENG\dm.ini' UPDATE DB_MAGIC

…

recover successfully!

time used: 00:00:01.367

至此，数据库已经恢复完成，启动数据实例即可。

2. 使用 DM 控制台工具进行数据库还原和恢复

1) 数据库还原

运行 DM 控制台工具，在"控制导航"中选中"备份还原"，如图 7-4-4 所示。

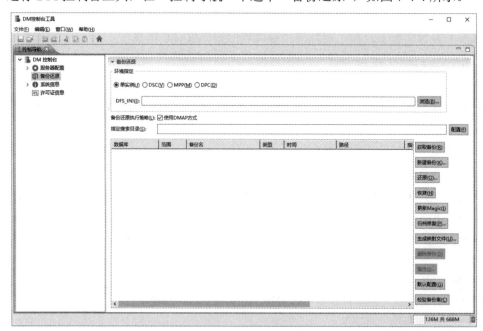

图 7-4-4　数据库还原

在"备份还原"中，指定搜索目录，点击"获取备份"，即可做所指定目录范围内的各类备份集，可方便进行数据还原，如图 7-4-5 所示。

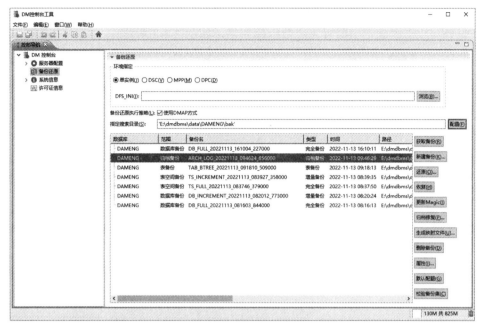

图 7-4-5 获取数据备份

点击右侧"还原"选项，进入图 7-4-6 所示，选择"库还原"，浏览并指定备份集，选择 db.ini 路径；在"高级"选择项中，还可设置加密、介质等参数，设置完成，点击"确定"即可完成数据库还原。

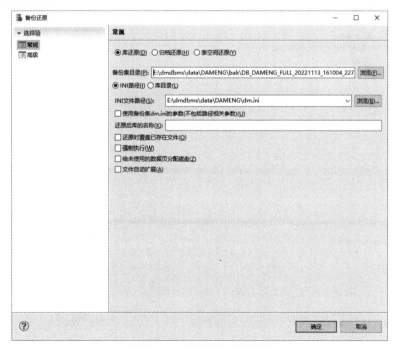

图 7-4-6 数据库还原设置

2) 数据库恢复

在 DM 控制台工具"备份还原"中，选择右侧"恢复"选项，在"备份恢复"选项卡中，选择"库恢复"，并选择恢复类型（备份集／指定归档）、指定备份集目录、介质参数、恢复密码等，点击"确定"即可完成数据库恢复，如图 7-4-7 所示。

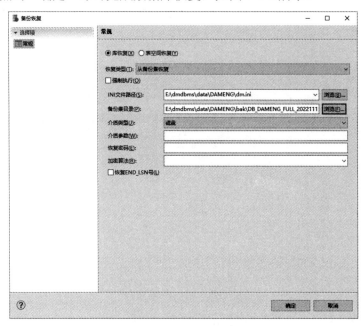

图 7-4-7　数据库恢复设置

3) 更新 DB_MAGIC

选择相应的 dm.ini 路径，点击"确定"即可，如图 7-4-8 所示。

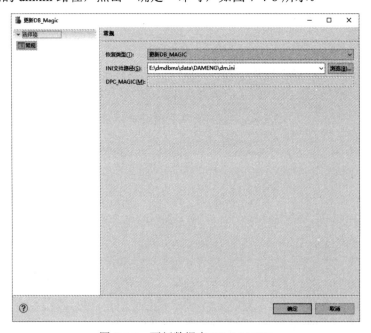

图 7-4-8　更新数据库 DB_MAGIC

三、表空间还原与恢复

1. 通过 DMRMAN 进行表空间还原和恢复

1) 表空间还原

使用全库备份集"dmba_full_20221113_02"恢复其中的 MAIN 表空间：

RMAN> RESTORE DATABASE '\dmdbms\data\DAMENG\dm.ini' TABLESPACE MAIN FROM BACKUPSET ' dmba_full_20221113_02';

…

EP[0]'s cur_lsn[484650], file_lsn[484650]

[Percent:100.00%][Speed:0.00M/s][Cost:00:00:04][Remaining:00:00:00]

restore successfully.

time used: 00:00:05.691

2) 表空间恢复

恢复表空间 MAIN：

RMAN> RECOVER DATABASE '\dmdbms\data\DAMENG\dm.ini' TABLESPACE MAIN

…

[Percent:100.00%][Speed:0.00PKG/s][Cost:00:00:00][Remaining:00:00:00]

recover successfully.

time used: 00:00:01.402

2. 使用 DM 控制台工具进行表空间还原和恢复

1) 表空间还原

运行 DM 控制台工具，在"控制导航"中选中"备份还原"，如图 7-4-9 所示。

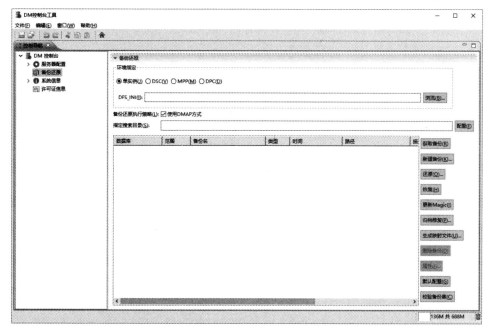

图 7-4-9　表空间还原设置

点击右侧"还原"选项，进入图 7-4-10 所示，选择"表空间还原"，浏览并指定备份集，选择 db.ini 路径；选择表空间；在"高级"选项中，还可设置加密、介质等参数，设置完成，点击"确定"即可完成表空间还原。

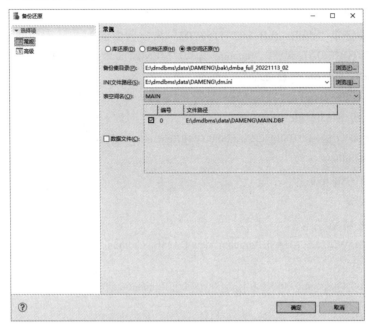

图 7-4-10　选择需要还原的备份集

2) 表空间恢复

在 DM 控制台工具"备份还原"中，选择右侧"恢复"按钮，在"备份恢复"选项卡中，选择"表空间恢复"，如图 7-4-11 所示。

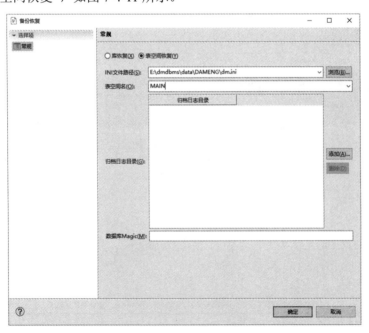

图 7-4-11　表空间恢复

如果选择"表空间恢复",则需要配置以下参数:

(1) INI 文件路径:必填,待恢复目标表空间所在数据库的 dm.ini 文件路径。

(2) 表空间名:必填,指定待恢复的表空间名。

(3) 归档日志目录:必填,通过添加、删除按钮配置归档日志目录。

(4) 数据库 Magic:指定本地归档日志对应数据库的 DB_Magic,若不指定,则默认使用目标恢复数据库的 DB_Magic。

配置对应的参数后,点击"确定"按钮即开始执行对应恢复操作。如果恢复成功,则弹出恢复成功的对话框;如果恢复失败,则弹出对话框提示失败原因。

四、归档备份与还原

1. 通过 DMRMAN 进行归档的备份与还原

1) 进行归档备份

(1) 备份所有的归档文件:

```
RMAN> BACKUP ARCHIVE LOG ALL DATABASE  '\dmdbms\data\DAMENG\dm.ini'
BACKUPSET  'F:\DMDBA_BAKUP\LOG_BAKUP '
...
Processing backupset F:\DMDBA_BAKUP\LOG_BAKUP
[Percent:100.00%][Speed:0.00M/s][Cost:00:00:03][Remaining:00:00:00]
backup successfully!
time used: 00:00:04.902
F:\DMDBA_BAKUP\LOG_BAKUP 的目录
2022/11/13  19:52      1,209,344 LOG_BAKUP.bak
2022/11/13  19:52         86,528 LOG_BAKUP.meta
          2 个文件      1,295,872 字节
```

(2) 备份特定的归档文件。

达梦数据库管理系统能够根据 LSN 或者时间点进行判断,选择备份特定的归档文件。先查询归档文件 LSN,再进行备份:

```
SQL> select arch_lsn,clsn,path  from v$arch_file;
ARCH_LSN  CLSN    PATH
-------------------- --------------------- --------------------------------------------------------------------------------
   481665    484650 E:\dmdbms\data\DAMENG\bak\ARCHIVE_LOCAL1_0x72C5BE64_EP0_
2022-11-13_18-11-54.log
   484651    487901 E:\dmdbms\data\DAMENG\bak\ARCHIVE_LOCAL1_0x72C5BE64_EP0_
2022-11-13_18-38-31.log
   487902    490874 E:\dmdbms\data\DAMENG\bak\ARCHIVE_LOCAL1_0x72C5BE64_EP0_
2022-11-13_18-54-02.log
   490875    493648 E:\dmdbms\data\DAMENG\bak\ARCHIVE_LOCAL1_0x72C5BE64_EP0_
2022-11-13_20-00-07.log
```

(3) 备份制订 LSN 区间的归档日志：

RMAN> BACKUP ARCHIVE LOG lsn between 484651 AND 490874 DATABASE '\dmdbms\data\DAMENG\
dm.ini' BACKUPSET 'F:\DMDBA_BAKUP\LOG_BAKUP_02 '

...

Processing backupset F:\DMDBA_BAKUP\LOG_BAKUP_02

[Percent:100.00%][Speed:0.00M/s][Cost:00:00:02][Remaining:00:00:00]

backup successfully!

time used: 00:00:04.470 已用时间 : 29.700(毫秒). 执行号 : 702.

2) 进行归档还原

(1) 校验备份集，校验之前备份的归档备份集：

RMAN> CHECK BACKUPSET 'F:\DMDBA_BAKUP\LOG_BAKUP_02 ';

CHECK BACKUPSET 'F:\DMDBA_BAKUP\LOG_BAKUP_02 ';

[Percent:100.00%][Speed:0.00M/s][Cost:00:00:00][Remaining:00:00:00]

check backupset successfully.

time used: 912.019(ms)

(2) 还原归档，还原至归档路径：

RMAN> RESTORE ARCHIVE LOG FROM BACKUPSET

'F:\DMDBA_BAKUP\LOG_BAKUP ' TO DATABASE '\dmdbms\data\DAMENG\dm.ini' OVERWRITE 3;

 [Percent:100.00%][Speed:0.00M/s][Cost:00:00:00][Remaining:00:00:00]

restore successfully.

time used: 981.669(ms)

(3) 还原归档，还原至指定路径：

RMAN> RESTORE ARCHIVE LOG FROM BACKUPSET 'F:\DMDBA_BAKUP\LOG_BAKUP_ 02' TO

ARCHIVEDIR 'E:\dmdbms\data\DAMENG\bak' OVERWRITE 3;

[Percent:100.00%][Speed:0.00M/s][Cost:00:00:00][Remaining:00:00:00]

restore successfully.

time used: 820.882(ms)restore successfully.

3) 归档修复

语法如下：

RMAN> REPAIR ARCHIVELOG DATABASE '\dmdbms\data\DAMENG\dm.ini';

2. 使用 DM 控制台工具进行归档备份、还原和修复

1) 归档备份

运行 DM 控制台工具，在“控制导航”中选中“备份还原”，点击右侧“新建备份”选项，如图 7-4-12 所示，选择“归档备份”，输入或选择新建备份的备份名、备份集目录、备份类型、备份完删除等选项，在“高级”选项中，还可以设置压缩等级、加密、介质等参数。设置完成，点击“确定”即可完成归档备份。

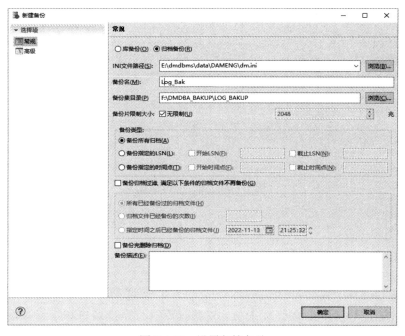

图 7-4-12   设置归档备份

2) 归档备份还原

运行 DM 控制台工具，在"控制导航"中选中"备份还原"，点击右侧"还原"选项，如图 7-4-13 所示，选择"归档还原"选项，浏览并指定备份集，选择 dm.ini 路径或者库目录；在"高级"选项中，还可设置加密、介质等参数，设置完成，点击"确定"即可完成归档还原。

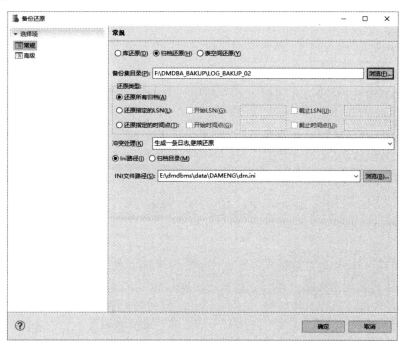

图 7-4-13   设置归档备份还原参数

3) 归档修复

在 DM 控制台工具"备份还原"中，选择右侧"归档修复"按钮，在弹出的"归档修复"对话框中，选择数据库 dm.ini 路径，点击"确定"即可完成归档修复，如图 7-4-14 所示。

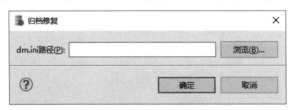

图 7-4-14　进行归档修复

【任务回顾】

■ 知识点总结

1. 脱机备份支持数据库和归档两种对象备份，支持数据库、表空间和归档的脱机还原。

2. 使用 DMRMAN 和 DM 管理工具，对数据库进行全库备份和增量备份；对联机或脱机生成的数据库备份集进行还原；数据库还原分为数据库还原、数据库恢复和更新数据库 DB_MAGIC 三个步骤。

3. 使用 DMRMAN 和 DM 管理工具，对表空间进行还原和恢复，其备份集使用数据库备份集或空间表备份集。

4. 使用 DMRMAN 和 DM 管理工具，对归档文件进行备份和恢复。

■ 思考与练习

1. 使用 DMRMAN 和 DM 管理工具，对当前数据库分别创建一个数据库备份和一个差异增量备份。

2. 使用 DMRMAN 和 DM 管理工具，使用练习 1 创建的备份进行还原、恢复和更新数据库 DB_MAGIC。

3. 使用 DMRMAN 和 DM 管理工具，使用练习 1 创建的数据库备份，还原和恢复指定表空间 MAIN。

4. 使用 DMRMAN 和 DM 管理工具，对归档创建一个数据库备份和一个差异增量备份。

5. 使用 DMRMAN 和 DM 管理工具，对刚刚创建的归档备份，进行恢复练习。

项 目 总 结

本项目的核心任务是对数据库对象进行备份与恢复，通过进行合理的备份计划，定期进行备份，并建立归档模式，能够在数据库出现故障时，及时将数据恢复至故障发生前。达梦数据库备份与还原有两种类型，逻辑备份与还原和物理备份与还原。不同的备份类型，能够备份还原的对象，数据库的工作状态、使用的工具等都有区别。在此，将数据库、用户、模式、表空间、表、归档等六种对象的备份方法、使用工具、备份回复步骤按照对象

整理如下:

1. 数据库备份如图 7-1 所示。

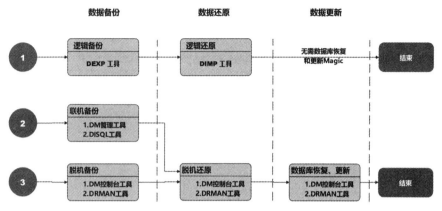

图 7-1 数据库备份

2. 用户备份如图 7-2 所示。

图 7-2 用户备份

3. 模式备份和用户备份一样,如图 7-2 所示。

4. 表空间备份如图 7-3 所示。

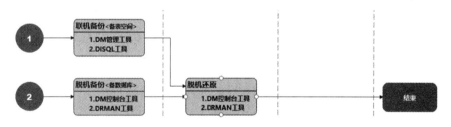

图 7-3 表空间备份

5. 表备份如图 7-4 所示。

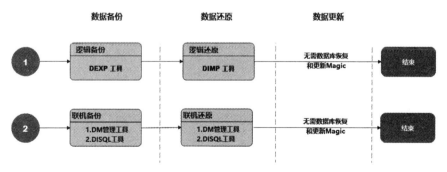

图 7-4 表备份

6. 归档日志备份如图 7-5 所示。

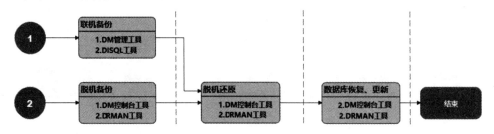

图 7-5　归档日志备份

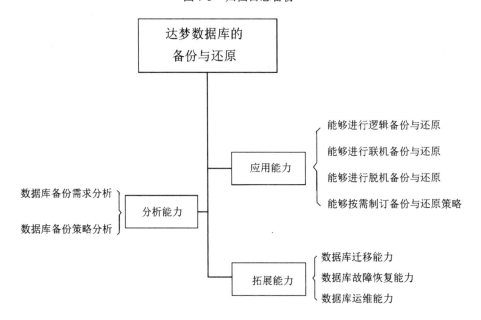

项 目 习 题

1. 对当前数据库进行备份与还原。

(1) 使用 DEXP 和 DIMP 工具进行备份与还原。

(2) 使用联机备份，脱机还原。

(3) 使用脱机备份、脱机还原。

2. 对用户 EMHR_USER 的对象数据进行备份与还原。

使用 DEXP 和 DIMP 工具进行备份与还原。

3. 对模式 EMHR 进行备份和还原。

使用 DEXP 和 DIMP 工具进行备份与还原。

4. 对表空间 DMTBS 进行备份与还原。

(1) 使用联机备份，脱机还原。

(2) 使用脱机备份、脱机还原。

5. 对数据表 COURSEINFO 进行备份与还原。

(1) 使用 DEXP 和 DIMP 工具进行备份与还原。

(2) 使用联机备份，联机还原。

6. 对全部归档进行备份与还原。

(1) 使用联机备份，脱机还原。

(2) 使用脱机备份、脱机还原。

项目 8　达梦数据库的作业管理

⊙　项目引入

花小新："花工，作业管理主要作用是什么？"

花中成："在数据库运维工作中，有许多操作都是相对固定不变的、重复的。例如，每天定期备份数据库，定期制作数据统计报表等。这些工作既单调又费事烦琐，对于这些重复性、固定性工作，可以通过作业调度的形式，实现定时自动化执行。"

花小新："您能说得再详细一些吗？"

花中成："达梦作业系统为用户提供了创建作业，并对作业进行调度执行以完成相应的管理任务。重复的数据库操作任务能够通过作业调度的形式自动完成，实现日常运维自动化。达梦数据库作业系统包含作业、警报和操作员三部分，用户需要为作业配置步骤和调度，同时，还可以创建警报，当发生警报时，将警报信息通过电子邮件或网络消息的形式通知操作员，以便操作员分析原因、做出响应。"

花小新："明白了，谢谢花工。"

⊙　知识图谱

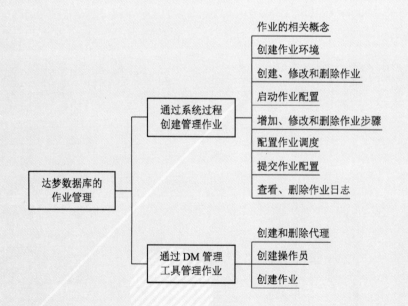

任务 1 通过系统过程创建管理作业

【任务描述】

花小新："下面大家可以跟着我一起通过系统存储过程，创建、修改、删除作业实现作业调度。"

【知识学习】

使用存储过程
创建管理作业

一、作业的相关概念

1. 操作员

操作员是负责维护达梦数据库服务器运行实例的个人。在有些企业中，操作员由单独一个人担任；在那些拥有很多服务器的大型企业中，操作员由多人共同担任。在预期的警报（或事件）发生时，可以通过电子邮件或网络发送的方式将警报（或事件）的内容通知到操作员。

2. 作业

作业是由 DM 代理程序按顺序执行的一系列指定的操作。作业可以执行更广泛的活动，包括运行达梦数据库 PL/SQL 脚本、定期备份数据库、对数据库数据进行检查等。可以创建作业来执行经常重复和可调度的任务，作业按照一个或多个调度的安排在服务器上执行。每个作业由一个或多个作业步骤组成，作业步骤是作业对一个数据库或者一个服务器执行的动作，每个作业至少有一个作业步骤。

3. 警报

警报是系统中发生的某种事件，如发生了特定的数据库操作或出错信号，或者是作业的启动、执行完毕等事件。警报主要用于通知指定的操作员，以便其迅速了解系统中发生的状况。可以定义警报产生的条件，还可以定义当警报产生时系统采取的动作，如通知一个或多个操作员执行某个特定的作业等。

4. 调度

调度是用户定义的一个时间安排，在给定的时刻到来时，系统会启动相关的作业，按作业定义的步骤依次执行。调度可以是一次性的，也可以是周期性的。

5. 作业权限

通常作业的管理是由 DBA 来维护的，普通用户没有操作作业的权限，为了让普通用户可以创建、配置和调度作业，需要赋予普通用户管理作业权限 ADMIN JOB。

例如，授权 ADMIN JOB 给用户 NORMAL_USER：

GRANT ADMIN JOB TO NORMAL_USER;

默认 DBA 拥有全部的作业权限。ADMIN JOB 权限可以添加、配置、调度和删除作业，但没有作业环境初始化 SP_INIT_JOB_SYS(1) 和作业环境销毁 SP_INIT_JOB_SYS(0) 的权限。

二、创建作业环境

达梦数据库安装时，默认不安装作业环境 (不创建相关系统表)。创建和删除作业相关系统表可以通过两种方式来实现。

1. 通过系统过程 SP_INIT_JOB_SYS(1) 创建系统表

系 统 表 有 SYSJOBS、SYSJOBSTEPS、SYSJOBSCHEDULES、SYSMAILINFO、SYSJOBHISTORIES2、SYSSTEPHISTORIES2、YSALERTHISTORIES、SYSOPERATORS、SYSALERTS 和 SYSALERTNOTIFICATIONS，这些表被建在 SYSJOB 模式下。SP_INIT_JOB_SYS(1) 除了创建上述系统表之外，还会创建一张系统表 SYSJOBHISTORIES，用来兼容 DM8 之前的版本。

创建 SYSJOB 模式及系统表的语句：

```
SQL> SP_INIT_JOB_SYS(1);
DMSQL 过程已成功完成
已用时间 : 267.802( 毫秒 ). 执行号 : 700.
```

删除 SYSJOB 模式及系统表的语句：

```
SQL> SP_INIT_JOB_SYS(0);
DMSQL 过程已成功完成
已用时间 : 63.993( 毫秒 ). 执行号 : 701.
```

2. 通过 DM 管理工具

通过 DM 管理工具选择代理，点击右键，创建代理环境，即可创建作业环境。

执行作业的账户，可以设置利用现有用户账户或者建立新的用户账户，并对其赋予操作员权限。

三、创建、修改和删除作业

1. 创建作业

创建作业通过系统过程 SP_CREATE_JOB 实现：

```
SP_CREATE_JOB (
    job_name              varchar(128),
    enabled               int,
    enable_email          int,
    email_optr_name       varchar(128),
    email_type            int,
    enabled_netsend       int,
    netsend_optr_name     varchar(128),
    netsend_type          int,
```

```
        describe                    varchar(8187)
)
```

job_name：作业名称，必须是有效的标识符，同时不能是 DM 关键字。作业不能重名，重名则报错。

enable：作业是否启用。1 表示启用；0 表示不启用。

enable_email：作业是否开启邮件系统。1 表示是；0 表示否。如果开启，那么该作业相关的一些日志会通过邮件通知操作员；不开启就不会发送邮件。

email_optr_name：指定操作员名称。如果开启了邮件通知功能，邮件会发送给该操作员。在创建时系统会检测这个操作员是否存在，如果不存在则报错。

email_type：如果在开启了邮件发送之后，设置在什么情况下发送邮件。情况分为三种：0、1、2。0 表示在作业执行成功后发送；1 表示在作业执行失败后发送；2 表示在作业执行结束后发送。

enabled_netsend：作业是否开启网络发送。1 表示是；0 表示否。如果开启，那么这个作业相关的一些日志会通过网络发送通知操作员；如果不开启就不会通知。

netsend_optr_name：指定操作员名称。如果开启了网络信息通知功能，则会通过网络发送来通知该操作员。在创建时系统会检测这个操作员是否存在，如果不存在则报错。

netsend_type：如果在开启了网络发送之后，设置在什么情况下发送网络信息。这个情况也有三种，和上面的 email_type 完全一样。

网络发送功能只有 Windows 早期版本才支持 (比如 Windows 2000/XP)，且一定要开启 MESSAGER 服务。Windows 7、8 系统因为取消了 MESSAGER 服务，所以该功能也不支持。

describe：作业描述信息，最长 500 字节。

例如，创建一个名为 job_01 的作业：

```
CALL SP_CREATE_JOB(' job_01', 1, 1, 'TOM', 2, 1, 'TOM', 2, ' 每一个测试作业 ');
```

创建完成这个作业后，系统就会在 SYSJOBS 中插入一条相应的记录，但是这个作业不会做任何事情，只是一个空的作业，如果需要让它执行，还需要配置这个作业。

2. 修改作业

修改作业函数 SP_ALTER_JOB 的参数和 SP_CREATE_JOB 的参数完全相同，除了 JOB_NAME 不可修改外，其他的属性都可修改。对于可修改参数，如果要修改，则指定新值；如果不修改，则继续指定原值。作业属性修改后，需要重新配置作业，使修改生效。

修改创建的 job_01：

```
CALL  SP_ALTER_JOB('job_01',1,1,'',0,0,'',0,'');
```

3. 删除作业

如果一个作业已经执行完成，或者由于其他什么原因需要删除作业，可以调用系统过程 SP_DROP_JOB 实现：

```
SP_DROP_JOB (
    job_name varchar(128)
)
```

job_name：作业名称。在删除时会检测这个作业是否存在，如果不存在则系统报错。

在删除一个作业时，系统会同时将与这个作业相关联的所有对象都删除。包括步骤、调度等，也就是会分别从作业表 SYSJOBSTEPS 以及 SYSSCHEDULES 中删除属于这个作业的步骤及调度。

例如，删除 job_02：

```
CALL  SP_DROP_JOB ('job_02');
```

四、启动作业配置

启动作业配置语法：

```
SP_JOB_CONFIG_START (
    job_name varchar(128)
)
```

job_name：要配置的作业的名称。执行时会检测这个作业是否存在，如果不存在则报错。

开始作业配置之后到结束作业配置之前这段时间，当前会话会处于作业配置状态。配置状态不允许做任何的创建、修改、删除对象（作业、操作员、警报）等操作。开始作业配置和结束作业配置两个过程配合使用，是为了保证作业配置的完整性。

例如，启动作业 job_01 作业配置：

```
CALL SP_JOB_CONFIG_START('job_01');
```

五、增加、修改和删除作业步骤

1. 增加作业步骤

通过系统过程 SP_ADD_JOB_STEP 实现：

```
SP_ADD_JOB_STEP (
    job_name                varchar(128),
    step_name               varchar(128),
    type                    int,
    command                 varchar(8187),
    succ_action             int,
    fail_action             int,
    retry_attempts          int,
    retry_interval          int,
    output_file_path        varchar(256),
    append_flag             int
)
```

主要参数说明：

job_name：作业的名称，表示正在给哪一个作业增加步骤，这个参数必须为上面调用 SP_JOB_CONFIG_START 函数时指定的作业名，否则系统会报错，同时系统会检测这个作业是否存在，不存在也会报错。

step_name：表示增加的步骤名，必须是有效的标识符，不能是达梦数据库关键字。同一个作业不能有两个同名的步骤，创建时会检测这个步骤是否已经存在，如果存在则报错。

type：步骤的类型，取值 0、1、2、3、4、5 和 6。0 表示执行一段 SQL 语句或者是语句块；1 表示执行基于 V1.0 版本的备份还原 (没有 WITHOUT　LOG 和 PARALLEL 选项)；2 表示重组数据库；3 表示更新数据库的统计信息；4 表示执行 DTS(数据迁移)；5 表示执行基于 V1.0 版本的备份还原 (有 WITHOUT　LOG 和 PARALLEL 选项)；6 表示执行基于 V2.0 版本的备份还原。

command：指定不同步骤类型 (type) 下步骤在运行时所执行的语句，它不能为空。

当 type = 0 时，指定要执行的 SQL 语句或者语句块。如果要指定多条语句，在语句之间必须用分号隔开。不支持多条 DDL 语句一起执行，否则在执行时可能会报出不可预知的错误信息。

当 type = 1 时，指定的是一个字符串。该字符串由三个部分组成：[备份模式][备份压缩类型][base_dir, …, base_dir | bakfile_path]。这三部分的详细介绍如下：

(1) 第一部分是一个字符，表示备份模式。0 表示完全备份；1 表示增量备份。如果第一个字符不是这两个值中的一个，系统会报错。

(2) 第二部分是一个字符，表示备份时是否进行压缩。0 表示不压缩；1 表示压缩。

(3) 第三部分是一个文件路径，表示备份文件的路径。路径命令有具体的格式，分以下两种：

① 对于增量备份，因为它必须要指定一个或者多个基备份路径，每个路径之间需要用逗号隔开，之后接着是备份路径，基备份路径与备份路径需要用 "|" 隔开，如果不指定备份路径，则不需要指定 "|"，同时系统会自动生成一个备份路径，如 01E:\base_bakdir1、base_bakdir2|bakdir。

② 对于完全备份，因为不需要指定基备份，所以不需要 "|" 符号，可以直接在第三个字节开始指定备份路径即可，如 01E:\bakdir。如果不指定备份路径，则系统会自动生成一个备份路径。

当 type 是 2、3 或 4 时，要执行的语句就是由系统内部根据不同类型生成的不同语句或者过程。

当 type = 5 时，指定的是一个字符串。该字符串由六个部分组成：[备份模式][备份压缩类型][备份日志类型][备份并行类型][预留][base_dir,…,base_dir | bakfile_path| parallel_file]。这六部分的详细介绍如下：

(1) 第一部分是一个字符，表示备份模式。0 表示完全备份；1 表示增量备份。如果第一个字符不是这两个值中的一个，系统会报错。

(2) 第二部分是一个字符，表示备份时是否进行压缩。0 表示不压缩；1 表示压缩。

(3) 第三部分是一个字符，表示是否备份日志。0 表示备份；1 表示不备份。

(4) 第四部分是一个字符，表示是否并行备份。0 表示普通备份；1 表示并行备份，并行备份映射放到最后，以 "|" 分割。

(5) 第五部分是一个保留字符，用 0 填充。

(6) 第六部分是一个文件路径，表示备份文件的路径。路径命令有具体的格式，分以下两种：

① 对于增量备份，因为它必须要指定一个或者多个基础备份路径，所以每个路径之间需要用逗号隔开，之后是备份路径，最后并行备份映射文件。并行映射文件，基础备份路径与备份路径需要用"|"隔开，如果不指定备份路径与并行映射文件，则不需要指定"|"。例如 01000E:\base_bakdir1, base_bakdir2 | bakdir | parallel_file_path 就是一个合法的增量备份命令。

② 对于完全备份，因为不需要指定基备份，所以不需要"|"符号，可以直接在第三个字节开始指定备份路径即可，如 01000E:\bakdir。如果不指定备份路径，系统会自动生成备份路径。

当 type = 6 时，指定的是一个字符串。该字符串由九个部分组成：[备份模式][备份压缩类型][备份日志类型][备份并行数][USE PWR][MAXPIECESIZE] [RESV1][RESV2][base_ dir, …, base_dir | bakfile_dir]。这九部分的详细介绍如下：

(1) 第一部分是一个字符，表示备份模式。0 表示完全备份；1 表示差异增量备份；3 表示归档备份；4 表示累计增量备份。如果第一个字符不是这四个值中的一个，系统会报错。

(2) 第二部分是一个字符，表示备份时是否进行压缩。取值范围为 0~9。0 表示不压缩，1 表示 1 级压缩，2 表示 2 级压缩，以此类推，9 表示 9 级压缩。

(3) 第三部分是一个字符，表示是否备份日志。0 表示备份；1 表示不备份。

(4) 第四部分是一个字符，表示并行备份并行数。取值 0 到 9。其中，0 表示不进行并行备份；1 表示使用并行备份，并行数默认值为 4；2~9 表示并行数。

(5) 第五部分为一个字符，表示并行备份时，是否使用 USE PWR 优化增量备份。0 表示不使用；1 表示使用。(只是语法支持，没有实际作用)

(6) 第六部分为一个字符，表示备份片大小的上限 (MAXPIECESIZE)。0 表示采用默认值 (3 位系统默认为 2 GB，64 位系统默认为 4 GB)；1 表示 128 MB；2 表示 256 MB；3 表示 512 MB；4 表示 1 GB；5 表示 2 GB；6 表示 4 GB；7 表示 8 GB；8 表示 16 GB；9 表示 32 GB。

(7) 第七部分为一个字符，表示是否在备份完归档后，删除备份的归档文件。0 表示不删除；1 表示删除。

(8) 第八部分是一个保留字符，用 0 填充。

(9) 第九部分是一个文件路径，表示备份文件的路径。路径命令有具体的格式，分以下两种：

① 对于增量备份，因为它必须要指定一个或者多个基础备份路径，每个路径之间需要用逗号隔开，之后接着是备份路径。基础备份路径与备份路径需要用"|"隔开，例如，01000000E:\base_bakdir1，base_bakdir2|bakdir 就是一个合法的增量备份命令。

② 对于完全备份，就不需要"|"符号了，可以直接在第八个字节开始指定备份路径即可。例如，01000000E:\bakdir。如果不指定备份路径，系统会自动生成一个备份路径。

succ_action：指定步骤执行成功后，下一步该做什么事，取值 0、1、2、3。0 表示不报告步骤执行成功，并结束作业；1 表示报告步骤执行成功，并结束作业；2 表示不报告步骤执行成功，并执行下一步；3 表示报告步骤执行成功，并执行下一步。succ_action 的值用两位二进制数来表示，低位为 0 表示不报告步骤结果，1 表示报告步骤结果；高位为 0 表示不执行下一步，1 表示执行下一步。

fail_action：指定步骤执行失败后，下一步该做什么事，取值 0、1、2、3。0 表示不报告步骤执行失败，并结束作业；1 表示报告步骤执行失败，并结束作业；2 表示不报告步骤执行失败，并执行下一步；3 表示报告步骤执行失败，并执行下一步。fail_action 的值用两位二进制数来表示，低位为 0 表示不报告步骤结果，为 1 表示报告步骤结果；高位为 0 表示不执行下一步，为 1 表示执行下一步。

retry_attempts：表示当步骤执行失败后需要重试的次数，取值范围为 0~100 次。

retry_interval：表示在每两次步骤执行重试之间的间隔时间，不能大于 10 秒钟。

output_file_path：表示步骤执行时输出文件的路径。该参数已废弃，没有实际意义。

append_flag：输出文件的追写方式。如果指定输出文件，那么这个参数表示在写入文件时是否从文件末尾开始追写。1 表示是；0 表示否。如果是 0，那么从文件指针当前指向的位置开始追写。

例如，增加作业步骤"job_01_step1"，进行数据库备份：

```
call SP_ADD_JOB_STEP('job_01', 'job_01_step1', 6, '00000000E:\dmdbms\data\DAMENG\bak\ db_bak_
20221113_01', 0, 0, 0, 0, NULL, 0);
```

2. 修改作业步骤

修改作业的步骤通过系统过程 SP_ALTER_JOB_STEP 实现：

```
SP_ALTER_JOB_STEP (
    job_name              varchar(128),
    step_name             varchar(128),
    type                  int,
    command               varchar(8187),
    succ_action           int,
    fail_action           int,
    retry_attempts        int,
    retry_interval        int,
    output_file_path      varchar(256),
    append_flag int
)
```

所有参数与 SP_ADD_JOB_STEP 的参数一样。

3. 删除作业步骤

语法如下：

```
SP_DROP_JOB_STEP (
    job_name              varchar(128),
    step_name             varchar(128)
)
```

job_name：作业名称，表示正在删除该作业下的步骤。这个参数必须为前面调用 SP_ JOB_CONFIG_START 函数时指定的作业名，否则系统会报错，同时系统会检测这个作业是否存在，不存在也会报错。

step_name：要删除的步骤名。删除时会检测这个步骤是否存在，如果不存在则报错。

六、配置作业调度

1. 增加作业调度

增加、删除调度必须是在配置作业开始后才能进行，否则系统会报错，这样处理主要是为了保证作业配置的完整性。

```
SP_ADD_JOB_SCHEDULE (
    job_name                 varchar(128),
    schedule_name            varchar(128),
    enable                   int,
    type                     int,
    freq_interval            int,
    freq_sub_interval        int,
    freq_minute_interval     int,
    starttime                varchar(128),
    endtime                  varchar(128),
    during_start_date        varchar(128),
    during_end_date          varchar(128),
    describe                 varchar(500)
)
```

job_name：作业名称，指定要给该作业增加调度，这个参数必须是配置作业开始时指定的作业名，否则报错，同时系统还会检测这个作业是否存在，如果不存在也会报错。

schedule_name：待创建的调度名称，必须是有效的标识符，不能是达梦数据库的关键字。指定的作业不能创建两个同名的调度，创建时会检测这个调度是否已经存在，如果存在则报错。

enable：表示调度是否启用。1 表示启用；0 表示不启用。

type：指定调度类型，取值为 0、1、2、3、4、5、6、7、8。0 表示指定作业只执行一次；1 表示按天的频率来执行；2 表示按周的频率来执行；3 表示在一个月的某一天执行；4 表示在一个月的第一周第几天执行；5 表示在一个月的第二周的第几天执行；6 表示在一个月的第三周的第几天执行；7 表示在一个月的第四周的第几天执行；8 表示在一个月的最后一周的第几天执行。

当 type = 0 时，其执行时间由下面的参数 during_start_date 指定。

freq_interval：与 type 有关，表示不同调度类型下的发生频率。说明如下：

当 type = 0 时，这个值无效，系统不做检查。

当 type = 1 时，表示每几天执行，取值范围为 1～100。

当 type = 2 时，表示的是每几个星期执行，取值范围没有限制。

当 type = 3 时，表示每几个月中的某一天执行，取值范围没有限制。

当 type = 4 时，表示每几个月的第一周执行，取值范围没有限制。

当 type = 5 时，表示每几个月的第二周执行，取值范围没有限制。

当 type = 6 时，表示每几个月的第三周执行，取值范围没有限制。

当 type = 7 时，表示每几个月的第四周执行，取值范围没有限制。

当 type = 8 时，表示每几个月的最后一周执行，取值范围没有限制。

freq_sub_interval：与 type 和 freq_interval 有关，表示不同 type 的执行频率，在 freq_interval 基础上，继续指定更为精准的频率。说明如下：

当 type = 0 或 1 时，表示这个值无效，系统不做检查。

当 type = 2 时，表示的是某一个星期的星期几执行，可以同时选中七天中的任意几天。取值范围 1～127。具体如何取值，规则如下：因为每周有七天，所以达梦数据库系统内部用七位二进制来表示选中的日子。从最低位开始算起，依次表示周日、周一……周五、周六。选中周几，就将该位置 1，否则 0。例如，选中周二和周六，7 位二进制就是 1000100，转化成十进制就是 68，所以 freq_sub_interval 就取值 68。

当 type = 3 时，表示将在一个月的第几天执行，取值范围为 1～31。

当 type 为 4、5、6、7 或 8 时，表示将在某一周内第几天执行，取值范围为 1～7，分别表示从周一到周日。

freq_minute_interval：表示一天内每隔多少分钟执行一次，有效值范围为 0～1439，单位为分钟，0 表示一天内执行一次。

starttime：定义作业被调度的起始时间，必须是有效的时间字符串，不可以为空。

endtime：定义作业被调度的结束时间，可以为空。如果不为空，则指定的必须是有效的时间字符串，同时必须要在 starttime 时间之后。

during_start_date：指定作业被调度的起始日期。必须是有效的日期字符串，不可以为空。

during_end_date：指定作业被调度的结束日期，可以为空。如果 during_end_date 和 endtime 都为空，调度活动会一直持续下去。但如果不为空，必须是有效的日期字符串，同时必须是在 during_start_date 日期之后。

describe：表示调度的注释信息，最大长度为 500 字节。

例如，对作业 job_01 增加作业调度工作日备份，每日执行一次，晚上八点开始：

```
call SP_ADD_JOB_SCHEDULE('job_01', ' 工作日备份 ', 1, 2, 1, 62, 0, '20:00:00', NULL, '2022-12-02 20:00:00', NULL, '');
```

2. 修改作业调度

修改调度通过调度系统过程 SP_ALTER_JOB_SCHEDULE 实现，语法同 SP_ADD_JOB_SCHEDULE 的参数一致。

3. 删除作业调度

删除调度必须是在配置作业开始后才能进行，否则系统会报错，这样处理主要是为了保证作业配置的完整性。如果不再需要某一个调度，可以将其删除。调用的函数为 SP_DROP_ JOB_SCHEDULE。

```
SP_DROP_JOB_SCHEDULE (
    job_name                    varchar(128),
    schedule_name               varchar(128)
)
```

相关参数说明：

job_name：作业名称，表示正在删除该作业下的调度。这个参数必须为上面调用 SP_ JOB_CONFIG_START 函数时指定的作业名，否则系统会报错，同时系统会检测这个作业是否存在，不存在也会报错。

schedule_name：要删除的调度的调度名。删除时会检测这个调度是否存在，如果不存在则报错。

七、提交作业配置

在配置过程中，可以对指定的作业增加、删除任意多个调度、步骤，但不要进行提交操作以及自动提交操作，否则可能会出现作业配置不完整的问题。

在配置完成后，用户需要对前面所做的配置进行提交，表示对作业的配置已经完成，同时将这个作业加入运行队列。这一步可以通过系统过程 SP_JOB_CONFIG_COMMIT 实现。

```
SP_JOB_CONFIG_COMMIT (
    job_name varchar(128)
)
```

相关参数说明：

job_name：待提交配置的作业的名称。

调用这个过程时，系统会检测当前会话是否处于作业配置状态，如果不处于配置状态，则系统会报"非法的作业配置操作"的错误。

在成功执行该过程后，系统会将前面所做的所有操作提交，同时将这个作业加入运行队列，运行的内容包括这个作业下定义的所有步骤的执行内容，执行方式就是根据这个作业下定义的所有的调度定义的执行方式来执行。

例如，提交作业 job_01：

```
call SP_JOB_CONFIG_COMMIT('job_01');
```

八、查看、删除作业日志

1. 查看作业日志

创建的每一个作业信息都存储在作业表 SYSJOBS 中。通过查看表 SYSJOBS，可以看到所有已经创建的作业。

```
Select * from SYSJOBS;
```

2. 删除作业日志

可以通过系统过程 SP_JOB_CLEAR_HISTORIES 清除迄今为止某个作业的所有日志记录，即删除表 SYSJOBHISTORIES2、SYSSTEPHISTORIES2 中的相关记录。如果该作业还在继续工作，那么后续会在表 SYSJOBHISTORIES2、SYSSTEPHISTORIES2 中产生该作业的新日志。

```
SP_JOB_CLEAR_HISTORIES (
    job_name varchar(128)
)
```

思政融入

归纳总结，优化提升

在数据库运维工作中，有许多操作都是相对固定不变的、重复的。这些工作既单调又费事烦琐。对于这些重复性、固定性工作，可以通过作业调度的形式，实现定时自动化执行效果。我们在学习和生活中，也应该善于总结归纳，认真分析，优化操作流程，提升效率。

【任务实施】

一、通过系统创建和删除作业环境

创建 SYSJOB 模式及系统表：
SP_INIT_JOB_SYS(1);
删除 SYSJOB 模式及系统表：
SP_INIT_JOB_SYS(0);

二、创建作业并启动作业配置

(1) 创建作业 job_02，作业描述"数据库完全备份作业"，启动作业，邮件发送、网络发送不启用：

SQL> call SP_CREATE_JOB('job_02',1,0,'',0,0,'',0,' 数据库完全备份作业 ');
DMSQL 过程已成功完成
已用时间 : 249.309(毫秒). 执行号 : 700. 启动作业配置
(2) 启动作业配置：

SQL> call SP_JOB_CONFIG_START('job_02');
DMSQL 过程已成功完成
已用时间 : 2.273(毫秒). 执行号 : 702.

三、添加作业步骤

步骤类型选择备份数据库，备份路径选择 E:\dmdbms\data\DAMENG\ bak\job_02_bak,

备份类型选择"完全备份"，高级选项，重试次数 0 次，重试间隔 0 秒：

SQL> call SP_ADD_JOB_STEP('job_02', 'step1', 6,

'00000000E:\dmdbms\data\DAMENG\bak\job_02_bak', 0, 0, 0, 0, NULL, 0);

DMSQL 过程已成功完成

已用时间 : 60.543(毫秒). 执行号 : 704.

四、添加作业调度

(1) 名称为"backup_once"，调度类型"执行一次"，时间可以选择当前时间 (延后几分钟，便于测试)，作业选择启用：

SQL> call SP_ADD_JOB_SCHEDULE('job_02', 'backup_once', 1, 0, 0, 0, 0, NULL, NULL, '2022-11-16 21:36:53', NULL, '');

DMSQL 过程已成功完成

已用时间 : 9.243(毫秒). 执行号 : 705.

(2) 名称为"backup_week"，调度类型为"反复执行"，选择每 1 周星期日执行，每日频率为执行一次，执行时间为 22:22:22，无结束日期，描述"每周日晚上执行"：

SQL> call SP_ADD_JOB_SCHEDULE('job_02', 'backup_week', 1, 2, 1, 1, 0, '22:22:22', NULL, '2022-11-16 21:32:25', NULL, ' 每周日晚上执行 ');.

DMSQL 过程已成功完成

已用时间 : 1.920(毫秒). 执行号 : 706.

五、提交作业配置

提交作业配置：

SQL> call SP_JOB_CONFIG_COMMIT('job_02');

DMSQL 过程已成功完成

已用时间 : 115.594(毫秒). 执行号 : 708.

至此，作业调度配置完毕。

【任务回顾】

■ 知识点总结

1. 掌握操作员、作业、步骤、警报、调度、作业权限等概念。

2. 通过存储过程创建作业环境。

3. 通过存储过程创建、修改、删除作业。

4. 通过存储过程启动作业配置。

5. 通过存储过程增加、修改、删除作业步骤。

6. 通过存储过程配置、修改、删除作业调度。

7. 通过存储过程提交作业配置。

8. 查看、删除作业日志。

■ 思考与练习

1. 启动、删除作业环境。

2. 创建作业 job_03，作业描述"作业练习 3"，不使用邮件发送和网络发送功能。

3. 添加作业步骤 step1，执行模式 EMHR 备份 (备份至默认备份目录)。

4. 添加作业调度每周工作日 (周一至周五)，每天执行一次，晚上八点执行。

5. 提交作业 job_03.

任务 2　通过 DM 管理工具管理作业

【任务描述】

花中成："之前你已经掌握通过系统过程创建管理作业，今天你可以试着通过 DM 管理工具管理作业，相信你能很快上手。"

花小新："放心吧，没问题。"

【知识学习】

一、创建和删除代理

使用作业调度、警报和操作员管理，都需要创建代理。可以通过 DM 管理工具创建代理环境，如图 8-2-1 所示。

使用 DM 管理工具创建管理作业

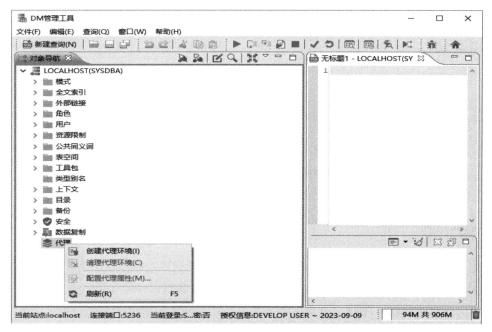

图 8-2-1　DM 管理工具创建代理环境

已经创建成功的代理环境，点击右键选择"清理代理环境"，即可删除和作业相关的一切信息。

二、创建操作员

点击代理中的操作员，可以看到新建操作员、设置过滤、清除过滤和刷新按钮。点击新建操作员，打开"新建操作员"窗口，可以设置操作员名称、邮箱地址、IP 地址信息，上述信息均为必填项，如图 8-2-2 所示。

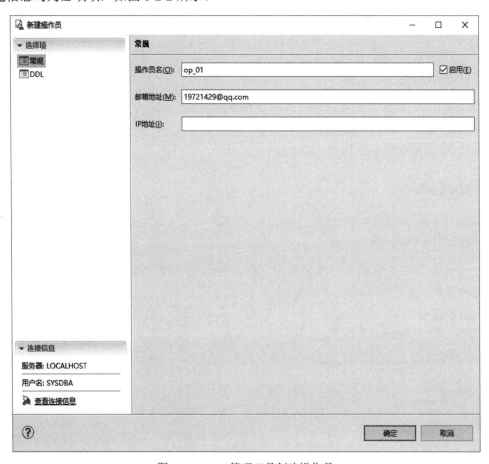

图 8-2-2 DM 管理工具创建操作员

操作员创建成功后，还可以进行设置过滤条件、删除操作员等操作。

三、创建作业

在 DM 管理工具中"代理"→"作业"选项上单击右键，选择新建作业按钮，会打开"新建作业"窗口，用于作业的创建与配置，主要包含常规、作业步骤、作业调度、DDL四部分，分别对应创建作业、设置作业步骤 (可以添加多个步骤)、进行作业调度 (可以设置多个作业调度)、当前作业各步骤的 DDL 执行语句，如图 8-2-3 所示。

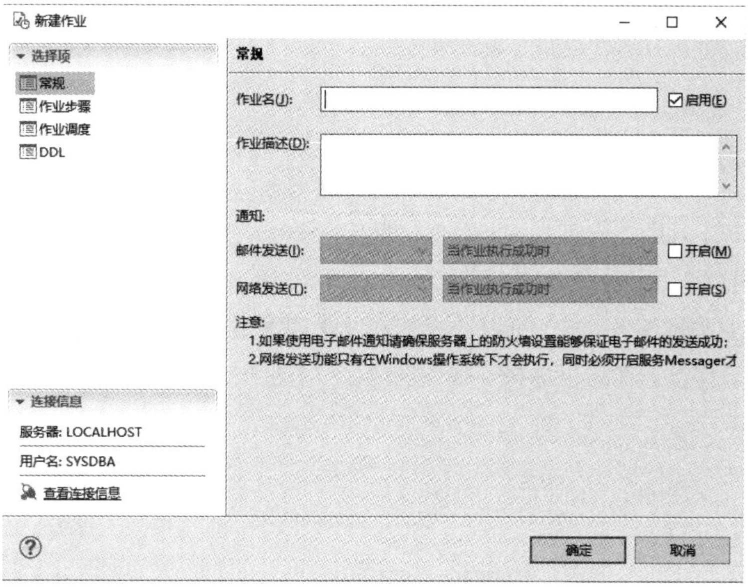

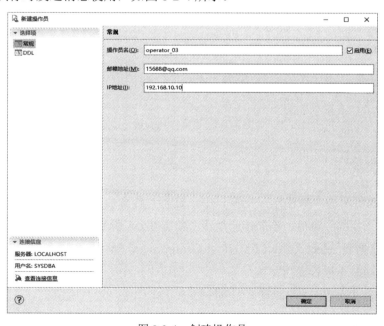

图 8-2-3   DM 管理工具新建作业

【任务实施】

一、创建操作员

在 DM 管理工具中"代理"→"操作员"选项上单击右键选择新建操作员按钮,打开"新建操作员"窗口。创建操作员"operator_03",设置邮箱地址和 IP 地址,邮箱地址和 IP 地址用于作业执行时发送消息使用,如图 8-2-4 所示。

图 8-2-4   创建操作员

设置完相关参数，点击确定按钮即可完成创建。创建成功的操作员可以进行修改和查看操作员属性。

二、创建作业

在 DM 管理工具中"代理"→"作业"选项上单击右键，选择新建作业按钮，在打开的"新建作业"窗口选择"常规"选项，输入作业名"job_05"，勾选"启用"复选框，设置作业描述"作业测试任务 05"。可以选择邮件发送和网络发送。选择邮件发送或者网络发送会直接关联操作员。在这里选择"邮件发送"，如图 8-2-5 所示。

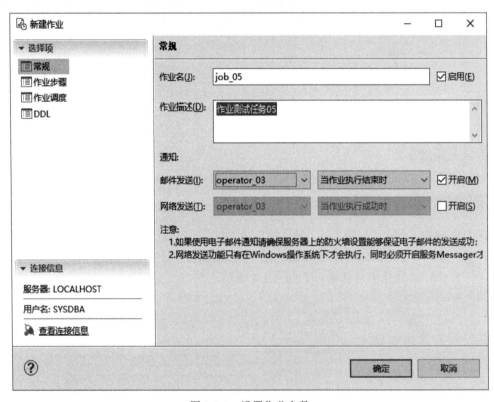

图 8-2-5　设置作业参数

三、创建作业步骤

在图 8-2-3 所示的"新建作业"窗口中，选择"作业步骤"选项卡，点击添加按钮，打开"新建作业步骤"窗口，添加作业步骤，如图 8-2-6 所示。

(1) 查询数据表 select * from EMHR.studentinfo，选择"报告执行成功并继续执行下一步"或"成功时不报告成功并执行下一步"均可。这个选项与下一个"失败时"选项没有互斥关系。重试次数选择 2，重试间隔选择 10 秒，如图 8-2-7 所示。

图 8-2-6　添加作业步骤

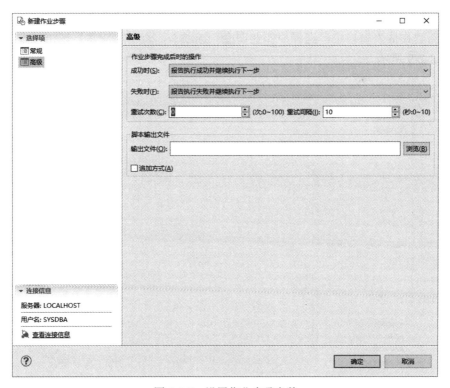

图 8-2-7　设置作业步骤参数

(2) 备份数据库，选择备份路径，备份方式选择完全备份，如图 8-2-8 所示。

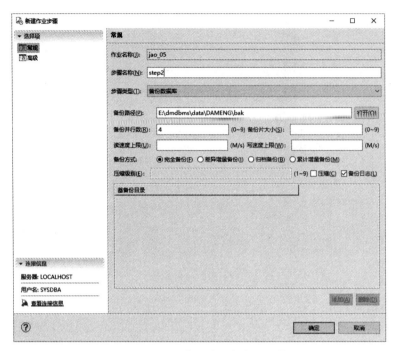

图 8-2-8　设置作业步骤的备份参数

四、创建作业调度

在"新建作业"窗口中，选择"作业调度"选项卡，点击"新建"按钮，添加作业调度，如图 8-2-9 所示。

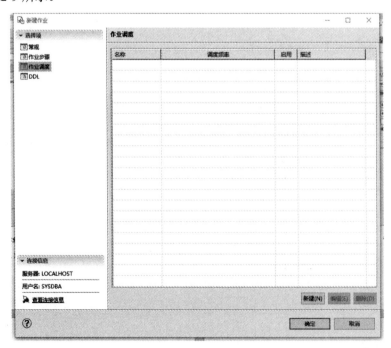

图 8-2-9　创建作业调度

(1) 添加一个调度类型为一次性的调度，设置作业调度名称，选择启用；时间选定当前时间 (或延后一点)，如图 8-2-10 所示。

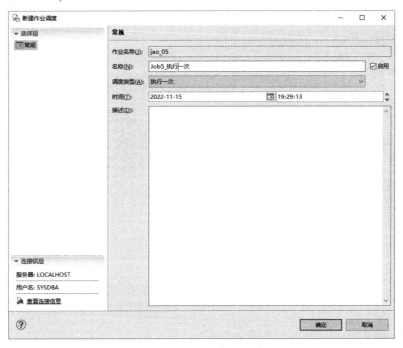

图 8-2-10　设置作业调度

(2) 添加重复性调度，每周六执行一次，同样是备份，每周日执行，选择发生频率，每日频率选择 1 次，设置截止时间 (一周后)，如图 8-2-11 所示。

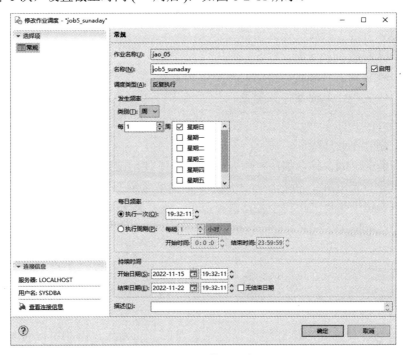

图 8-2-11　设置作业调度周期

设置作业、步骤和调度后，作业调度就已经设置完成了。

执行时间点过后，可以到相应的文件夹查看，备份集已经生成，作业成功执行，如图 8-2-12 所示。

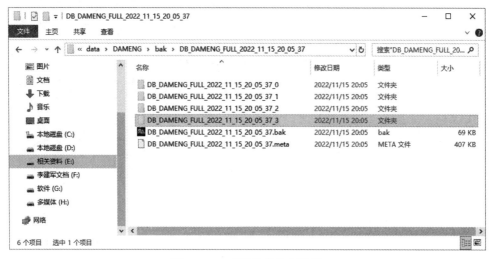

图 8-2-12　查看作业执行结果

【任务回顾】

■ 知识点总结

1. 通过 DM 管理工具创建作业环境。
2. 通过 DM 管理工具创建、修改、删除作业。
3. 通过 DM 管理工具启动作业配置。
4. 通过 DM 管理工具增加、修改、删除作业步骤。
5. 通过 DM 管理工具配置、修改、删除作业调度。
6. 通过 DM 管理工具提交作业配置。

■ 思考与练习

1. 启动、删除作业环境。
2. 创建作业 job_04，作业描述"作业练习 4"，不使用邮件发送和网络发送功能。
3. 添加作业步骤 step1，执行脚本"创建数据库增量备份"。
4. 添加作业调度每周工作日全备，选择每天一次，晚上八点，周一至周五进行。
5. 提交作业 job_04。

项 目 总 结

作业是由 DM 代理程序按顺序执行的一系列指定的操作。作业可以包括运行 DDL、DML 脚本、定期备份数据库、对数据库数据进行检查等。可以创建作业来执行经常重复和可调度的任务，作业按照一个或多个调度的安排在服务器上执行。每个作业由一个或多个作业步骤组成，作业步骤是作业对一个数据库或者一个服务器执行的动作。每个作业必须至少有一个作业步骤。创建使用作业的流程是：创建作业环境、创建作业、启动作业配置、添加作业步骤、配置作业调度、提交作业。

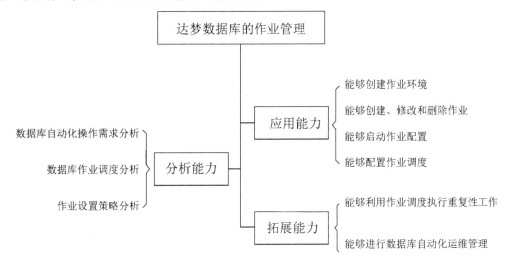

项 目 习 题

分别使用 SQL 语句和 DM 管理工具，完成作业环境配置，并完成一个作业调度，要求如下：

(1) 首先清除作业调度环境，然后重新创建作业代理。

(2) 创建数据库用户 operator_10，并授予数据库操作员权限。

(3) 创建作业 job_EMHR_full_bak，描述为"每周六全库备份"，不启用邮件发送和网络发送功能。

(4) 创建步骤 step1，步骤类型选择"备份数据库"，执行全库备份。

(5) 建立作业调度 scheduling1，选择反复执行，类型选择"周"，设置周六，设置执行时间 (20:00)，选择无结束时间。

(6) 提交作业配置。

(7) 查看作业执行情况 (需要根据执行计划完成后查看)。

(8) 创建作业 job_EMHR_incrementbak，描述为"每周工作日增量备份"，不启用邮件发送和网络发送功能。

(9) 创建步骤 step1，步骤类型选择"备份数据库"，执行差异增量备份。

(10) 建立作业调度 scheduling1，选择反复执行，类型选择"周"，设置周一至周五，设置执行时间，其中，选中无结束时间。

(11) 提交作业配置。

(12) 查看作业执行情况 (需要根据执行计划完成后查看)。

项目 9　达梦数据库的应用

项目引入

花中成："小新，你了解一下数据库访问接口以及如何连接数据库，然后动手实践一下。"

花小新："好的。"

知识图谱

任务 接口的配置

【任务描述】

花小新："数据库访问接口都有哪些呢？"

花中成："达梦数据库访问接口主要有 ODBC、JDBC、DMPython、.NET Data Provider 等。这里有一些相关资料，可以供你参考。"

花小新："谢谢花工。"

【知识学习】

不同的程序设计语言会有各自不同的数据库访问接口，程序语言通过这些接口执行 SQL 语句，进行数据库管理。DM 作为一个通用数据库管理系统，提供了多种数据库访问接口，包括 ODBC、JDBC、DMPython、.NET Data Provider 等方式。

达梦数据库的应用

一、ODBC

ODBC 提供访问不同类型的数据库的途径。结构化查询语言 SQL 是一种用来访问数据库的语言。通过使用 ODBC，应用程序能够使用相同的源代码和各种各样的数据库交互。这使得开发者不需要以特殊的数据库管理系统 DBMS 为目标，或者不需要了解不同支撑背景的数据库的详细细节，就能够开发和发布客户 / 服务器应用程序。

DM ODBC 3.0 遵照 Microsoft ODBC 3.0 规范设计与开发，实现了 ODBC 应用程序与 DM 数据库的互连接口。用户可以直接调用 DM ODBC 3.0 接口函数访问 DM，也可以使用可视化编程工具 C++ Builder、PowerBuilder 等利用 DM ODBC 3.0 访问 DM 数据库。

二、JDBC

Java Database Connectivity(JDBC，Java 数据库连接) 是用于 Java 应用程序连接数据库的标准方法，是一种用于执行 SQL 语句的 Java API，可以为多种关系数据库提供统一访问，它由一组用 Java 语言编写的类和接口组成。

DM JDBC 驱动程序是 DM 数据库的 JDBC 驱动程序，它是一个能够支持基本 SQL 功能的通用低层应用程序编程接口，支持一般的 SQL 数据库访问。

通过 JDBC 驱动程序，用户可以在应用程序中实现对 DM 数据库的连接与访问。JDBC 驱动程序的主要功能包括：

(1) 建立与 DM 数据库的连接。

(2) 转接发送 SQL 语句到数据库。

（3）处理并返回语句执行结果。

三、DMPython

DMPython 是 DM 提供的依据 Python DB API version 2.0 中 API 的使用规定而开发的数据库访问接口，它使 Python 应用程序能够对 DM 数据库进行访问。

DMPython 通过调用 DM DPI 接口完成 Python 模块扩展。在其使用过程中，除 Python 标准库以外，还需要 DPI 的运行环境。

四、.NET Data Provider

.NET Data Provider 是 .NET Framework 编程环境下的数据库用户访问数据库的编程接口，用于连接到数据库，执行命令和检索结果。它在数据源和代码之间创建了一个最小层，以便在不以功能为代价的前提下提高性能。

思政融入

拓宽专业视野，提升知识技能

DM 作为一个通用的数据库管理系统，提供了多种数据库访问接口，包括 ODBC、JDBC、DPI 等方式。我们除了掌握本专业的知识和技能外，应努力拓展自己的知识面，开阔自己的眼界，提升自己的技能。

【任务实施】

一、C/C++ 语言接口

1. C 语言接口（专有接口）

1）DPI 接口

DPI 提供了访问 DM 数据库的最直接的途径。DPI 的实现参考了 Microsoft ODBC 3.0 标准，其函数功能以及调用过程与 ODBC 3.0 十分类似，其命名统一采用 dpi 开头的小写英文字母，各个单词之间以下画线分割。

2）DCI 接口与 OCI 接口

DM DCI 是参照 OCI 的接口标准，结合自身的特点，为开发人员提供兼容 Oracle 功能的一款接口。DCI 提供的函数都是以 OCI 开头的与 Oracle 的 OCI 同名的函数。

3）FLDR 接口

快速装载接口 FLDR 是达梦数据库提供的能够快速将文本数据载入 DM 数据库的一种数据载入方式。用户通过使用 FLDR 接口能够把按照一定格式排序的文本数据以简单、快速、高效的方式载入达梦数据库中。命令行快速加载工具就是调用这个接口实现的。

4）FLDR JNI 接口

FLDR JNI 接口是 Java 调用 DM 快速装载功能的接口。DM DTS、DMETL 工具就用

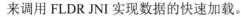

来调用 FLDR JNI 实现数据的快速加载。

5) Logmnr 接口

Logmnr 包是达梦数据库的日志分析工具,达梦提供了 JNI 接口和 C 接口,供应用程序直接调用。

2. 通过 ODBC 连接数据库

1) 在 Windows 环境下创建 ODBC 数据源

在客户使用 ODBC 方法访问 DM 数据库服务器之前,必须先对自己的应用程序所用的 ODBC 数据源进行配置。下面介绍如何安装和配置 ODBC 数据源。

在客户机上配置 ODBC 数据源的步骤如下:

在控制面板上访问 ODBC 构件,显示 ODBC 数据源管理器对话框,如图 9-1-1 所示。

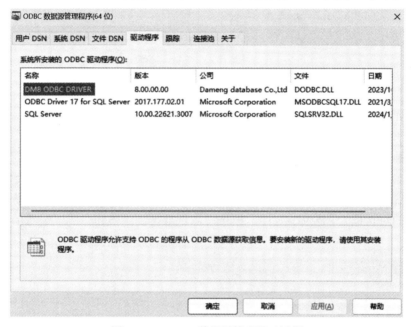

图 9-1-1　ODBC 数据源管理器对话框

ODBC 数据源管理器对话框包含的标签如下:

用户 DSN:添加、删除或配置本机上的数据源,它们只可由当前用户使用。

系统 DSN:添加、删除或配置本机上的数据源,它们可由任何用户使用。

文件 DSN:添加、删除或配置在分离文件中的数据源。这些文件可以被安装了同样数据库驱动器的用户共享。

驱动程序:列出了安装在客户机上的数据库驱动器。

跟踪:用于测试数据库应用程序。它可以跟踪客户机和数据库服务器之间的 ODBC API 的调用。

连接池:允许不同的应用程序自动复用多个连接。这有助于限制和数据库服务器的通信过载。

关于:显示主要 ODBC 组件的版本。

单击系统 DSN 标签,单击添加按钮,在弹出的创建新数据源对话框中增加一个新的

DSN，如图 9-1-2 所示。

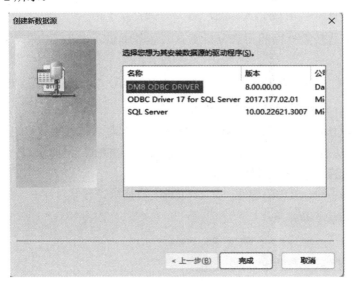

图 9-1-2　创建新数据源对话框

选择 DM ODBC 3.0 驱动程序，即 DM7 ODBC DRIVER，单击【完成】按钮，显示 DM Server ODBC 数据源配置对话框，如图 9-1-3 所示。

输入数据源的名称、描述，并选择想要连接的数据库服务器的名称使用的端口号、验证登录用户 ID 真伪的方式。如果使用 DM Server 验证方式，则需要输入登录数据源的 ID 以及密码等信息，选择系统提示信息的语种，并选择是否使用 DM Server 的增强选项。

在弹出的对话框 (见图 9-1-4) 中，单击"测试数据源"按钮，测试配置的数据源是否正确。

图 9-1-3　DM Server ODBC 数据源配置对话框

图 9-1-4　DM Server ODBC 数据源测试对话框

在弹出的对话框 (见图 9-1-5) 中，单击"确定"按钮，保存新的系统数据源。
关闭 ODBC 数据源管理器对话框。

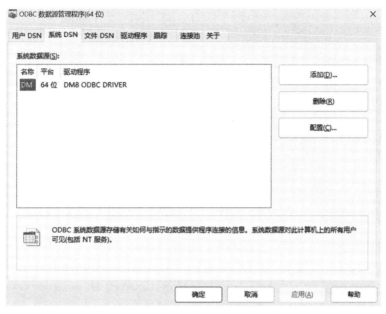

图 9-1-5　保存新数据源对话框

2) 在 Linux 环境下创建 ODBC 数据源

DM ODBC 在 Linux 操作系统中依赖于 UnixODBC 库，如果 UnixODBC 未安装在系统目录下，则需要设置系统环境变量 LD_LIBRARY_PATH 指向动态库。如果安装的 UnixODBC 生成的动态库名称不是 libodbcinst.so(如 libodbcinst.so.1.0.0 或者 libodbcinst.so. 2.0.0 等)，则需要对实际库文件建立符号链接。

在 Linux 环境下配置 ODBC 数据源的方式分为手动配置和图形配置两种。

(1) 手动配置。

编辑 /etc/odbcinst.ini，代码如下：

```
[DM8 ODBC DRIVER]
Description = ODBC DRIVER FOR DM8
Driver = /lib/libdodbc.so
```

编辑 /etc/odbc.ini，代码如下：

```
[dm]
Description = DM ODBC DSN
Driver = DM8 ODBC DRIVER
SERVER = localhost
UID = SYSDBA
PWD = SYSDBA
TCP_PORT = 5236
```

(2) 图形配置。

图形配置方式与在 Windows 中基本相同。

① 下载最新的 UnixODBC 进行安装。

② 运行 ODBCConfig，如图 9-1-6 所示。

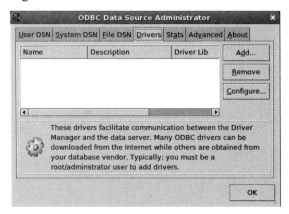

图 9-1-6　运行 ODBCConfig 对话框

③ 安装 DM 数据库的 ODBC 驱动程序。点击 Drivers 页面，单击【Add】按钮，弹出如图 9-1-7 所示的对话框。

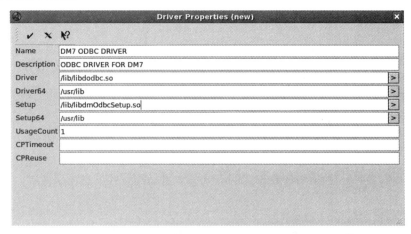

图 9-1-7　添加 ODBC 驱动程序对话框

在 Name、Description、Driver 和 Setup 中分别填入数据库驱动的名称、描述、数据库驱动程序和驱动安装程序，点击【√】保存退出。

④ 设置 System DSN。进入 System DSN 页面，单击【Add】按钮，列表中会显示已经安装好的数据库驱动程序，这里选中 DM 数据库驱动，点击【OK】按钮，弹出如图 9-1-8 所示的对话框。

填入 DSN 的名称、描述、服务器地址、用户名、密码、端口等相关信息，点击【OK】保存退出。

⑤ 单击【OK】按钮，关闭 ODBC 数据源管理器对话框。

图 9-1-8　设置 System DSN 对话框

二、Java 语言接口

JDBC(Java Database Connectivity) 是 Java 应用程序与数据库的接口规范，旨在让各数据库开发商为 Java 程序员提供标准的数据库应用程序编程接口 (API)。JDBC 定义了一个数据库—跨平台的通用数据库 API。

DM JDBC 数据库驱动程序是一个能够支持基本 SQL 功能的通用应用程序编程接口，支持一般的 SQL 数据库访问。通过 JDBC 驱动程序，用户可以在应用程序中实现对 DM 数据库的连接与访问，JDBC 驱动程序的主要功能包括：

(1) 建立与 DM 数据库的连接。

(2) 转接发送 SQL 语句到数据库。

(3) 处理并返回语句执行结果。

由于 DM JDBC 驱动遵照 JDBC 标准规范设计与开发，因此 DM ODBC 接口提供的函数与标准 JDBC 一致。

要建立 JDBC 连接，首先要注册数据库驱动程序。可以通过调用 java.sql.DriverManager 类的 registerDriver 方法显式注册驱动程序，也可以通过加载数据库驱动程序类隐式注册驱动程序。

```
// 显示注册
DriverManager.registerDriver(new dm.jdbc.driver.dmDriver());
// 隐式注册
Class.forName("dm.jdbc.driver.DmDriver");
```

隐式注册过程中加载实现了 java.sql.Driver 的类，该类中有一静态执行的代码段，在类加载的过程中向驱动管理器 DriverManager 注册该类。而这段静态执行的代码段其实就是上述显式注册的代码。

注册驱动程序之后，就可以调用驱动管理器的 getConnection 方法来建立连接。建立数据库连接需要指定标示不同数据库的 url、登录数据库所用的用户名 user 和密码 password。

1. 准备 DM-JDBC 驱动包

DM JDBC 驱动 jar 包在 DM 安装目录 /dmdbms/drivers/jdbc，如图 9-1-9 所示。

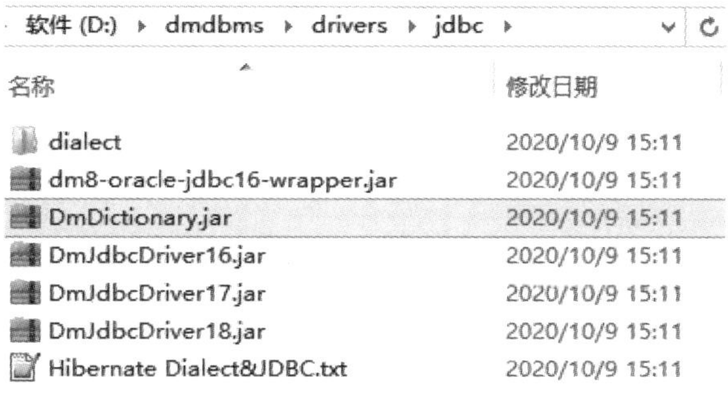

名称	修改日期
dialect	2020/10/9 15:11
dm8-oracle-jdbc16-wrapper.jar	2020/10/9 15:11
DmDictionary.jar	2020/10/9 15:11
DmJdbcDriver16.jar	2020/10/9 15:11
DmJdbcDriver17.jar	2020/10/9 15:11
DmJdbcDriver18.jar	2020/10/9 15:11
Hibernate Dialect&JDBC.txt	2020/10/9 15:11

软件 (D:) ▸ dmdbms ▸ drivers ▸ jdbc ▸

图 9-1-9　DM JDBC 驱动 jar 包的位置

注意：DmJdbcDriver16.jar 对应 JDK 6 使用，DmJdbcDriver17.jar 对应 JDK 7 使用，DmJdbcDriver18.jar 对应 JDK 8 使用，请根据开发环境选择合适的 DM JDBC 驱动包。

2. 数据库连接示例

DM JDBC 数据库连接首先需要加载达梦数据库的驱动，具体位置是 dm.jdbc.driver. DmDriver。

连接串的书写格式有以下两种：

(1) host、port 不作为连接属性，此时只输入值即可：

```
jdbc:dm [: //host][:port][?propName1=propValue1][& propName2=propValue2]...
```

注意：

① 若 host 不设置，则默认为"localhost"。

② 若 port 不设置，则默认为"5236"。

③ 若 host 不设置，则 port 一定不能设。

④ 若 user、password 没有单独作为参数传入，则必须在连接属性中传入。

⑤ 若 host 为 ipv6 地址，则应包含在 [] 中。

示例如下：

```
jdbc:dm://192.168.0.96:5236?LobMode=1
```

(2) host、port 作为连接属性，此时必须按照下表中的说明进行设置，且属性名称区分大小写。

连接串的格式如下：

```
jdbc:dm:// [?propName1=propValue1] [ & propName2=propValue2] [&…]…
```

注意：host、port 设置与否以及在属性串中的位置没有限制。若 user、password 没有单独作为参数传入，则必须在连接属性中传入。

示例如下：

```
jdbc:dm:// ?host=192.168.0.96&port=5236
```

示例代码：

```java
package java_jdbc;
import java.sql.Connection;
import java.sql.DriverManager;
import java.sql.SQLException;
public class jdbc_conn {
    static Connection con = null;
    static String cname = "dm.jdbc.driver.DmDriver";
    static String url = "jdbc:dm://localhost:5236";
    static String userid = "SYSDBA";
    static String pwd = "SYSDBA";
    public static void main(String[] args) {
        try {
            Class.forName(cname);
            con = DriverManager.getConnection(url, userid, pwd);
            con.setAutoCommit(true);
```

```
                System.out.println("[SUCCESS]conn database");
        } catch (Exception e) {
                System.out.println("[FAIL]conn database：" + e.getMessage());
        }
    }
    public void disConn(Connection con) throws SQLException {
        if (con != null) {
                con.close();
        }
    }
}
```

运行结果如图 9-1-10 所示。

```
J jdbc_conn.java ⊠
  7      static String cname = "dm.jdbc.driver.DmDriver";
  8      static String url = "jdbc:dm://localhost:5236";
  9      static String userid = "SYSDBA";
 10      static String pwd = "SYSDBA";
 11⊖     public static void main(String[] args) {
 12          try {
 13              Class.forName(cname);
 14              con = DriverManager.getConnection(url, userid, pwd);
 15              con.setAutoCommit(true);
 16              System.out.println("[SUCCESS]conn database");
 17          } catch (Exception e) {
 18              System.out.println("[FAIL]conn database:" + e.getMessage());
 19          }
 20      }
 21⊖     public void disConn(Connection con) throws SQLException {
 22          if (con != null) {
 23              con.close();
 24          }
 25      }
        <
⊠ Problems  @ Javadoc  ⛫ Declaration  ⧠ Console ⊠  ⬚⬚ Progress                    ⬚ ✖
<terminated> jdbc_conn [Java Application] D:\Java\jdk1.8.0_111\bin\javaw.exe (2020年10月26日 下午4:35:56)
[SUCCESS]conn database
```

图 9-1-10 安装成功显示

三、Python 数据库访问接口

DMPython 是 DM 提供的依据 Python DB API version 2.0 中 API 的
使用规定而开发的数据库访问接口。

Python 数据库
访问接口

使用 Python 连接达梦数据库时需要安装 DMPython。安装完 DM
数据库软件后，在安装路径的 drivers 目录下，可以找到 DMPython 的
驱动源码。由于提供的是源码，因此需要自己编译安装。下面介绍如何在 Windows 环境
下编译安装 DMPython。

1. 安装 DM 数据库软件并设置 DM_HOME 环境变量

DMPython 的源码依赖 DM 安装目录中提供的 include 头文件，编译安装前需要检查
是否安装 DM 数据库软件，并设置 DM_HOME 环境变量。

访问达梦云适配中心，下载 DM8 数据库试用版并安装，请参考 DM 数据库的安装。设置 DM_HOME 环境变量，如图 9-1-11 所示。

图 9-1-11　环境变量配置对话框

2. 安装编译工具 Microsoft Visual C++ Build Tools

安装编译工具，如图 9-1-12 所示。

图 9-1-12　安装编译工具

3. 编译安装 DMPython

安装完 DM 数据库软件后，在安装路径的 drivers 目录下，找到 DMPython 的驱动源码，如图 9-1-13 所示。

图 9-1-13　DMPython 的驱动源码所在位置

进入 DMPython 驱动源码目录：

cd D:\dmdbms\drivers\python\dmPython

编译安装 DMPython：

python setup.py install

安装结果显示如图 9-1-14 所示。

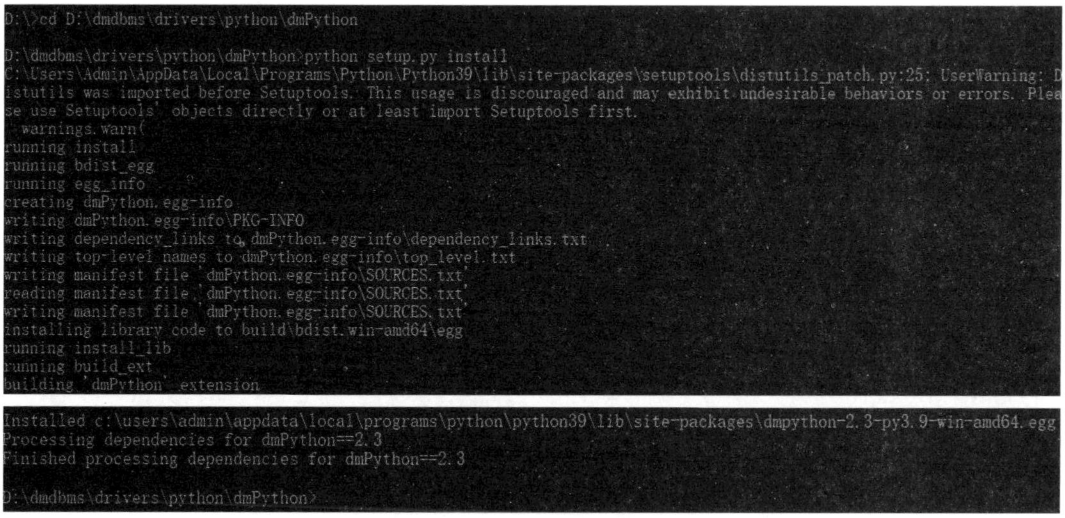

图 9-1-14　安装结果显示

编译安装结束后使用 pip list 命令查看是否安装成功，如图 9-1-15 所示。

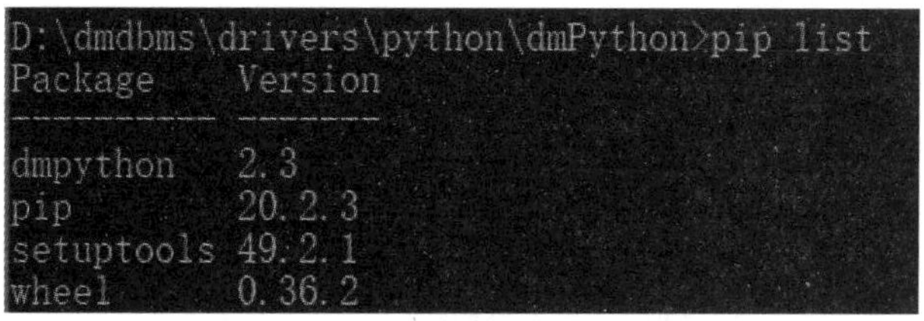

图 9-1-15　查看是否安装成功

4. 查看搜索路径并将 dpi 目录文件拷贝到搜索路径下

DMPython 通过调用 DM DPI 接口完成 Python 模块的扩展。在其使用过程中，除 Python 标准库以外，还需要 DPI 的运行环境。

进入 Python 解释器查看搜索路径，如图 9-1-16 所示。

```
python
import sys
sys.path
```

图 9-1-16　查看搜索路径

将 dpi 目录文件拷贝到输出的最后一个搜索路径下，如图 9-1-17 所示。

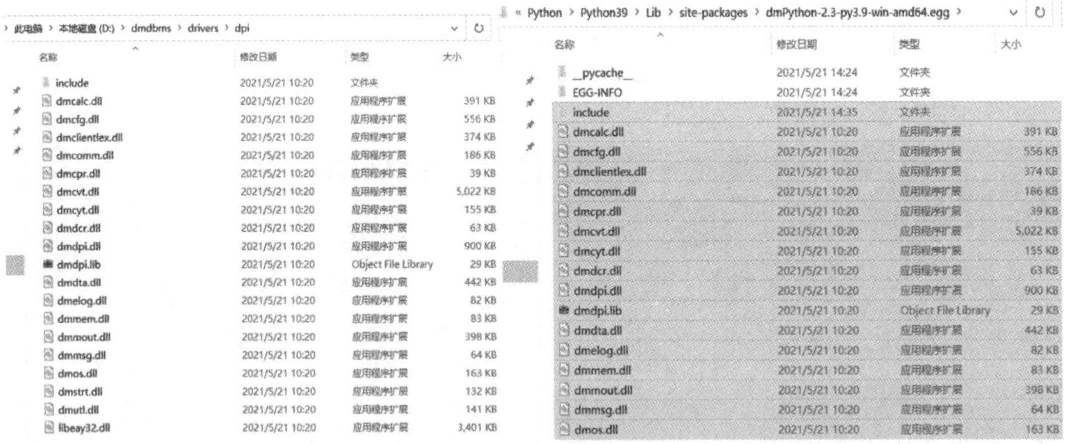

图 9-1-17　文件拷贝至搜索路径

5. 编写测试代码

测试代码如下：

```
import dmPython
conn = dmPython.connect(user='SYSDBA', password = 'SYSDBA', server = '192.168.201.118', port=5236)
cursor = conn.cursor()
cursor.execute('select username from dba_users')
values = cursor.fetchall()
print(values)
cursor.close()
conn.close()
```

测试代码显示结果如图 9-1-18 所示。

图 9-1-18　测试代码显示结果

输出数据库中的用户名，则表示连接数据库成功。

四、.NET 数据库访问接口

1. 通过 DmProvider 连接数据库

使用 DmProvider 前，需要注册 .NET 驱动。例如，当通过调用 DbProviderFactories 类来创建与 DmProvider 的连接时，需要注册 .NET 驱动。此外，在使用 NHibernate 或 EFDmProvider 时，同样需要完成 .NET 驱动的注册。

1) 注册 DmProvider

使用 NETFX 注册 DmProvider 驱动。如果文件路径为 C:\Program Files (x86)\Microsoft SDKs\Windows\v10.0A\bin\NETFX 4.8.1 Tools，则执行以下命令：

```
gacutil.exe /if C:\Users\Administrator\source\repos\EFDMDem\EFDMDem\bin\Debug\DmProvider.dll
```

2) 修改 machine.config

在 C:\Windows\Microsoft.NET\Framework 路径下找到使用的版本并修改 machine.config 配置。

如果文件路径为 C:\Windows\Microsoft.NET\Framework\v4.0.30319\Config，则在配置文件 machine.config 中添加如图 9-1-19 所示的内容。

图 9-1-19　修改 machine.config

例如，通过 DbProviderFactories 类调用 DmProvider 创建连接使用 .NET 驱动的情况，using System.Data.Common，如下所示：

```
public static void TestFunc()
{
    DbProviderFactory factory = DbProviderFactories.GetFactory("Dm");
    DbConnection sconn = factory.CreateConnection();
    sconn.ConnectionString = "Server=localhost; UserId=SYSDBA; PWD=SYSDBA";
```

```
    sconn.Open();
    DbCommand scmd = factory.CreateCommand();
    scmd.Connection = sconn;
    try
    {
        scmd.CommandText = "drop table t1 cascade;";
        scmd.ExecuteNonQuery();
    }
    catch (Exception)
    {}
}
```

2. 加载驱动

在 C# 项目中，通过添加引用的方式，加载 DM provider 驱动，如图 9-1-20 所示。

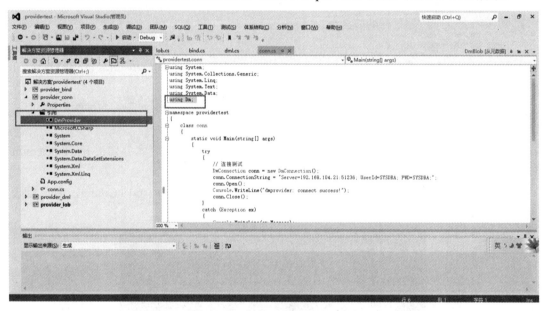

图 9-1-20   加载 DM provider 驱动

3. 连接数据库

DM provider 接口登录 / 退出示例程序源文件为 provider_conn.c，内容如下：

```
using System;
using System.Collections.Generic;
using System.Linq;
using System.Text;
using System.Data;
using Dm;
```

```
namespace providertest
{
    class conn
    {
        static void Main(string[] args)
        {
            try
            {
                // 连接测试
                DmConnection conn = new DmConnection();
                conn.ConnectionString = "Server = 192.168.104.21:51236; UserId = SYSDBA; PWD = SYSDBA;";
                conn.Open();
                Console.WriteLine("dmprovider: connect success!");
                conn.Close();
            }
            catch (Exception ex)
            {
                Console.WriteLine(ex.Message);
            }
        }
    }
}
```

执行结果如图 9-1-21 所示。

图 9-1-21 执行结果

　　需要选择正确的启动对象才能启动成功，启动对象名应为想要启动的文件的文件名，如图 9-1-22 所示启动的文件为 provider_dml.cs。

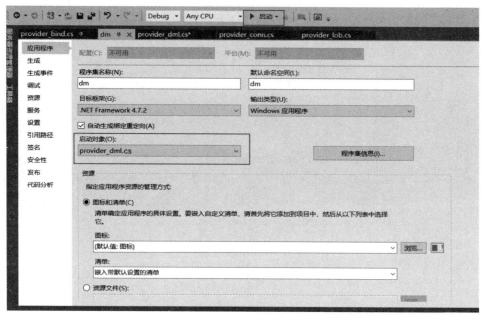

图 9-1-22　启动文件

【任务回顾】

■ 知识点总结

达梦数据库访问接口主要有 ODBC、JDBC、DMPython、.NET Data Provider。

■ 思考与练习

1. 请简述主要的数据库访问接口。
2. 练习通过 ODBC 连接数据库。

项 目 总 结

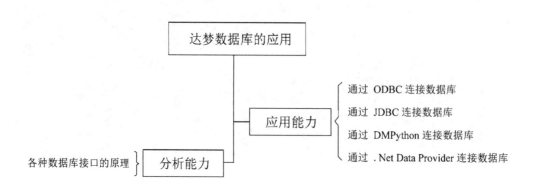

项 目 习 题

1. 连接数据库后，可通过 _____ 编写 SQL 语句执行。

2. 程序语言通过 _____ ，执行 SQL 语句，进行数据库管理。

3. 数据库访问接口主要有 _____ 、 _____ 、DMPython 和 .NET Data Provider。

4. _____ 是 DM 提供的依据 Python DB API Version 2.0 中 API 的使用规定而开发的数据库访问接口。

附录　核心任务矩阵

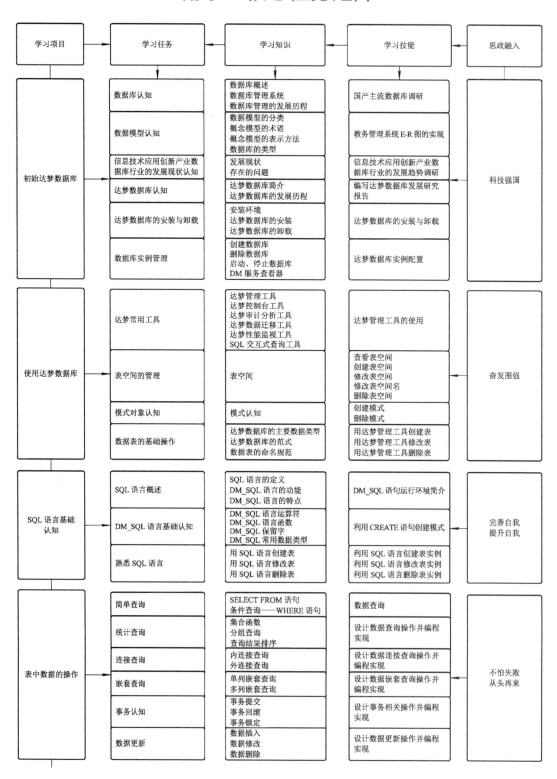

学习项目	学习任务	学习知识	学习技能	思政融入
初始达梦数据库	数据库认知	数据库概述 数据库管理系统 数据库管理的发展历程	国产主流数据库调研	科技强国
	数据模型认知	数据模型的分类 概念模型的术语 概念模型的表示方法 数据库的类型	教务管理系统 E-R 图的实现	
	信息技术应用创新产业数据库行业的发展现状认知	发展现状 存在的问题	信息技术应用创新产业数据库行业的发展趋势调研	
	达梦数据库认知	达梦数据库简介 达梦数据库的发展历程	编写达梦数据库发展研究报告	
	达梦数据库的安装与卸载	安装环境 达梦数据库的安装 达梦数据库的卸载	达梦数据库的安装与卸载	
	数据库实例管理	创建数据库 删除数据库 启动、停止数据库 DM 服务查看器	达梦数据库实例配置	
使用达梦数据库	达梦常用工具	达梦管理工具 达梦控制台工具 达梦审计分析工具 达梦数据迁移工具 达梦性能监视工具 SQL 交互式查询工具	达梦管理工具的使用	奋发图强
	表空间的管理	表空间	查看表空间 创建表空间 修改表空间 修改表空间名 删除表空间	
	模式对象认知	模式认知	创建模式 删除模式	
	数据表的基础操作	达梦数据库的主要数据类型 达梦数据库的范式 数据表的命名规范	用达梦管理工具创建表 用达梦管理工具修改表 用达梦管理工具删除表	
SQL 语言基础认知	SQL 语言概述	SQL 语言的定义 DM_SQL 语言的功能 DM_SQL 语言的特点	DM_SQL 语句运行环境简介	完善自我 提升自我
	DM_SQL 语言基础认知	DM_SQL 语言运算符 DM_SQL 语言函数 DM_SQL 保留字 DM_SQL 常用数据类型	利用 CREATE 语句创建模式	
	熟悉 SQL 语言	用 SQL 语言创建表 用 SQL 语言修改表 用 SQL 语言删除表	利用 SQL 语言创建表实例 利用 SQL 语言修改表实例 利用 SQL 语言删除表实例	
表中数据的操作	简单查询	SELECT FROM 语句 条件查询——WHERE 语句	数据查询	不怕失败 从头再来
	统计查询	集合函数 分组查询 查询结果排序	设计数据查询操作并编程实现	
	连接查询	内连接查询 外连接查询	设计数据连接查询操作并编程实现	
	嵌套查询	单列嵌套查询 多列嵌套查询	设计数据嵌套查询操作并编程实现	
	事务认知	事务提交 事务回滚 事务锁定	设计事务相关操作并编程实现	
	数据更新	数据插入 数据修改 数据删除	设计数据更新操作并编程实现	

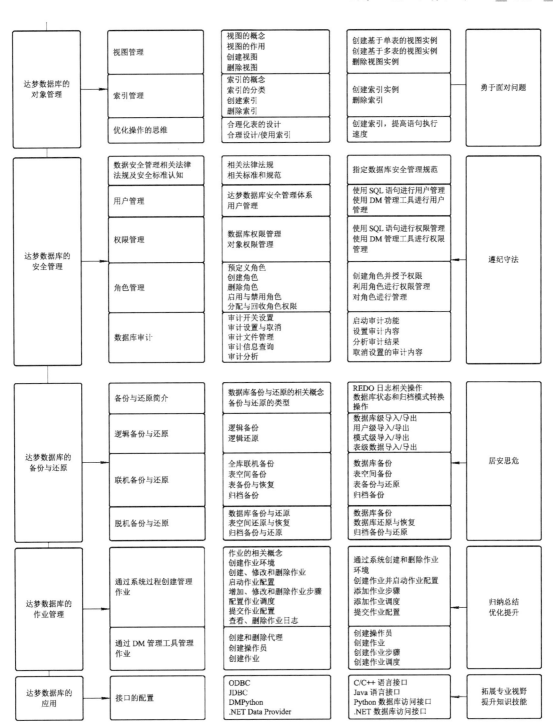

达梦数据库的对象管理	视图管理	视图的概念 视图的作用 创建视图 删除视图	创建基于单表的视图实例 创建基于多表的视图实例 删除视图实例
	索引管理	索引的概念 索引的分类 创建索引 删除索引	创建索引实例 删除索引
	优化操作的思维	合理化表的设计 合理设计/使用索引	创建索引，提高语句执行速度

勇于面对问题

达梦数据库的安全管理	数据安全管理相关法律法规及安全标准认知	相关法律法规 相关标准和规范	指定数据库安全管理规范
	用户管理	达梦数据库安全管理体系 用户管理	使用 SQL 语句进行用户管理 使用 DM 管理工具进行用户管理
	权限管理	数据库权限管理 对象权限管理	使用 SQL 语句进行权限管理 使用 DM 管理工具进行权限管理
	角色管理	预定义角色 创建角色 删除角色 启用与禁用角色 分配与回收角色权限	创建角色并授予权限 利用角色进行权限管理 对角色进行管理
	数据库审计	审计开关设置 审计设置与取消 审计文件管理 审计信息查询 审计分析	启动审计功能 设置审计内容 分析审计结果 取消设置的审计内容

遵纪守法

达梦数据库的备份与还原	备份与还原简介	数据库备份与还原的相关概念 备份与还原的类型	REDO 日志相关操作 数据库状态和归档模式转换操作
	逻辑备份与还原	逻辑备份 逻辑还原	数据库级导入/导出 用户级导入/导出 模式级导入/导出 表级数据导入/导出
	联机备份与还原	全库联机备份 表空间备份 表备份与恢复 归档备份	数据库备份 表空间备份 表备份与还原 归档备份
	脱机备份与还原	数据库备份与还原 表空间还原与恢复 归档备份与还原	数据库备份 数据库还原与恢复 归档备份与还原

居安思危

达梦数据库的作业管理	通过系统过程创建管理作业	作业的相关概念 创建作业环境 创建、修改和删除作业 启动作业配置 增加、修改和删除作业步骤 配置作业调度 提交作业配置 查看、删除作业日志	通过系统创建和删除作业环境 创建作业并启动作业配置 添加作业步骤 添加作业调度 提交作业配置
	通过 DM 管理工具管理作业	创建和删除代理 创建操作员 创建作业	创建操作员 创建作业 创建作业步骤 创建作业调度

归纳总结
优化提升

达梦数据库的应用	接口的配置	ODBC JDBC DMPython .NET Data Provider	C/C++ 语言接口 Java 语言接口 Python 数据库访问接口 .NET 数据库访问接口

拓展专业视野
提升知识技能

参 考 文 献

[1]　武汉达梦数据库股份有限公司. DM 数据库工具介绍 [EB/OL]. [2022-11-29]. https:// eco. dameng. com/document/dm/zh-cn/start/.

[2]　武汉达梦数据库股份有限公司. 数据库基本操作 [EB/OL]. [2022-11-29]. https://eco. dameng. com/document/dm/zh-cn/start/.

[3]　武汉达梦数据库股份有限公司. SQL 开发指南 [EB/OL]. [2022-11-29]. https://eco. dameng. com/document/dm/zh-cn/sql-dev/.

[4]　武汉达梦数据库股份有限公司. SQL 常见问题 [EB/OL]. [2022-11-29]. https://eco. dameng. com/document/dm/zh-cn/faq/.

[5]　武汉达梦数据库股份有限公司. DM8 系统管理员手册 [EB/OL]. [2022-11-29]. https://eco. dameng. com/document/dm/zh-cn/pm/.

[6]　武汉达梦数据库股份有限公司. DM8_SQL 语言使用手册 [EB/OL]. [2022-11-29]. https:// eco. dameng. com/document/dm/zh-cn/pm/.

[7]　武汉达梦数据库股份有限公司. DM8 安全管理 [EB/OL]. [2022-11-29]. https://eco. dameng. com/document/dm/zh-cn/pm/.

[8]　武汉达梦数据库股份有限公司. DM8 备份与还原 [EB/OL]. [2022-11-29]. https://eco. dameng. com/document/dm/zh-cn/pm/.

[9]　武汉达梦数据库股份有限公司. DM8 dexp 和 dimp 手册 [EB/OL]. [2022-11-29]. https:// eco.dameng.com/document/dm/zh-cn/pm/.

[10]　武汉达梦数据库股份有限公司. 数据库备份 [EB/OL]. [2022-11-29]. https://eco. dameng. com/document/dm/zh-cn/ops/.

[11]　武汉达梦数据库股份有限公司. 数据库还原 [EB/OL]. [2022-11-29]. https://eco. dameng. com/document/dm/zh-cn/ops/.

[12]　武汉达梦数据库股份有限公司. DM8 作业系统使用手册 [EB/OL]. [2022-11-29]. https://eco. dameng.com/document/dm/zh-cn/pm/.

[13]　张海粟. 达梦数据库应用基础 [M]. 2 版. 北京：电子工业出版社，2021.

[14]　张守帅，戴明明. 达梦数据库运维实战 [M]. 北京：电子工业出版社，2021.